预拌混凝土生产工国家职业技能培训教材

预拌砂浆操作员

山东硅酸盐学会　编　著

中国建材工业出版社

图书在版编目(CIP)数据

预拌砂浆操作员/山东硅酸盐学会编著．--北京：中国建材工业出版社，2023.7

预拌混凝土生产工国家职业技能培训教材

ISBN 978-7-5160-3735-5

Ⅰ.①预…　Ⅱ.①山…　Ⅲ.①水泥砂浆－职业培训－教材　Ⅳ.①TQ177.6

中国国家版本馆 CIP 数据核字(2023)第 053296 号

预拌砂浆操作员

YUBAN SHAJIANG CAOZUOYUAN

山东硅酸盐学会　编　著

出版发行：中国建材工业出版社

地　　址：北京市海淀区三里河路 11 号

邮　　编：100831

经　　销：全国各地新华书店

印　　刷：北京印刷集团有限责任公司

开　　本：787mm×1092mm　1/16

印　　张：17

字　　数：400 千字

版　　次：2023 年 7 月第 1 版

印　　次：2023 年 7 月第 1 次

定　　价：88.00 元

本社网址：www.jccbs.com，微信公众号：zgjcgycbs

《预拌砂浆操作员》编委会

主　编　贾学飞
副主编　丁　宁　张　伟　李辉永　赵玲卫
主　审　谢慧东

序

我国拥有全球最大的建筑市场，市场份额占全球的30%，商品混凝土产量位居全球第一。

我国在预拌混凝土、预制混凝土各个产业领域规模以上企业的数量持续增长，骨干企业规模不断扩大。鉴于我国混凝土产业快速发展和产业结构优化升级局面的逐渐形成，以提升职业素养和职业技能为核心打造一支高技能人才队伍，成为一项亟待完成的任务。

职业培训是提高劳动者素质的重要途径，对提升企业的竞争力具有重要、深远的意义。鉴于目前我国预拌混凝土行业缺乏职业技能培训教材，编写教材成为当务之急。自2021年12月开始，山东硅酸盐学会联合中国硅酸盐学会混凝土与水泥制品分会、山东省混凝土与水泥制品协会、中国联合水泥集团有限公司、山东山水水泥集团有限公司、青岛理工大学、济南大学、山东建筑大学、临沂大学共42家组织、企业与高校，着手编写《预拌混凝土生产工国家职业技能培训教材》。

教材编写人员多为在山东预拌混凝土生产一线工作的优秀科技人员。教材采用问答方式，提出问题，给出答案；内容注重岗位要求的基本生产技术知识的传授，主要解决生产中的实际问题。历时一年多，编写团队数易其稿，于2022年年底完成了教材的编写工作。诚挚感谢大家的辛勤劳动。

山东硅酸盐学会常务副理事长

泰安中意粉体热工研究院院长

2023年3月

前　言

为了规范预拌混凝土行业职业技能培训工作，不断提高职工技术水平，应山东省广大混凝土企业的要求，山东硅酸盐学会根据人力资源和社会保障部2019年颁布的《水泥混凝土制品工》《混凝土工》国家职业技能标准，组织有关单位编写了《预拌混凝土生产工国家职业技能培训教材》。

按照预拌混凝土生产工工种不同，教材共分5册：《预拌混凝土质检员》《预拌混凝土试验员》《预拌混凝土操作员》《预拌砂浆质检员》《预拌砂浆操作员》。

教材采用问答方式，按照混凝土从业人员初级、中级、高级、技师、高级技师的不同技能要求，提出问题，给出答案。在内容上，注重岗位要求的基本生产技术知识，主要解决生产中的实际问题。教材主要适用于混凝土行业开展职业技能培训和鉴定工作，亦可供从事混凝土科研、生产、设计、教学、管理的相关人员阅读和参考。

中国硅酸盐学会混凝土与水泥制品分会对教材编写工作给予积极支持。

参加教材编写的有中国联合水泥集团有限公司、山东山水水泥集团有限公司、山东省混凝土与水泥制品协会、青岛理工大学、济南大学、山东建筑大学、临沂大学、泰安中意粉体热工研究院、日照市混凝土协会、青岛青建新型材料集团有限公司、山东鲁碧建材有限公司、山东重山集团有限公司、济南鲁冠混凝土有限责任公司、日照中联水泥混凝土分公司、润峰建设集团有限公司、日照市睿航光伏科技有限公司、山东恒业集团有限公司、日照山河超细材料科技有限公司、济南中联新材料有限公司、日照鲁碧新型建材有限公司、济宁中联混凝土有限公司、枣庄中联水泥混凝土分公司、日照汇川建材有限公司、日照市城镇化建设服务中心、山东龙润建材有限公司、山东华杰新型环保建材有限公司、青岛伟力工程有限公司、山东华森凤山建材有限公司、日照市东港区建设工程管理服务中心、日照新港市政工程有限公司、日照高新环保科技有限公司、日照腾达混凝土有限公司、山东港湾建设集团有限公司、日照市政工程有限公司、青岛青建蓝谷新型材料有限公司、日照弗尔曼新材料科技有限公司、日照经济技术开发区建设质量监督站、日照五色石新型建材有限公司、滕州市东郭水泥有限公司、东平中联水泥有限公司、鱼台汇金新型建材有限公司、济南长兴建设集团工业科技有限公司共42家单位。

各册主要编写人员如下：

《预拌混凝土质检员》：张磊、谢慧东、于光民、徐元勋、巩运钱、张秀叶、张鑫、徐敏、李冰、赵文静、赵秋宁、吴树民。

《预拌混凝土试验员》：于琦、李长江、王晓伟、窦忠晓、王修常、王腾、许冬、李浩然、刘宗祥、方增光、郑园园、陈衡、王玉璞。

《预拌混凝土操作员》：龙宇、时中华、高贵军、匡利君、徐华、尹群豪、华纯溢、宋瑞旭、张海峰、王志学。

《预拌砂浆质检员》：王安全、曹现强、孟令军、常胜亚、李萃、梁启峰、张鑫、张峰、李军、尚勇志、赵文静、高岳坤、王立平、袁冬、张秀叶、刘平兵、韩丽丽。

《预拌砂浆操作员》：贾学飞、丁宁、张伟、李辉永、赵玲卫、徐敏、王安全、张鑫、段良峰、袁冬、梁启峰、宋光礼、赵文静、钟安祥、常胜亚。

在此，对上述单位和同志的大力支持与辛勤工作一并表示感谢！

由于编者水平有限，教材难免有疏漏和错误之处，恳请广大读者提出批评和建议，使教材日臻完善。

编者

2023 年 1 月

目　　录

1　基础知识 …… 1
2　职业技能相关专业知识 …… 9
　2.1　五级/初级工 …… 9
　2.2　四级/中级工 …… 96
　2.3　三级/高级工 …… 160
3　安全与职业健康 …… 233
　3.1　职业健康 …… 233
　3.2　安全生产 …… 238

1 基础知识

1. 什么是建筑砂浆?

建筑砂浆是指由无机胶凝材料（主要指水泥、煅烧石膏粉等）、细骨料、掺合料、水，以及根据性能确定的其他组分按适当比例配合、拌制并经硬化而成的建筑工程材料，在建筑工程中主要起粘结、衬垫及传递应力等作用。

2. 什么是预拌砂浆?

专业生产厂生产的湿拌砂浆或干混砂浆。

3. 什么是干混砂浆?

胶凝材料、干燥细骨料、添加剂以及根据性能确定的其他组分，按一定比例，在专业生产厂经计量、混合而成的干态混合物，在使用地点按规定比例加水或配套组分拌和后使用。

4. 什么是特种砂浆?

具有抗渗、抗裂、防水、高粘结、装饰、保温隔声及自流平等特殊功能的预拌砂浆。绝大多数的特种砂浆，其生产方式一般为干混砂浆。

5. 什么是界面砂浆?

用于改善基层或保温层表面粘结性能的聚合物水泥砂浆。界面砂浆具有较强的粘结力。

6. 什么是聚合物砂浆?

以聚合物或聚合物和无机胶凝材料、添加剂、矿物骨料、填料组成的预拌砂浆。包括聚合物乳液砂浆、聚合物水泥砂浆、反应型树脂砂浆等。

7. 什么是新拌砂浆?

加水或配套组分充分混合后，在可操作时间范围内使用的砂浆。

8. 什么是砌筑砂浆?

将砖、石、砌块等块材砌筑成为砌体的预拌砂浆。

9. 什么是普通砌筑砂浆?

灰缝厚度大于 5mm 的砌筑砂浆。

10. 什么是薄层砌筑砂浆?

灰缝厚度不大于 5mm 的砌筑砂浆。

11. 什么是抹灰砂浆?

涂抹在建（构）筑物砖墙或混凝土墙表面的预拌砂浆。

12. 什么是普通抹灰砂浆？

砂浆层厚度大于 5mm 的抹灰砂浆。

13. 什么是薄层抹灰砂浆？

砂浆层厚度不大于 5mm 的抹灰砂浆。

14. 什么是保水性抹面砂浆

具有保持水分不易析出性能的抹面砂浆。

15. 什么是机喷抹灰砂浆？

采用机械泵送喷涂工艺进行施工的抹灰砂浆。

16. 什么是地面砂浆？

用于建筑地面及屋面找平层的预拌砂浆。

17. 什么是防水砂浆？

用于有抗渗要求部位的预拌砂浆。

18. 什么是湿拌防水砂浆？

用于一般防水工程中抗渗防水部位的湿拌砂浆。

19. 什么是粉刷石膏？

二水硫酸钙经脱水或无水硫酸钙经煅烧和/或激发，其生成物半水硫酸钙（$CaSO_4 \cdot 1/2H_2O$）和Ⅱ型无水硫酸钙（Ⅱ型 $CaSO_4$）单独或两者混合后掺入外加剂，也可加入骨料制成的抹面砂浆。

20. 什么是粘结砂浆？

用于粘结瓷砖、石材等材料的预拌砂浆。

21. 什么是保温用粘结砂浆？

把墙体保温系统中的保温材料粘结到基材上的粘结砂浆。

22. 什么是瓷砖用粘结砂浆？

用于陶瓷墙地砖粘贴的粘结砂浆，也称为瓷砖胶。

23. 什么是地面装饰砂浆？

具有特定装饰功能的地面砂浆。

24. 什么是垫层砂浆？

用于地面、设备底座等垫层处理的地面砂浆。

25. 什么是饰面砂浆？

以无机和/或有机胶凝材料、填料、添加剂和/或骨料所组成的用于建（构）筑物表面装饰的材料。

26. 什么是勾缝砂浆？

用于在砌体或瓷砖之间进行勾缝处理的抹面砂浆。分为水泥基或反应树脂基砂浆。

美缝剂，由新型聚合物材料（包括环氧树脂、天冬聚脲树脂等）和高档颜料及特种助剂精配而成，是一种半流状液体。

27. 什么是保温砂浆？

以胶凝材料和膨胀陶粒、膨胀珍珠岩、膨胀蛭石、膨胀玻化微珠等为主要组分，掺加其他组分制成的具有特定保温性能的预拌砂浆。用于建（构）筑物墙体、地面、屋面及其他部位保温隔热。

28. 什么是防护砂浆？

用于保护或修补建筑物，提高其性能或使用寿命的砂浆。

29. 什么是锚固砂浆？

用于固定和锚固的水泥基或反应树脂基砂浆。

30. 什么是注浆砂浆？

在一定压力下通过采用注射方式填充裂缝或孔洞的水泥基或反应树脂基流动性和/或触变性的砂浆。

31. 什么是灌浆砂浆？

用于孔洞或接缝灌浆的流动性砂浆。

32. 什么是喷射砂浆？

用于采用喷射法施工用的砂浆。

33. 什么是防潮砂浆？

用于含有水溶性盐的潮湿墙面的预拌砂浆。

34. 什么是堵漏砂浆？

阻止水分渗漏的预拌砂浆，通常凝结速度较快，主要由硫铝酸盐水泥、骨料和助剂按照一定比例混合、搅拌均匀而成的一种特种干混砂浆。

35. 什么是水泥沥青砂浆？

由乳化沥青、水泥、细骨料、水和外加剂经特定工艺搅拌制得的具有特定性能的砂浆。

36. 什么是一般抹灰工程用砂浆？

大面积涂抹于建筑物墙、顶棚、柱等表面的砂浆，包括水泥抹灰砂浆、水泥粉煤灰抹灰砂浆、水泥石灰抹灰砂浆、掺塑化剂水泥抹灰砂浆、聚合物水泥抹灰砂浆及石膏抹灰砂浆等，也称抹灰砂浆。

37. 什么是水泥混合砂浆？

以水泥、细骨料和水为主要原材料，并加入石灰膏、电石膏、黏土膏中的一种或多种，也可根据需要加入矿物掺合料等配制而成的砂浆。

38. 什么是水泥抹灰砂浆？

以水泥为胶凝材料，加入细骨料、外加剂或添加剂按一定比例配制而成的抹灰砂浆，可以在施工现场加水搅拌也可以在预拌砂浆厂加水搅拌后施工。

39. 什么是水泥粉煤灰抹灰砂浆？

以水泥、粉煤灰为胶凝材料，加入细骨料、外加剂或添加剂按一定比例配制而成的抹灰砂浆，可以在施工现场加水搅拌，也可以在预拌砂浆厂加水搅拌后施工。

40. 什么是水泥石灰抹灰砂浆？

以水泥为胶凝材料，加入石灰膏、细骨料和水按一定比例，在施工现场配制而成的抹灰砂浆，简称混合砂浆。

41. 什么是掺塑化剂水泥抹灰砂浆？

以水泥（或添加粉煤灰）为胶凝材料，加入细骨料、添加剂和适量塑化剂按一定比例配制混合搅拌而成的抹灰砂浆。可以在施工现场加水搅拌，也可以在预拌砂浆厂加水搅拌后施工。

42. 什么是添加剂？

除混凝土（砂浆）外加剂以外的改善砂浆性能的材料。

43. 什么是保水增稠材料？

改善砂浆可操作性及保水性能的添加剂。

44. 什么是填料？

起填充作用的矿物材料。

45. 什么是矿物掺合料？

为提高砂浆和易性及硬化后性能而加入的无机固态粉状材料。

46. 什么是搅拌？

采用人力或机械力，将若干种原材料混合均匀的过程。包括干拌和湿拌工艺。

47. 什么是混合料？

按配合比称量的各种原材料，经搅拌或轮碾制成的混合物。

48. 什么是保塑时间？

湿拌砂浆自加水搅拌后，在标准规定的存放条件下密闭储存，至工作性能仍能满足施工要求的时间。

49. 什么是可操作时间？

在特定条件下存放的新拌砂浆，保持其预期工作性能的保存时间。

50. 什么是凝结时间？

水泥和石膏等从可塑状态到失去流动性形成致密的固体状态所需的时间，分为初凝时间和终凝时间。

51. 什么是砂浆凝结时间？

从加水搅拌开始计时，到贯入阻力值达到 0.5MPa 的所需时间（min）。

52. 什么是校正时间?

例如，砌块或瓷砖在用砂浆拌合物施工后，可以进行方向或位置调整而不引起最终粘结强度显著损失的最长间隔时间。

53. 什么是预养?

成型后的坯体或制品，养护前在适当的温度和湿度环境中停放一段时间的工艺措施。

54. 什么是养护?

为成型后的坯体或制品创造适当的温度和湿度条件以利其水化硬化的工艺措施。

55. 什么是自然养护?

自然条件下，在空气或水中对坯体或制品进行养护的方法，简称自养。

56. 什么是空气中养护?

将坯体或制品置于空气中，利用自然气温和湿度对其进行的养护方法。

57. 什么是水中养护?

将坯体或制品置于水中进行养护的方法。

58. 什么是需水量比?

受检砂浆的流动度达到基准砂浆相同的流动度时，两者用水量之比。

59. 什么是活性指数?

受检砂浆和基准砂浆试件标养至相同规定龄期的抗压强度之比。

60. 什么是基准砂浆?

符合相关标准实验条件规定的、未掺有外加剂的水泥砂浆。

61. 什么是受检砂浆?

符合相关标准试验条件规定的、掺有一定比例外加剂的水泥砂浆。

62. 什么是吸水量比?

受检砂浆的吸水量与基准砂浆的吸水量之比。

63. 什么是机械喷涂施工工艺?

采用机械化泵送方法将砂浆拌合物从管道输送至喷枪出口端，再利用压缩空气将砂浆喷涂至作业面上的抹灰工艺。

64. 什么是管道组件?

由气管、输浆管及相应的管接头构成的组件。

65. 什么是湿拌砂浆拌合物?

湿拌砂浆各组成材料按一定比例配合，经加水搅拌均匀后、未凝结硬化前的混合料，称为湿拌砂浆拌合物，又称新拌湿拌砂浆。

66. 什么是砂浆稠度?

表示砂浆的稀稠程度，表征湿拌砂浆拌合物流动性的指标，指砂浆在自重力或外力作用下是否易于流动的性能。其大小用沉入量（或稠度值）（mm）表示，即砂浆稠度测定仪的圆锥体沉入砂浆深度的毫米数。

67. 什么是触变性?

触变性是指预拌砂浆在一定剪切速率作用下，其剪应力随时间延长而减小的特性。

68. 什么是标准扩散度用水量?

预拌砂浆达到规定扩散度时的加水量，用砂浆百分率表示。

69. 什么是扩展度?

预拌砂浆拌合物坍落后扩展的直径。

70. 什么是相容性?

原材料共同使用时相互匹配、协同发挥作用的能力。

71. 什么是保水性?

新拌砂浆保持水分不易从砂浆拌合物中析出的能力。

72. 什么是压力泌水?

预拌砂浆拌合物在压力作用下的泌水现象。

73. 什么是抗离析性?

预拌砂浆拌合物中各种组分保持均匀分散的性能。

74. 什么是吸水性?

材料或制品吸水的能力，以质量吸水率或体积吸水率表示。

75. 什么是抗渗性、不透水性?

砂浆抵抗水、油等液体压力作用下渗透的性能。

76. 什么是抗冻性?

砂浆抵抗冻融循环的能力。

77. 什么是收缩?

砂浆因物理和化学作用而产生的体积缩小现象。

78. 什么是湿拌砂浆表观密度?

硬化砂浆烘干试件的质量与表观体积之比，表观体积是硬化砂浆固体体积加闭口孔隙体积。

79. 什么是分层度?

新拌砂浆静置离析或者振动离析前后的稠度差，用以确定在运输及停放时砂浆拌合物的稳定性。

80. 什么是初期干燥抗裂性?

在恒向恒速气流进行表面快速脱水情况下，表面抵抗裂纹出现的能力。

81. 什么是水蒸气渗透性?

恒温状态时，单位水蒸气压力差下单位面积砂浆的水蒸气通过量。

82. 什么是表面硬度?

表面抵抗其他物质刻划、磨蚀、切削或压入表面的能力。

83. 什么是剪切强度?

材料在断裂前承受的最大剪应力，是材料承受剪切载荷的极限强度。

84. 什么是耐沾污性?

用于建筑装饰表面的砂浆抵抗灰尘吸附、发霉、褪色等沾污作用，保持自身清洁的能力。

85. 什么是适用性?

砂浆在正常使用条件下，保持良好使用性能的能力。

86. 什么是干燥收缩率?

砂浆成型后，试件经干燥养护后长度的缩小值与其原长度比值的百分率。

87. 什么是残留量?

卸料完毕后，残存在车罐体内的湿拌砂浆质量。

88. 什么是残留率?

湿拌砂浆残留量与装载质量的百分比。

89. 什么是平均卸料速度?

湿拌砂浆的卸出质量与卸料时间的比值。

90. 什么是粘结强度?

指在粘结部分施加载荷使之断裂时的强度，随荷载种类不同有抗拉强度、弯曲强度、剪切强度等。

91. 什么是拉伸粘结强度成型框?

由硅橡胶、硅酮密封材料或钢质材料制成带有方孔的平板。

92. 什么是抗压强度?

立方体试件单位面积上所能承受的最大压力。

93. 什么是抗折强度?

砂浆试件小梁承受弯矩作用折断破坏时，砂浆试件表面所承受的极限拉应力。

94. 什么是折压比?

材料抗折强度与抗压强度等级之比。

95. 什么是胶凝材料?

预拌砂浆中水泥和矿物掺合料的总称。

96. 什么是胶凝材料用量?

每立方米湿拌砂浆或者每吨干混砂浆中水泥用量和活性矿物掺合料用量质量之和。

97. 什么是水胶比？

预拌砂浆中用水量与胶凝材料用量的质量比。

98. 胶浆量的定义是什么？

湿拌砂浆中胶凝材料浆体量占砂浆总量之比。

99. 什么是普通建筑砂浆？

适用于民用与一般工业建（构）筑物的砌筑、抹灰、地面及一般防水工程的砂浆。普通建筑砂浆按生产方式可分为现场拌制砂浆和预拌砂浆，其预拌砂浆又可分为湿拌砂浆和干混砂浆。

100. 什么是湿拌砂浆？

水泥、细骨料、矿物掺合料、外加剂、添加剂和水，按一定比例，在专业生产厂经计量、搅拌后，运至使用地点，并在规定时间内使用的拌合物。

2 职业技能相关专业知识

2.1 五级/初级工

2.1.1 原材料知识

101. 什么是天然石膏?

天然石膏是自然界中蕴藏的石膏矿石（包括天然二水石膏和天然硬石膏），它是一种重要的非金属矿产资源，用途十分广泛。

102. 什么是通用硅酸盐水泥?

通用硅酸盐水泥是以硅酸盐水泥熟料和适量的石膏及国家标准规定的混合材料，按照一定比例粉磨制成的水硬性胶凝材料。

通用硅酸盐水泥按照混合材料的品种和掺量分为：硅酸盐水泥、普通硅酸盐水泥、矿渣硅酸盐水泥、火山灰质硅酸盐水泥、粉煤灰硅酸盐水泥和复合硅酸盐水泥。

103. 什么是基准水泥?

专门用于检测混凝土、砂浆外加剂性能的 P・Ⅰ型硅酸盐水泥，水泥比表面积为（350±10）m^2/kg，且碱含量不超过 1.0%。该水泥所用熟料的铝酸三钙含量为 6%～8%、硅酸三钙含量为 55%～60%，游离氧化钙含量不超过 1.2%。

104. 粉煤灰的定义是什么?

电厂煤粉炉烟道气体中收集的粉末。属于燃煤电厂的大宗工业废渣，它是目前使用最广泛的矿物掺合料之一。拌制砂浆和混凝土用粉煤灰分为三个等级：Ⅰ级、Ⅱ级、Ⅲ级。

105. 粉煤灰如何分类?

按照煤种和氧化钙含量分为 F 类和 C 类。F 类粉煤灰是无烟煤或烟煤煅烧收集的粉煤灰，游离氧化钙含量不大于 1%；C 类粉煤灰是褐煤或次烟煤煅烧收集的粉煤灰，氧化钙含量一般大于或等于 10%。按照用途分为拌制砂浆和混凝土用粉煤灰、水泥活性混合材料用粉煤灰。

106. 粒化高炉矿渣粉的定义是什么?

以粒化高炉矿渣为主要原料，可掺加少量天然石膏，粉磨制成一定细度的粉体。矿渣粉的级别为：S75、S95、S105，主要以矿渣粉的活性指数区分。

107. 天然砂的定义是什么?

在自然条件作用下岩石产生破碎、风化、风选、运移、堆（沉）积，形成的粒径小于 4.75mm 的岩石颗粒，包括河砂、山砂、湖砂、淡化海砂，但不包括软质、风化的岩石颗粒。

108. 机制砂的定义是什么？

以岩石、卵石、矿山废石、尾矿等原料，经除土处理，由机械破碎、整形、筛分、粉控等工艺制成的，粒径小于4.75mm的岩石颗粒，但不包括软质、风化的岩石颗粒，俗称人工砂。

109. 混合砂的定义是什么？

由机制砂和天然砂按照一定比例混合而成的砂。

110. 砂含泥量和泥块含量的定义是什么？

砂含泥量，即天然砂中粒径小于75μm的颗粒含量；

砂中泥块含量，即天然砂中原粒径大于1.18mm，经水浸洗、手捏后小于600μm的颗粒含量。

111. 石粉含量的定义是什么？

机制砂中粒径小于75μm的颗粒含量。

112. 什么是砂的细度模数？

衡量砂粗细的一个指标，可以通过筛分和公式计算得出。

113. 砂坚固性是怎么定义的？

砂在自然风化和其他外界物理化学的因素作用下抵抗破裂的能力。

114. 砂是怎么分类的？

按产源分为：机制砂和天然砂；

按规格（细度模数）分：粗砂、中砂、细砂；

按技术要求分：Ⅰ类、Ⅱ类、Ⅲ类。

115. 在我国，砂浆外加剂是如何定义的？

砂浆外加剂是在拌制砂浆过程中掺入，用以改善砂浆性能的物质，掺量不大于水泥质量的5%（特殊情况除外）。外加剂主要用来改善新拌砂浆性能和提高硬化砂浆性能，如调节保塑期、提高保水性、调节凝结时间和硬化时间、改善工作性和可抹性、防止分层沉淀、提高强度等。

116. 外加剂如何分类？

改善湿拌砂浆拌合物流变性能的外加剂，如各种减水剂、保水剂等，调节湿拌砂浆凝结时间、硬化过程的外加剂，如缓凝剂、早强剂、促凝剂和速凝剂等；改善砂浆耐久性的外加剂，如引气剂、防水剂、阻锈剂和矿物外加剂等；改善砂浆其他性能的外加剂，如膨胀剂、防冻剂和着色剂等。

117. 减水剂如何分类？

减水剂按其减水率的大小分为普通减水剂、高效减水剂及高性能减水剂。减水率8%～14%的减水剂为普通减水剂，减水率14%～25%的减水剂为高效减水剂，减水率大于25%为高性能减水剂。

118. 什么是早强型普通减水剂?

具有早强功能的普通减水剂。

119. 什么是引气型普通减水剂?

具有引气功能的普通减水剂。

120. 什么是防冻剂?

能使砂浆或混凝土在负温下硬化，并在规定养护条件下达到预期性能的外加剂。

121. 何为无氯盐防冻剂?

氯离子含量不大于0.1%的防冻剂。

122. 何为复合型防冻剂?

兼有减水、早强、引气等功能，由多种组分复合而成的防冻剂。

123. 什么是泵送剂?

能改善混凝土、砂浆拌合物泵送性能的外加剂。

124. 速凝剂如何定义的?

能使砂浆迅速凝结硬化的外加剂。

125. 什么是无碱速凝剂?

氧化钠当量含量不大于1%的速凝剂。

126. 什么是有碱速凝剂?

氧化钠当量含量大于1%的速凝剂。

127. 什么是缓凝剂?

能延长砂浆凝结时间的外加剂。

128. 什么是减缩剂?

通过改变孔溶液离子特征及降低孔溶液表面张力等作用来减少砂浆或混凝土收缩的外加剂。

129. 什么是早强剂?

能加速砂浆早期强度发展的外加剂。

130. 什么是引气剂?

能通过物理作用引入均匀分布、稳定而封闭的微小气泡，且能将气泡保留在硬化砂浆中的外加剂。

131. 什么是防水剂?

能降低砂浆、混凝土在静水压力下透水性的外加剂。

132. 什么是保塑剂?

在一定时间内，能保持新拌砂浆塑性状态的外加剂。

133. 什么是膨胀剂?

在砂浆硬化过程中因化学作用能使砂浆产生一定体积膨胀的外加剂。

134. 什么是聚合物乳液?

由单体（同一种单体、两种或两种以上不同单体）经乳液聚合而成的聚合乳液（或共聚乳液），也可以由液态树脂经乳化作用而形成聚合物乳液。乳液体系中包括聚合物、乳化剂、稳定剂、分散剂、消泡剂等。

135. 什么是浮石?

浮石是由火山爆发形成的一种具有发达气孔结构的多孔喷出岩，呈块状，由于其矿物和化学成分不同，多为铁黑色，也有的呈红褐色或灰白色、淡黄色等。其表面具有直径为 0.1～8mm 的海绵状或蜂窝状圆形到椭圆形的气孔，局部较均匀。质轻的浮石，颗粒密度小于 $1g/cm^3$，能浮于水，故称浮岩，俗称浮石。

136. 什么是沸石粉?

沸石粉是将天然斜发沸石岩或丝光沸石岩磨细制成的粉体材料。它是一种天然的、多孔结构的微晶物质，具有很大的内表面积。

137. 什么是木质纤维?

木质纤维是采用富含木质素的高等级天然木材（如冷杉、山毛榉等）以及食物纤维、蔬菜纤维等，经过酸洗中和，然后粉碎、漂白、碾压、分筛而成的一类白色或灰白色粉末状纤维。木质纤维是一种吸水而不溶于水的天然纤维，具有优异的柔韧性、分散性。在水泥砂浆产品中添加适量不同长度的木质纤维，可以增强抗收缩性和抗裂性，提高产品的触变性和抗流挂性，延长开放时间和起到一定的增稠作用。

木质纤维产品有着不同的种类、不同的长度和细度，中短木质纤维的长度一般为 40～1000μm，可应用于干混砂浆产品中；而长度为 1100～2000μm 的长木质纤维通常只用于乳液型的胶粘剂和膏状腻子中，这是由于长纤维在干混砂浆的搅拌中受到限制，不易分散并易结团。

138. 什么是可再分散乳胶粉?

由高分子聚合物乳液加入保护胶体，经喷雾干燥制成的水溶性粉末。

139. 什么是反应型树脂?

混合到一起后通过化学反应，能够凝结硬化并保持和发展强度的合成树脂。

140. 什么是膨胀珍珠岩?

天然火山岩在加热膨胀过程中形成的具有多孔结构保温性能的轻质粒状材料。

141. 什么是膨胀蛭石?

天然云母矿物在加热过程中膨胀或剥落形成的轻质片状材料。

142. 什么是膨胀玻化微珠?

由玻璃质火山熔岩矿砂经膨胀、玻化等工艺制成，表面玻化封闭、呈不规则球状，内部为多孔空腔结构的轻质粒状材料。

143. 什么是纤维素醚?

以天然纤维素为原料，在一定条件下经过碱化、醚化反应生成的一系列纤维素衍生生物的总称，是纤维素分子链上羟基被醚基团取代的产品。

144. 什么是淀粉醚?

从天然植物中提取的多糖化合物，与纤维素具有相同的化学结构及类似的性能。在抹灰材料中主要使用的是羟乙基淀粉。可以显著增加砂浆的稠度，同时需水量和屈服值也略有增加，但不能提高砂浆的保水能力。

145. 什么是稠化剂?

一种不含石灰和引气成分的砂浆增稠材料。

146. 什么是稠化?

在化学和吸附作用下，料浆极限切应力和塑性黏度逐渐增大的过程。

147. 什么是疏水剂?

使砂浆具备一定的憎水功能的添加剂，有脂肪酸金属盐、有机硅类、憎水性可再分散聚合物粉末等 3 种类型。

148. 什么是耐碱玻璃纤维?

由熔融耐碱玻璃以连续拉丝的工艺制造的纤维，常用作增强材料、薄毡或织物。

149. 什么是合成纤维?

以合成高分子化合物为原料制成的化学纤维。

150. 什么是木纤维?

采用富含木质素的天然木材（松木、山毛榉)、食物纤维、蔬菜纤维等经化学处理、提取加工磨细而成的白色或灰白色粉末。呈多孔长纤维状，平均长度 10～2000μm，平均直径小于 50μm。具有保水、增稠、改善和易性、抗裂性、提高抗滑移能力、延长开放时间等效果。

151. 什么是砌筑砂浆增塑剂?

砌筑砂浆拌制过程中掺入的、用以改善砂浆和易性的非石灰类外加剂。

152. 什么是抹灰砂浆增塑剂?

用于改善抹灰砂浆保水性、和易性及粘结性能的外加剂。

153. 什么是推荐掺量范围?

由外加剂生产企业根据试验结果确定的、推荐给使用方的外加剂掺量范围。

154. 什么是适宜掺量?

满足相应的外加剂标准要求时的外加剂掺量，由外加剂生产企业提供，适宜掺量应在推荐掺量的范围之内。

155. 什么是推荐最大掺量?

推荐掺量范围的上限。

156. 什么是外加剂匀质性?

表征外加剂产品呈均匀、同一状态的性能指标。

157. 什么是外加剂相溶性?

复合外加剂各组分在正常使用条件下形成均匀相态的能力。

158. 砂浆用水如何定义?

砂浆拌和用水和砂浆养护用水的总称。

159. 砂浆用水如何分类?

砂浆拌和用水按水源可分为饮用水、地表水、地下水、海水，以及经适当处理或处置后的工业废水。

160. 饮用水的定义是什么?

是指符合《生活饮用水卫生标准》(GB 5749) 的饮用水。

161. 地表水的定义是什么?

存在于江、河、湖、塘、沼泽和冰川等中的水。

162. 地下水的定义是什么?

存在于岩石缝隙或土壤孔隙中可以流动的水。

163. 再生水的定义是什么?

指污水经适当再生工艺处理后具有使用功能的水。

164. 水中的不溶物是指什么?

在规定的条件下，水样经过滤，未通过滤膜部分干燥后留下的物质。

165. 水中的可溶物是指什么?

在规定的条件下，水样经过滤，通过滤膜部分干燥蒸发后留下的物质。

166. 可再分散乳胶粉在砂浆体系中有何作用?

可再分散乳胶粉是将高分子聚合物乳液通过高温高压、喷雾干燥、表面处理等一系列工艺加工而成的粉状热塑性树脂材料，这种粉状的有机胶粘剂与水混合后，在水中能再分散，重新形成新的乳液，其性质与原来的共聚物乳液完全相同。

砂浆中掺入可再分散乳胶粉，可以增加砂浆的内聚力、黏聚性与柔韧性。一是可以提高砂浆的保水性，形成一层膜减少水分的蒸发；二是提高砂浆的粘结强度。

167. 建设用砂如何分类?

(1) 按产源分为天然砂、机制砂和混合砂。

(2) 按细度模数分为粗砂、中砂、细砂和特细砂，其细度模数分别为：

粗砂：3.7～3.1；中砂：3.0～2.3；细砂：2.2～1.6；特细砂：1.5～0.7。

细度模数并不能反映砂的级配情况，细度模数相同的砂，其级配并不一定相同。

168. 砂的颗粒级配如何要求?

除特细砂外，Ⅰ类砂的累计筛余应符合表 2-1 中 2 区的规定，分计筛余应符合表2-1

的规定；Ⅱ类和Ⅲ类砂的累计筛余应符合表 2-1 的规定。砂的实际颗粒级配除 4.75mm 和 0.60mm 筛挡外，可以超出，但各级累计筛余超出值总和不应大于 5%。

表 2-1 砂颗粒级配区

砂的分类	天然砂			机制砂、混合砂		
级配区	1 区	2 区	3 区	1 区	2 区	3 区
方筛孔（mm）	累计筛余（%）					
4.75	10～0	10～0	10～0	5～0	5～0	5～0
2.36	35～5	25～0	15～0	35～5	25～0	15～0
1.18	65～35	50～10	25～0	65～35	50～10	25～0
0.60	85～71	70～41	40～16	85～71	70～41	40～16
0.30	95～80	92～70	85～55	95～80	92～70	85～55
0.15	100～90	100～90	100～90	97～85	94～80	94～75

分计筛余（%）							
方孔筛尺寸（mm）	4.75[a]	2.36	1.18	0.60	0.30	0.15[b]	筛底[c]
分计筛余（%）	0～10	10～15	10～25	20～31	20～30	5～15	0～20

a 对于机制砂，4.75mm 筛的分计筛余不应大于 5%。
b 对于机制砂，0.15mm 筛和筛底的分计筛余之和不应大于 25%。
c 对于天然砂，筛底的分计筛余不应大于 10%。

169. 为何应控制砂的级配？

良好的级配应当能使骨料的空隙率和总表面积较小，从而不仅使所需水泥浆量较少，而且还可以提高砂浆的密实度、强度及其他性能。若砂的颗粒级配不好，则会产生较大的空隙率。

170. 什么是砂含泥量、泥块含量、石粉含量？

含泥量是指天然砂中粒径小于 75μm 颗粒的含量。

泥块含量是指砂中粒径大于 1.18mm，经水浸泡、淘洗等处理后小于 0.60mm 的颗粒的含量。

石粉含量是指机制砂中粒径小于 75μm 颗粒的含量。

171. 为何应控制砂浆用砂的含泥量和泥块含量？

砂中的泥粒一般较细，泥粒增加了骨料的比表面积，会加大用水量或水泥浆用量。黏土类矿物通常有较强的吸水性，吸水时膨胀，干燥时收缩，会对砂浆强度、干缩及其他耐久性能产生不利的影响。当泥粒包裹在砂的表面，还会影响水泥浆与砂之间的粘结能力。当以泥块的形式存在时，由于泥块本身强度较低，不仅起不到骨架作用，还会在砂浆中形成薄弱部分，降低砂浆的力学性能。因此，应对砂浆中砂的含泥量和泥块含量加以限制，要求含泥量≤5.0%，泥块含量≤2.0%。

172. 什么是骨料中的有害物质？

骨料中存在着或妨碍水泥水化、或削弱骨料与水泥石的粘结、或能与水泥的水化产物进行化学反应并产生有害膨胀的物质称为有害物质。

173. 对砂中有害物质含量有何要求？

砂中有害物质的含量应符合表 2-2 的规定。

表 2-2 有害物质限量

类别	Ⅰ类	Ⅱ类	Ⅲ类
云母（质量分数，%）	≤1.0	≤2.0	
轻物质（质量分数，%）	≤1.0		
有机物	合格		
硫化物及硫酸盐（以 SO_3 质量计[a]，%）	≤0.5		
氯化物（以氯离子质量计，%）	≤0.01	≤0.02	≤0.06[a]
贝壳（质量分数[b]，%）	≤3.0	≤5.0	≤8.0

a 对于钢筋混凝土用净化处理的海砂，其氧化物含量应小于或等于 0.02%。

b 该指标仅适用于海砂，其他砂种不作要求。

174. 砂中有害物质有何危害？

砂中的有害物质主要有云母、轻物质、有机物、硫化物及硫酸盐等。云母一般呈薄片状，表面光滑，强度较低，且易沿解理面错裂，因而与水泥石的粘结性能较差，当云母含量较多时，会明显降低混凝土及砂浆的强度，以及抗冻、抗渗等性能。砂中的有机杂质通常是动植物的腐殖物，如腐殖土或有机壤土，它们会妨碍水泥的水化，降低强度。骨料中有时含有硫铁矿或生石膏等硫化物或硫酸盐，它们有可能与水泥的水化产物反应生成硫铝酸钙，发生体积膨胀。

175. 通用硅酸盐水泥的主要技术指标有哪些？

化学指标、碱含量和物理指标。

176. 进场粉煤灰有哪些主要检验项目？

细度、需水量比、含水量、密度、强度活性指数、烧失量、安定性（C 类）。

177. 矿渣粉物理性能指标有哪些？

矿渣粉物理性能指标包括密度、比表面积、活性指数、流动度比、含水量、初凝时间比等。

178. 粉煤灰有何特点？

粉煤灰属于火山灰质活性混合材料，其主要成分是硅、铝和铁的氧化物，具有潜在的水化活性。粉煤灰呈灰褐色，通常为酸性，密度为 1.77～2.43g/cm^3，比表面积为 250～700m^2/kg，粉煤灰颗粒多数呈球形，表面光滑，粒径多在 45μm 以下，可以不用粉磨直接用于预拌砂浆中。

179. 什么是工业副产石膏？

工业副产石膏也称化学石膏，是指工业生产中由化学反应生成的以硫酸钙（含 0～2 个结晶水）为主要成分的副产品或废渣。

180. 什么是磷石膏?

磷石膏是湿法磷酸工艺中产生的固体废弃物，其组分主要是二水硫酸钙。

181. 什么是脱硫石膏?

脱硫石膏又称烟气脱硫石膏、硫石膏或FGD石膏，是对含硫燃料（煤、油等）燃烧后产生的烟气进行脱硫净化处理而得到的工业副产石膏（湿态二水硫酸钙晶体）。

182. 什么是工业副产柠檬酸石膏?

柠檬酸石膏是用钙盐沉淀法生产柠檬酸时产生的以二水硫酸钙为主的工业废渣。

183. 什么是工业副产氟石膏?

氟石膏又称氟石，分子式为CaF_2，是用硫酸酸解萤石制取氟化氢所得的以无水硫酸钙为主的副产品。

184. 什么是工业副产钛石膏?

钛石膏是采用硫酸酸解钛铁矿（$FeTiO_3$）生产钛白粉时，加入石灰或电石渣中和大量的酸性废水所产生的以二水石膏为主要成分的废渣。

185. 什么是工业副产盐石膏?

在原盐加工过程中产生的以二水硫酸钙为主的废渣即为盐石膏，也称硝皮子。原盐是指未经加工精制的海盐、湖盐和井盐。

186. 什么是天然轻骨料?

天然轻骨料是在火山喷发过程中，火山岩经过膨胀和急冷固化形成的具有多孔结构的岩石，如浮石、火山渣、泡沫熔岩和火山凝灰岩等。火山岩经过破碎和筛分可制成不同规格的轻骨料。

187. 什么是硅灰?

硅灰是从冶炼硅铁合金或工业硅时通过烟道排出的粉尘，经收集得到的以无定形二氧化硅为主要成分的粉体材料。

188. 什么是人造轻骨料?

人造轻骨料是以地方材料为原料，经加工而成的轻骨料。

189. 生产人造轻骨料的原料如何分类?

生产人造轻骨料的原料主要有三类：

（1）天然原料，如黏土、页岩、板岩、珍珠岩、蛭石等；

（2）工业副产品，如玻璃珠等；

（3）工业废弃物，如粉煤灰、煤渣和膨胀矿渣珠。

190. 什么是活性矿物掺合料?

活性矿物掺合料即火山灰质掺合料，它以氧化硅、氧化铝为主要成分，本身不具有或只具有极低的胶凝特性，但在水存在的条件下能与氢氧化钙化合生成胶凝性的水化物，并在空气或水中硬化。活性矿物掺合料是以天然的矿物质材料或工业废渣为原材料，直接使用或预先磨细，作为混凝土或砂浆的一种组分，改善其性能，并能节约水泥。

191. 常用的活性矿物掺合料有哪些？

常用的活性矿物掺合料有粉煤灰、粒化高炉矿渣粉、硅灰和沸石粉等。

192. 什么是膨润土？

膨润土又叫蒙脱土，是以蒙脱石为主要成分的层状硅铝酸盐。

193. 膨润土有哪些类型？

膨润土的层间阳离子种类决定膨润土的类型，层间阳离子为 Na^{+} 时称钠基膨润土；层间阳离子为 Ca^{2+} 时称钙基膨润土；层间阳离子为 H^{+} 时称氢基膨润土（活性白土）；层间阳离子为有机阳离子时称有机膨润土。

194. 膨润土有何特点？

一般将颗粒粒径在 1～100nm 的材料称为纳米材料。膨润土的颗粒粒径是纳米级的，是亿万年前天然形成的，因此，国外有将膨润土称为天然纳米材料的。

膨润土具有很强的吸湿性，能吸附相当于自身体积 8～20 倍的水而膨胀至 30 倍；在水介质中能分散成胶体悬浮液，并具有一定的黏滞性、触变性和润滑性，它和泥砂等的掺合物具有可塑性和粘结性，有较强的阳离子交换能力和吸附能力。膨润土素有“万能黏土”之称，广泛应用于冶金、石油、铸造、食品、化工、环保及其他工业部门。

195. 轻骨料如何分类？

（1）轻骨料按材料属性分为无机轻骨料和有机轻骨料，见表 2-3。

表 2-3　轻骨料按材料属性分类

类别	材料性质	主要品种
无机轻骨料	天然或人造的无机硅酸盐类多孔材料	浮石、火山渣等天然轻骨料和各种陶粒、矿渣等人造轻骨料
有机轻骨料	天然或人造的有机高分子多孔材料	木屑、炭珠、聚苯乙烯泡沫轻骨料等

（2）轻骨料按原材料来源可分为天然轻骨料、人造轻骨料和工业废料轻骨料，见表 2-4。

表 2-4　轻骨料按原材料来源分类

类别	原材料来源	主要品种
天然轻骨料	火山爆发或生物沉积形成的天然多孔岩石	浮石、火山渣、多孔凝灰岩、珊瑚岩、钙质贝壳岩等及轻砂
人造轻骨料	以黏土、页岩、板岩或某些有机材料为原材料加工而成的多孔材料	页岩陶粒、黏土陶粒、膨胀珍珠岩、沸石岩轻骨料、聚苯乙烯泡沫骨料、超轻陶粒等
工业废料轻骨料	以粉煤灰、矿渣、煤矸石等工业废渣加工而成的多孔材料	粉煤灰陶粒、膨胀矿渣珠、自燃煤矸石、煤渣及轻砂

196. 如何选用矿物掺合料？

由于矿物掺合料对砂浆的性能有一定的改善作用，且能充分利用这些工业废弃物，加大资源综合利用率，提高预拌砂浆绿色化水平，保护环境，并降低砂浆的生产成本，因此应适量掺用矿物掺合料。

选用矿物掺合料时，应根据砂浆的性能要求，以及其他原材料的情况，结合矿物掺合料的特性综合考虑。一般来说，对于低强度等级的预拌砂浆应优先考虑选用粉煤灰，对高强度等级的预拌砂浆可考虑将矿渣粉与粉煤灰复合使用；当骨料级配较差时应考虑掺入较大量的优质粉煤灰，以改善砂浆的可操作性；冬期施工时应考虑适当提高矿渣粉的掺量。采用机喷工艺时应适当增加粉煤灰掺量，以增加砂浆的黏稠性，减少落灰。矿物掺合料掺量应符合有关规定并通过试验确定。

197. 天然轻骨料的性能有何要求？

天然轻骨料来源不同，其性能也不同，各种天然轻骨料的主要性能见表 2-5。

表 2-5 天然轻骨料的主要性能

天然轻骨料	颗粒密度（kg/m^3）	堆积密度（kg/m^3）	常压下 24h 吸水率
火山凝灰岩	1300～1900	粗骨料：700～1100 细骨料：200～500	7%～30%
泡沫姆岩	1800～2800	800～1400	10%左右
浮石	550～1650	350～650	50%左右

198. 什么是二水石膏？有何特点？

二水石膏（$CaSO_4 \cdot 2H_2O$）又称为生石膏，经过煅烧、磨细可得 β 型半水石膏（$CaSO_4 \cdot 1/2H_2O$），即建筑石膏，又称熟石膏、灰泥。

若煅烧温度为 190℃可得模型石膏，其细度和白度均比建筑石膏高。若将生石膏在 400℃～500℃或高于 800℃下煅烧，即得地板石膏，其凝结、硬化较慢，但硬化后强度、耐磨性和耐水性均较普通建筑石膏好。

固化后的二水石膏，通过长期放置后，它在水中的溶解度不会降低，固化后的二水石膏通过长期放置后会脱水变成石膏，资料显示：二水石膏溶解度为 2.08g/L，α-半水石膏为 6.20g/L，β-半水石膏为 8.15g/L，可溶性无水石膏为 6.30g/L，天然无水石膏为 2.70g/L。

纯净的二水石膏是透明的或无色的，有纤维状、针状、片状等晶体形态。天然二水石膏矿往往含有较多杂质，从产状看，有透明石膏、纤维石膏、雪花石膏、片状石膏、泥质石膏或土石膏。

石膏中二水石膏所占的含量，常称为品位，以此来对石膏分级。一级石膏含二水石膏 95%以上，二级含二水石膏 85%以上，三级含二水石膏 75%以上。生产建筑石膏板材大都要用三级以上的石膏。

2.1.2 预拌砂浆知识

199. 普通干混砂浆如何分类？

干混砌筑砂浆、干混抹灰砂浆、干混地面砂浆和干混普通防水砂浆按强度等级、抗渗等级分类应符合表 2-6 的规定。

表 2-6 干混砂浆分类

项目	干混砌筑砂浆		干混抹灰砂浆			干混地面砂浆	干混普通防水砂浆
	普通砌筑砂浆（G）	薄层砌筑砂浆（T）	普通抹灰砂浆（G）	薄层抹灰砂浆（T）	机喷抹灰砂浆（S）		
强度等级	M5、M7.5、M10、M15、M20、M25、M30	M5、M10	M5、M7.5、M10、M15、M20	M5、M7.5、M10	M5、M7.5、M10、M15、M20	M15、M20、M25	M15、M20
抗渗等级	—	—	—	—	—	—	P6、P8、P10

200. 干混砂浆如何标记？

干混砂浆按下列顺序标记：干混砂浆代号、型号、主要性能、标准编号。

示例 1：干混机喷抹灰砂浆的强度等级为 M10，其标记为：

DP-SM10GB/T 25181—2019。

示例 2：干混普通防水砂浆的强度等级为 M15，抗渗等级为 P8，其标记为：

DWM15P8GB/T 25181—2019。

201. 粉煤灰在砂浆中有哪些作用？

粉煤灰具有潜在的化学活性，颗粒微细，且含有大量玻璃体微珠，掺入砂浆中可以发挥三种效应，即形态效应、活性效应和微骨料效应。

（1）形态效应

粉煤灰中含有大量的玻璃微珠，呈球形，掺入砂浆中可以减少砂浆的内摩擦阻力，提高砂浆的和易性。

（2）活性效应

粉煤灰中活性二氧化硅、三氧化二铝、三氧化二铁等活性物质的含量超过 70%，尽管这些活性成分单独不具有水硬性，但在氢氧化钙和硫酸盐的激发作用下，可生成水化硅酸钙、钙矾石等物质，使强度增加，尤其使材料的后期强度明显增加。

（3）微骨料效应

粉煤灰粒径大多小于 0.045mm，尤其是Ⅰ级灰，总体上比水泥颗粒还细，填充在水泥凝胶体中的毛细孔和气孔之中，使水泥凝胶体更加密实。

202. 砌筑砂浆用外加剂有何要求？

为了改善砂浆和易性，砌筑砂浆中往往掺入砂浆塑化剂等。但是，加入有机塑化剂的水泥砂浆，其砌体破坏荷载低于水泥混合砂浆。

《砌体工程施工质量验收规范》（GB 50203—2011）中规定："在砂浆中掺入的砂浆塑化剂、早强剂、缓凝剂、防冻剂、防水剂等砂浆外加剂，其品种和用量应经有资质的检测单位检验和试配确定。所用外加剂的技术性能应符合国家现行有关标准《砌筑砂浆增塑剂》（JG/T 164）、《混凝土外加剂》（GB 8076）、《砂浆、混凝土防水剂》（JC 474）

的质量要求。”

203. 干混砂浆有哪些优缺点？

（1）优点

① 砂浆品种多。干混砂浆包括干混砌筑砂浆等12个不同品种、不同性能、不同使用要求的砂浆，部分干混砂浆根据强度等级、抗渗等级又分为多个种类，能够满足新型墙体材料等对砂浆的不同使用要求。

② 质量优良，品质稳定。干混砂浆在专业技术人员的设计和管理下，用专用设备进行集中配料和混合，其用料合理，配料准确，混合均匀，从而使产品品质均匀，改善了砂浆的可操作性，砂浆的物理、力学性能和耐久性能得到显著提高。

③ 使用方便。干混砂浆是在现场加水（或配套液体）搅拌而成，因此可根据施工进度、使用量多少灵活掌握，不受时间限制，使用方便。干混砂浆运输比较方便，可集中起来运输，受交通条件的限制较小。

④ 干混砂浆的贮存期长。干混砂浆可采用散装或袋装。袋装干混砌筑砂浆、抹灰砂浆、地面砂浆、普通防水砂浆、自流平砂浆的保质期自生产日起为3个月，其他袋装干混砂浆的保质期自生产日起为6个月。散装干混砂浆应储存在专用封闭式筒仓内，保质期自生产日起为3个月。

（2）缺点

① 干混砂浆生产线的一次投资较大，散装罐和运输车辆的投入也较大。

② 原材料的选择受到一定的限制。干混砂浆用骨料须经干燥处理，外加剂、添加剂等必须使用粉剂，相应造成原材料的成本增加。

③ 干混砂浆需要施工单位在现场加水搅拌后使用，用水量与搅拌的均匀度对砂浆性能有一定的影响。若施工企业缺乏砂浆方面的专业技术管理人才，不利于砂浆的质量控制。

④ 散装干混砂浆在储存或气力输送过程中，容易造成物料分离，导致砂浆不均匀，影响砂浆的质量。

⑤ 工地需配备足够的存储设备和搅拌系统。因为砂浆品种越多，所需的存储设备越多。

204. 干混砂浆与湿拌砂浆有哪些异同？

（1）相同点

均由专业生产厂生产供应，由专业技术人员进行砂浆配合比设计、配方研制以及砂浆质量控制，从根本上保证了砂浆的质量。

（2）不同点

① 砂浆状态及存放时间不同。湿拌砂浆是将包括水在内的全部组分搅拌而成的湿拌拌合物，可在施工现场直接使用，但须在砂浆凝结之前使用完毕，最长存放时间不超过24h；干混砂浆是将干燥物料混合均匀的干状混合物，以散装或袋装形式供应，砂浆需在施工现场加水或配套液体搅拌均匀后使用。干混砂浆储存期较长，通常为3个月或6个月。

② 生产设备不同。目前湿拌砂浆大多由搅拌站生产，而干混砂浆则由专业砂浆厂

采用专用的混合设备生产。

③ 品种不同。由于湿拌砂浆采用湿拌的形式生产，不适于生产黏度较高的砂浆，因此砂浆品种较少，目前只有砌筑、抹灰、地面等砂浆品种；而干混砂浆生产出来的是干状物料，不受生产方式限制，因此砂浆品种繁多，但原材料的品种要比湿拌砂浆多很多，且复杂得多。

④ 砂的处理方式不同。湿拌砂浆用砂不需烘干，而干混砂浆用砂需经烘干处理或直接使用干砂。

⑤ 运输设备不同。湿拌砂浆要采用搅拌运输车运送，以保证砂浆在运输过程中不产生分层、离析；散装干混砂浆采用散装干混砂浆运输车运送，袋装干混砂浆采用汽车运送。

205. 抹灰砂浆有哪些品种？

（1）按施工部位分为室内抹灰和室外抹灰，室内抹灰包括内墙面、顶棚、墙裙、楼地面及楼梯等；室外抹灰包括外墙、女儿墙、窗台、阳台等。

（2）按功能分为普通抹灰砂浆和特种用途抹灰砂浆（如外保温抹面砂浆、抗裂砂浆、装饰砂浆、防水砂浆等）。

（3）按使用厚度分为普通抹灰砂浆和薄层抹灰砂浆。普通抹灰砂浆的总抹灰厚度在20～35mm，每层的抹灰厚度在7mm左右；薄层抹灰砂浆的总抹灰厚度在3～5mm，每层抹灰厚度在2～3mm。普通抹灰砂浆有的在现场拌制，有的是工厂化生产即预拌砂浆；薄层抹灰砂浆一般在工厂生产。

206. 什么是石膏胶凝材料？

石膏胶凝材料是一种多功能气硬性胶凝材料，由二水石膏经过不同温度和压力脱水而制成。

207. 粉刷石膏的分类有哪些？

粉刷石膏按用途不同分为面层、底层和保温层粉刷石膏。

208. 什么是建筑石膏腻子？

石膏腻子又称刮墙腻子，是以建筑石膏粉和滑石粉为主要原料，辅以少量石膏改性剂混合而成的粉状材料。

209. 石膏基自流平砂浆（又称石膏自流平砂浆）应满足哪些性能指标？

石膏自流平砂浆应满足《石膏基自流平砂浆》（JC/T 1023—2021）规定的性能指标。

210. 什么是石膏基自流平砂浆？

石膏基自流平砂浆是一种在混凝土地面上能自流动摊平的砂浆，即在自身重力作用下形成平滑表面，成为较为理想的建筑物地面找平层，是铺设地毯、木地板和各种地面装饰材料的基层石膏基材料。

211. 干混砂浆中常用哪些纤维？

干混砂浆中普遍采用化学合成纤维和木纤维。

抹面砂浆、内外墙腻子粉、保温材料薄罩面砂浆、灌浆砂浆、自流平地坪砂浆等的生产中，添加合成纤维或木纤维，而有些抗静电地面材料中则以金属纤维和碳纤维为主。

212. 什么是膨胀防水砂浆？

膨胀防水砂浆是利用膨胀水泥或者掺加膨胀剂配制而成的，在砂浆凝结硬化过程中产生一定的体积膨胀，补偿由于干燥和化学反应所造成的收缩的砂浆。

213. 什么是减水剂防水砂浆？

各种掺入减水剂的防水砂浆，统称为减水剂防水砂浆。

214. 防水砂浆的主要种类有哪些？

主要有掺加引气剂防水砂浆、减水剂防水砂浆、三乙醇胺防水砂浆、三氯化铁防水砂浆、膨胀防水砂浆和有机聚合物防水砂浆。

215. 什么是石膏砂浆？

石膏砂浆主要由半水石膏加上相应的辅助材料及化学外加剂，经均匀混合而成。

按其使用性能，一般又可分为用于墙体抹灰用的石膏抹灰砂浆，以及用于地面找平用的石膏自流平砂浆。

216. 地面砂浆有何要求？

地面砂浆主要对建筑物底层地面和楼层地面起找平、保护和装饰作用，为地面提供坚固、平坦的基层。

地面砂浆按用途可分为找平砂浆和面层砂浆。找平砂浆主要起着找平地面作用，砂浆中不应含有石灰成分，并应有一定的抗压强度和粘结强度。找平砂浆的抗压强度应不小于15MPa，有时还应有防水要求。面层砂浆主要起着保护和装饰作用，面层砂浆除了抗压强度不应小于15MPa外，还应有耐磨要求，有时还有防水要求。面层砂浆除了上述要求外，还应与基层材料粘结牢固，本身应不起壳、开裂。

217. 什么是干混陶瓷砖粘结砂浆？

用于将陶瓷墙地砖、石材等粘贴到基层上的专用粘结砂浆。

218. 什么是干混界面砂浆？

用于改善砂浆层与基层粘结性能的材料，能够增强对基层的粘结力，具有双亲和性的聚合物改性砂浆，具有良好的耐水、耐湿热、抗冻融性能，避免抹灰层空鼓、起壳的现象，从而代替人工凿毛处理，省时省力。

219. 人工砂的总压碎值指标如何控制？

总压碎值指标控制在30%以下。

220. 什么是嵌缝石膏？

嵌缝石膏是多种材料预混合的粉状材料，需加水搅拌成可操作的膏状体嵌缝腻子。进行嵌填、找平等接缝处理，硬化后使石膏板板面成为一体。具有和易性好、黏稠合适、易涂刮、有足够的可使用时间、干硬快、不收缩，属于凝固型腻子，能充分将不同厚度的板间缝隙嵌填饱满，不裂纹。由于嵌填饱满有利于提高隔声指数和耐火性能，具有合适的粘结性能，使嵌缝腻子与石膏板的纸面、石膏芯材以及接缝带等均能粘结牢固，耐火性能及强度均优于纸面石膏板，是一种适合各种类型石膏板板间接缝用的通用型接缝腻子。

221. 什么是粘结石膏?

粘结石膏是用来作粘结的石膏，是一种快硬的粘结材料。它也是以建筑石膏为基料，加入适量缓凝剂、保水剂、增稠剂、粘结剂等外加剂，经混合均匀而成的粉状无机胶粘剂。

222. 什么是轻质抹灰石膏?

轻质抹灰石膏就是保温层抹灰石膏。轻质抹灰石膏砂浆是代替水泥砂浆的更新型、更环保、更经济的重点推广的产品，既有水泥的强度，又比水泥更健康环保、持久耐用，具有粘结力大、不易粉化、不开裂、不空鼓、不掉粉等优点，使用简便，节省成本。从单价来讲，抹灰石膏砂浆比水泥砂浆贵，但抹灰石膏砂浆有不少优点，综合来看，每平方米抹灰石膏砂浆抹灰造价反而低于水泥砂浆。

223. 什么是钢筋锈蚀?

水泥水化形成大量氢氧化钙，使混凝土、砂浆孔隙中充满饱和氢氧化钙溶液，pH为12～13，高碱性介质对钢筋有良好的保护作用，使钢筋表面生成难溶的水化产物$\gamma Fe_2O_3 \cdot nH_2O$或$Fe_3O_4 \cdot nH_2O$薄膜，称为钝化膜，该钝化膜能保护钢筋不受锈蚀。当钢筋表面的混凝土、砂浆孔溶液中存在游离Cl^-、且游离Cl^-浓度超过一定值时，Cl^-能破坏钝化膜，发生电化学反应，使钢筋发生锈蚀。砂浆虽然不与钢筋混凝土结构中的钢筋直接接触，但砂浆会接触到钢丝挂网，会影响到硬化砂浆的耐久性。

224. 什么是干混修补砂浆?

由水泥、筛选石料、优质填料及合成聚合物配制而成，能保证砂浆的早期强度及其他适用于修补因钢筋锈蚀等原因导致的混凝土剥落，并可用于修补结构性及一般混凝土构件的蜂窝及麻面。

225. 什么是干混填缝砂浆?

填缝剂也叫勾缝剂，是用于填满墙壁或地板上的瓷砖（或天然石料）之间缝隙的材料。与瓷砖、石材等装饰材料相配合，提供美观的表面和抵抗外界因素的侵蚀。它由水泥、骨料及各种功能性添加剂在工厂配制生产而成。

226. 干混砌筑砂浆有哪些种类?

干混砌筑砂浆由于采用工厂化配料生产，产品种类多，选择方便，可生产不同品种的砌筑砂浆，如混凝土小型空心砌块砌筑专用砂浆、混凝土多孔砖砌筑砂浆、蒸压灰砂砖专用砂浆、蒸压粉煤灰砖专用砂浆、蒸压加气混凝土砌块薄层专用砂浆等，以满足新型墙体材料的砌筑要求。

227. 什么是干混耐磨地坪砂浆?

用于室内、外地面和楼面的砂浆，具有足够的抗压强度、耐腐蚀性能以及优异的耐磨性能。根据骨料种类分为非金属氧化物骨料耐磨材料（Ⅰ型）、金属氧化物骨料或金属骨料耐磨材料（Ⅱ型）两种。

228. 干混耐磨地坪砂浆主要有哪些种类?

干混耐磨地坪砂浆主要有两类：一类是钢渣耐磨地坪砂浆；另一类是丁苯胶乳地坪砂浆。

（1）钢渣耐磨地坪砂浆

钢渣耐磨地坪砂浆是指用钢渣、砂和水泥等，按一定的配比混合制得的砂浆。大量的试验研究表明，钢渣中三氧化二铁的含量越高，相同钢渣掺量条件下，所配制的砂浆的耐磨性越好。

（2）丁苯胶乳地坪砂浆

丁苯胶乳地坪砂浆由硅酸盐水泥、丁苯胶乳液、砂和水按一定比例配制而成。丁苯胶乳是一种聚合物高分子乳液，其颗粒直径大小约为 0.13μm，加入水泥砂浆中，可以起到润滑作用，使砂浆的流动性明显增强。随着水泥水化的进行，丁苯胶乳成膜覆盖在水泥水化产物及砂的表面，阻隔了水泥浆体和砂浆内孔隙的通道，提高了砂浆的致密性。同时，丁苯胶乳形成的聚合物膜本身具有纤维拉应力的作用，增强了水泥浆体和水泥混凝土的柔韧性和变形能力，丁苯橡胶具有较好的耐磨性，可以使砂浆的耐磨性得到提高。

229. 什么是自流平地坪砂浆?

自流平地坪砂浆是指与水（或乳液）搅拌后，摊铺在地面，具有自行流平性或稍加辅助性摊铺能流动找平的地面用材料。它提供一个合适、平整、光滑和坚固的铺垫基底，可以架设各种地板材料，亦可以直接作为地坪。

230. 常见自流平地坪砂浆有哪些种类?

根据砂浆所用胶凝材料，分为水泥基自流平砂浆和石膏基自流平砂浆两大类。

水泥基自流平砂浆是一种具有很高流动性的薄层施工砂浆，加水搅拌后具有自动流动找平或稍加辅助性铺摊就能流动找平的特点。通常施工在找平砂浆、混凝土或其他类型不平整和粗糙的地面基层上，典型厚度为 3～5mm，其目的是获得一个光滑、均匀和平整的表面，以便能够在上面铺设最终地板面层（如地毯、聚烯烃、PVC 或木地板）或直接作为最终面层使用。

水泥基自流平砂浆因强度高、耐磨性好，可作为面层，也可作为垫层；而石膏基自流平砂浆因耐水性、耐磨性差，一般只作为垫层。

231. 干混饰面砂浆的主要原材料组成有哪些?

水泥基干混饰面砂浆可分为室外用和室内用两种，在性能要求上有所区别。另外还可以根据其使用的基层分为普通墙面用和保温墙面用，保温墙面用的干混饰面砂浆应该具有更好的柔性和抗开裂性能。

水泥基干混饰面砂浆配方中的主要原材料有水泥、熟石灰、可再分散乳胶粉、颜料、填料、不同粒径的砂和其他功能添加剂。

232. 常用的修补砂浆的种类有哪些?

目前修补砂浆种类主要有：

（1）无机修补砂浆：采用普通水泥或特种水泥与级配骨料配制的水泥基砂浆；

（2）有机高分子修补砂浆：如环氧树脂、聚酯树脂和丙烯酸等各种树脂材料；

（3）有机与无机材料复合的聚合物修补砂浆：主要有聚合物改性砂浆。

233. 干混填缝砂浆的主要特点有哪些？

干混填缝砂浆的主要特点有：

（1）与瓷砖边缘具有良好的粘合性，粘结强度高，抗拉伸性能强，可塑性大，不龟裂，不脱落；

（2）低收缩率，减少裂纹形成；

（3）优质的柔性配方，具有足够的抗变形能力；

（4）低吸水率，具有良好的防水抗渗性能，防止水分从砖缝隙渗入；

（5）美观，有多种颜色与瓷砖相配，经久不褪色；

（6）无毒无味，安全环保。

234. 什么是砌体工程？

砌体工程是指在建筑工程中使用普通黏土砖、承重黏土空心砖、蒸压灰砂砖、粉煤灰砖、各种中小型砌块和石材等材料进行砌筑的工程。包括砌砖、石、砌块及轻质墙板等内容。

235. 什么是抹灰工程？

抹灰（亦称粉刷）工程是在建筑物的墙、柱、顶棚及地面表面的，具有保护、美化或其他作用的一种传统做法的装饰工程。

（1）按抹灰的部位分为外墙（柱）抹灰、内墙（柱）抹灰、顶棚抹灰和地面抹灰等；

（2）按使用要求不同分为一般抹灰和装饰抹灰。一般抹灰指石灰砂浆、水泥砂浆、水泥混合砂浆、聚合物水泥砂浆、麻刀石灰、纸筋石灰、石膏灰等墙面、顶棚的抹灰；装饰抹灰指水刷石、斩假石、干粘石、假面砖等墙（柱、地）面、顶棚饰面的抹灰。

236. 什么是干法施工？有何特点？

干法施工就是施工前不需预先对砖、砌块等块材以及基层等浇水湿润，直接采用高性能砂浆进行干砖砌筑、干墙抹灰，砂浆硬化后自然养护（不需要洒水养护）的一种施工方法。

237. 灌浆砂浆有什么特点？

灌浆砂浆是一种具有高流动性、早强、高强和微膨胀的特殊混凝土材料，它是由特殊胶凝材料、膨胀材料、外加剂和高强骨料组成的。将其灌入设备地脚螺栓、后张法预应力混凝土结构孔道等结构孔中，浆体会自行流淌、密实填充结构孔洞，同时，硬化后浆体体积可微膨胀。

238. 灌浆砂浆的种类有哪些？

灌浆砂浆可分为水泥基灌浆材料、树脂基灌浆材料及复合灌浆材料等，属于预拌砂浆范畴的是水泥基灌浆材料。

239. 什么是保温系统用配套砂浆？

保温系统用配套砂浆可分为内保温用配套砂浆和外保温用配套砂浆两大类。内保温用配套砂浆以石膏基砂浆为代表（含粘结石膏和粉刷石膏），外保温用配套砂浆以膨胀聚苯板薄抹灰系统用水泥基粘结砂浆与抹面砂浆的使用范围最广。

胶粘剂用于将保温板粘结到基层墙体上；抹面砂浆薄抹在粘贴好的聚苯板外表面，或薄抹在胶粉聚苯颗粒外表面，用以保证薄抹灰外保温系统的机械强度和耐久性。由于处于外层，其性能除了要求有足够的粘结强度外，还需要有较强的抗冲击性、抗热应力、耐水性及抗冻性等。一般聚合物掺量较多，并且通常要掺加一定的聚丙烯纤维或其他纤维，以提高抗裂性能。

240. 什么是管道压浆剂？有何性能特点？

管道压浆剂不含氧化物、氯化物、亚硫酸盐和亚硝酸盐等对钢筋有害的组分，是由高性能塑化剂、表面活性剂、硅钙微膨胀剂、水化热抑制剂、迁移型阻锈剂、纳米级矿物硅铝钙铁粉、稳定剂精制而成的压浆剂，或与低碱低热硅酸盐水泥等精制复合而成的压浆料，又称管道压浆料。

管道压浆剂（料）具有微膨胀、无收缩、大流动、自密实、极低泌水率、充盈度高、气囊沫层薄直径小、强度高、防锈阻锈、低碱无氯、粘结度高、绿色环保等优良性能。

预应力管道压浆是把压浆材料加入存有混凝土的管道之中，使用压浆材料将预应力筋充分包裹，从而保证钢筋与混凝土充分结合，保证建筑工程结构的质量、使用寿命。

241. 管道压浆剂的用途有哪些？

管道压浆是用于后张梁预应力管道充填的压浆材料，可防止预应力钢材的防腐、保证预应力束与混凝土结构之间有效的应力传递，使孔道内浆体饱满密实，浆体保持一定的 pH 范围，完全包裹预应力钢材，浆体硬化后有较高的强度和弹性模量及膨胀无收缩性和粘结力。

适用于后张梁预应力管道充填压浆、地锚系统锚固灌浆、连续壁头止漏灌浆、围幕灌浆；设备基础灌浆、垫板坐浆及梁柱接头、工程抢修和螺栓锚固，无须振捣自密实、微膨胀、抗油渗、抗蚀防腐、抗冻抗渗。用于高强度钢预应力混凝土构件孔隙灌浆、道桥梁加固，24h 后即可运行，并与硬化混凝土粘结牢固、修补无明显痕迹，浆体凝结时间可控即适中。

242. 湿拌砂浆强度等级如何划分？

湿拌抹灰砂浆强度等级划分为：WMM5、WMM7.5、WMM10、WMM15、WMM20；

湿拌砌筑砂浆强度等级划分为：WPM5、WPM7.5、WPM10、WPM15、WPM20、WPM25、WPM30；

湿拌地面砂浆强度等级划分为：WSM15、WSM20、WSM25；

湿拌防水砂浆强度等级划分为：M15、M20。

243. 湿拌砂浆如何分类？

预拌砂浆按生产的搅拌形式分为干混砂浆与湿拌砂浆。按使用功能分为普通预拌砂浆和特种预拌砂浆。按用途分为预拌砌筑砂浆、预拌抹灰砂浆、预拌地面砂浆及其他具有特殊用途的预拌砂浆。按照胶凝材料的种类，可分为水泥砂浆和石膏砂浆，湿拌砂浆属于普通预拌砂浆，其代号见表2-7。

表2-7　湿拌砂浆代号

品种	湿拌砌筑砂浆	湿拌抹灰砂浆	湿拌地面砂浆	湿拌防水砂浆
代号	WM	WP	WS	WW

244. 湿拌砂浆按技术性能如何分类?

按强度等级、抗渗等级、稠度、保塑时间的分类应符合表2-8的规定。湿拌砂浆按施工方法分类分为普通抹灰砂浆和机喷抹灰砂浆，其型号见表2-8。

表2-8　湿拌砂浆分类

项目	WM湿拌砌筑砂浆	WP湿拌抹灰砂浆		WS湿拌地面砂浆	WW湿拌防水砂浆
		普通（G）	机喷（S）		
强度等级	M5、M7.5、M10、M15、M20、M25、M30	M5、M7.5、M10、M15、M20、		M15、M20、M25	M15、M20
抗渗等级	—	—		—	P6、P8、P10
稠度（mm）	50、70、90	70、90、100	90、100	50	50、70、90
保塑时间（h）	≥6、≥8、≥12、≥24	≥6、≥8、≥12、≥24		≥4、≥6、≥8、	≥6、≥8、≥12、≥24

注：可根据现场施工条件和施工要求确定。

245. 湿拌砂浆如何标记?

（1）用于预拌砂浆标记的符号，应根据其分类及使用材料的不同按下列规定使用：

① DM——干拌砂浆；

② DMM——干拌砌筑砂浆；

③ DPM——干拌抹灰砂浆；

④ DSM——干拌地面砂浆；

⑤ WW——湿拌砂浆；

⑥ WMM——湿拌砌筑砂浆；

⑦ WPM——湿拌抹灰砂浆；

⑧ WSM——湿拌地面砂浆；

⑨ WW——湿拌防水砂浆；

⑩ 水泥品种用其代号表示；

⑪ 石膏用G表示；

⑫ 稠度和强度等级用数字表示。

（2）湿拌砂浆标记应按下列顺序：

① 湿拌砂浆的代号；

② 湿拌砂浆型号，兼有多种类情况可同时标出；

③ 强度等级；

④ 稠度控制目标值；

⑤ 抗渗等级（有要求时）；

⑥ 保塑时间；

⑦ 标准编号。

246. 湿拌普通抹灰砂浆的强度等级为 M10，稠度为 90mm，保塑时间为 24h，湿拌砂浆如何标记？

湿拌砂浆标记为：WP-GM10-90-24 GB/T 25181—2019。

247. 湿拌砂浆抗压强度应符合什么规定？

湿拌砂浆抗压强度应符合表 2-9 的规定。

表 2-9 湿拌砂浆抗压强度 单位：MPa

强度等级	M5	M7.5	M10	M15	M20	M25	M30
28d 抗压强度	＞5	＞7.5	＞10	＞15	＞20	＞25	＞30

248. 湿拌防水砂浆抗渗压力应符合什么规定？

湿拌砂浆防水砂浆抗渗压力应符合表 2-10 的规定。

表 2-10 湿拌砂浆防水砂浆抗渗压力 单位：MPa

抗渗等级	P6	P8	P10
28d 抗渗压力	＞0.6	＞0.8	＞1.0

249. 湿拌砂浆稠度实测值与控制目标值的允许偏差是多少？

湿拌砂浆稠度应满足相关标准规定和施工要求，稠度实测值与控制目标值的允许偏差应符合表 2-11 的规定。

表 2-11 湿拌砂浆稠度允许偏差 单位：mm

<table>
<tr><td colspan="2">项目</td><td>湿拌砌筑砂浆</td><td>湿拌抹灰砂浆</td><td>湿拌地面砂浆</td><td>湿拌防水砂浆</td></tr>
<tr><td colspan="2">稠度</td><td>50、70、90</td><td>70、90、100</td><td>50</td><td>70、90、100</td></tr>
<tr><td rowspan="4">稠度允许偏差范围</td><td>50</td><td>±10</td><td></td><td>±10</td><td></td></tr>
<tr><td>70</td><td>±10</td><td>±10</td><td></td><td>±10</td></tr>
<tr><td>90</td><td>±10</td><td>±10</td><td></td><td>±10</td></tr>
<tr><td>100</td><td></td><td>−10～+5</td><td></td><td>−10～+5</td></tr>
<tr><td colspan="3">规定稠度</td><td colspan="3">允许偏差</td></tr>
<tr><td colspan="3">＜100</td><td colspan="3">±10</td></tr>
<tr><td colspan="3">＞100</td><td colspan="3">−10～+5</td></tr>
</table>

250. 湿拌砂浆保塑时间应符合什么规定？

湿拌砂浆保塑时间应符合表 2-12 的规定。

表 2-12 湿拌砂浆保塑时间表

保塑时间（h）	4	6	8	12	24
实测值	≥4	≥6	≥8	≥12	≥24

251. 湿拌砂浆拌合物性能检测包括哪些项目？

《建筑砂浆基本性能试验方法标准》（JGJ/T 70—2009）对砂浆的取样、试配和各类试验进行了详细说明，试验项目包括：（1）稠度；（2）密度；（3）分层度（选择性）；（4）保水性；（5）凝结时间；（6）抗压强度；（7）拉伸粘结强度；（8）抗冻性能；（9）保塑时间；（10）含气量；（11）压力泌水率。

252. 湿拌砂浆物理力学性能试验包括哪些项目？

湿拌砂浆力学性能试验包括抗压强度试验、抗折强度试验、拉伸粘结强度试验、砌体抗剪强度、吸水率试验。

253. 湿拌砂浆出厂检验包括哪些项目？

湿拌砂浆开盘检验与出厂检验主要内容见表 2-13。

表 2-13 湿拌砂浆开盘检验出厂检验项目

序号	品种	开盘检验与出厂检验
1	湿拌砌筑砂浆	表观密度、稠度、保水率、抗压强度、凝结时间、保塑时间
2	湿拌抹灰砂浆	稠度、保水率、抗压强度、凝结时间、保塑时间、压力泌水率
3	湿拌地面砂浆	稠度、保水率、抗压强度、凝结时间、保塑时间
4	湿拌防水砂浆	稠度、保水率、抗压强度、抗渗压力、凝结时间、保塑时间

254. 湿拌砂浆进入施工现场检验包括哪些项目？

湿拌砂浆进入施工现场，应进行质量检验，主要检验内容见表 2-14。

表 2-14 湿拌砂浆进场检验项目

序号	品种	进场检验
1	湿拌砌筑砂浆	表观密度、保塑时间、稠度、保水率、抗压强度
2	湿拌抹灰砂浆	保塑时间、稠度、保水率、抗压强度、14d 拉伸粘结强度、28d 收缩率
3	湿拌地面砂浆	保塑时间、稠度、保水率、抗压强度
4	湿拌防水砂浆	保塑时间、稠度、保水率、抗压强度、14d 拉伸粘结强度、抗渗压力、28d 收缩率

255. 什么是检验？

对被检验项目的特征、性能进行量测、检查、试验等，并将结果与标准或设计规定的要求进行比较，以确定项目每项性能是否合格的活动。

256. 什么是复检？

建筑材料、设备等进入施工现场后，在外观质量检查和质量证明文件核查符合要求的基础上，按有关规定从施工现场抽取试样送至实验室进行检验的活动。

257. 什么是见证取样检验？

施工单位取样人员在监理工程师的见证下，按照有关规定从施工现场随机抽样，送至具备相应资质的检测机构进行检验的活动。

258. 什么是现场实体检验？

在监理工程师见证下，对已经完成施工作业的分项或子分部工程，按照有关规定在工程实体上抽取试样，在现场进行检验；当现场不具备检验条件时，送至具有相应资质的检测机构进行检验的活动，简称实体检验。

259. 什么是质量证明文件？

随同进场材料、设备等一同提供的能够证明其质量状况的文件。通常包括出厂合格证、中文说明书、型式检验报告及相关性能检测报告等。进口产品应包括出入境商品检验合格证明。适用时，也可包括进场验收、进场复验、见证取样检验和现场实体检验等资料。

260. 什么是核查？

对技术资料的检查及资料与实物的核对。包括：对技术资料的完整性、内容的正确性、与其他相关资料的一致性及整理归档情况等的检查，以及将技术资料中的技术参数等与相应的材料、构件、设备或产品实物进行核对、确认。

261. 什么是型式检验？

由生产厂家委托具有相应资质的检测机构，对定型产品或成套技术的全部性能指标进行的检验，其检验报告为型式检验报告。通常在产品定型鉴定、正常生产期间规定时间内、出厂检验结果与上次型式检验结果有较大差异、材料及工艺参数改变、停产后恢复生产或有型式检验要求时进行。

262. 什么是出厂检验？

在湿拌砂浆出厂前对其质量进行的检验。

263. 什么是交货检验？

在交货地点对湿拌砂浆质量进行的检验。

264. 什么是交货地点？

供需双方在合同中确定的交接湿拌砂浆的地点。

265. 出机温度的定义是什么？

湿拌砂浆拌合物生产拌和出料时的温度。

266. 什么是受冻临界强度？

冬期施工的湿拌砂浆在受冻以前必须达到的最低强度。

267. 什么是等效龄期？

湿拌砂浆在养护期间温度不断变化，在这一段时间内，其养护的效果与在标准条件下养护达到的效果相同时所需的时间。

268. 成熟度的定义是什么？

湿拌砂浆在养护期间养护温度和养护时间的乘积。

269. 什么是真空保水率测定仪？

用于测量砂浆试件吸水量大小的试管。

270. 什么是专用容器？

专用容器是指施工现场用于储存湿拌砂浆的容器，应具有保温、保湿、搅拌、使用方便等功能。

271. 什么是卡斯通管？

用于测定砂浆保水性的装置，反映新拌砂浆拌合物中的拌合水不易被附着基面吸取或向空气中蒸发的能力。

272. 什么是砂浆泵？

把搅拌好的砂浆拌合物喷射到工作面上的装置，可以是与搅拌器配合工作的单机，也可以是与搅拌器合为一体的整体机。

273. 什么是基层？

面层下的构造层，包括填充层、隔离层、找平层等用于墙体饰面的材料层。

274. 什么是界面粗糙度？

界面砂浆在基层上施工后的粗糙程度。

275. 什么是砌体结构？

由块体和砂浆砌筑而成的墙、柱作为建筑物主要受力构件的结构，是砖砌体、砌块砌体和料石砌体结构的统称。

276. 什么是配筋砌体？

由配置钢筋的砌体作为建筑物主要受力构件的结构，是网状配筋砌体柱、水平配筋砌体墙、砖砌体和钢筋混凝土面层或钢筋砂浆面层组合砌体柱（墙）、砖砌体和钢筋混凝土构造柱组合墙和配筋小砌块砌体剪力墙结构的统称。

277. 什么是块体？

砌体所用各种砖、石、小砌块的总称。

278. 什么是小型砌块？

块体主规格的高度大于115mm而又小于380mm的砌块，包括普通混凝土小型空心砌块、轻骨料混凝土小型空心砌块、蒸压加气混凝土砌块等，简称小砌块。

279. 什么是蒸压加气混凝土砌块专用砂浆？

与蒸压加气混凝土性能相匹配的，能满足蒸压加气混凝土砌块砌体施工要求和砌体性能的砂浆，分为适用于薄灰砌筑法的蒸压加气混凝土砌块粘结砂浆；适用于非薄灰砌筑法的蒸压加气混凝土砌块砌筑砂浆。

280. 什么是施工质量控制等级?

按质量控制和质量保证若干要素对施工技术水平所作的分级。

281. 什么是玻璃纤维耐碱网格布?

玻璃纤维耐碱网格布（简称玻纤网）以中碱或无碱玻璃纤维机织物为基础，经耐碱涂层处理而成，应用于墙体增强、外墙保温、屋面防水等方面，是建筑行业理想的工程材料。

282. 什么是钢丝网?

用直径小于 2mm 的冷拔低碳钢丝编织或焊接成的网，用于制作钢丝网水泥制品。

283. 什么是裂缝?

在开灯或自然光下，距检查面 1m 正视（天棚站立仰视）明显可见的裂纹。

284. 什么是裂纹?

砂浆层表面浅层的细微缝隙。

285. 什么是龟裂?

砂浆层表面的网状缝隙。

286. 什么是瞎缝?

砌体中相邻块体间无砌筑砂浆又彼此接触的水平缝或竖向缝。

287. 什么是假缝?

为掩盖砌体灰缝内在质量缺陷，砌筑砌体时仅在靠近砌体表面处抹有砂浆，而内部无砂浆的竖向灰缝。

288. 什么是通缝?

砌体中上下皮块体搭接长度小于规定数值的竖向灰缝。

289. 有害裂缝的定义是什么?

影响结构安全或使用功能的裂缝。

290. 什么是起鼓?

砂浆与基层粘结处脱落，表面局部鼓出平面的现象。

291. 什么是脱皮、剥落?

砂浆表面片状脱落的现象。

292. 什么是薄层砌筑法?

采用蒸压加气混凝土砌块粘结砂浆，砌筑蒸压加气混凝土砌块墙体的施工方法，水平灰缝厚度和竖向灰缝宽度为 2～4mm，简称薄灰砌筑法。

293. 什么是防水透气性?

加强建筑的气密性、水密性，同时又可使围护结构及室内潮气得以排出的性能。

294. 温度应力的定义是什么?

湿拌砂浆温度变形受到约束时，在湿拌砂浆内部产生的应力。

295. 收缩应力的定义是什么?

湿拌砂浆收缩变形受到约束时，在砂浆内部产生的应力。

296. 内聚力的定义是什么?

法向应力为零时土粒间的抗剪强度，也称黏聚力。

297. 砂浆强度等级是什么?

根据砌筑砂浆标准试件用标准试验方法测得的抗压强度平均值所划分的强度级别。

298. 如何定义抹灰砂浆添加剂?

用于改善抹灰砂浆的工作性、保水性、粘结性、抗开裂性等性能的材料。

299. 什么是湿拌砂浆生产废料?

湿拌砂浆生产中产生的未硬化的砂浆经过分离机分离后的砂、浆水等可回收利用的砂浆材料。

300. 什么是湿拌砂浆生产废水?

清洗湿拌砂浆搅拌设备、运输设备和出料位置地面时所产生的含有水泥、粉煤灰、砂、外加剂等组分的悬浊液，经过分析检测和试验，大部分可以回收利用。

301. 什么是湿拌砂浆生产废水处理系统?

对湿拌砂浆生产废料、废水进行回收和循环利用的设施设备的总称。

302. 什么是企业实验室?

接受企业法定代表人授权，从事本企业的原材料、混凝土、预拌砂浆的质量检验及技术活动的企业内部管理部门。

303. 什么是试验方案?

针对新产品研发及新材料、新技术应用、特殊工程、生产或施工工艺变化等开展的试验设计、规划。

304. 什么是不合格品?

经检验判定，不符合接收准则的混凝土、砂浆及其原材料。

305. 什么是条形板?

用于建筑物的非承重隔墙的建筑材料，可分为空心条板及实心条板。

306. 什么是管理信息系统?

由信号采集设备、数据通信软件和数据库管理软件等计算机软、硬件组成的应用集成系统，能够完成实验室数据的收集、分析、报告和管理。

307. 什么是建筑装饰装修?

为保护建筑物的主体结构、完善建筑物的使用功能和美化建筑物，采用装饰装修材料或饰物，对建筑物的内外表面及空间进行的各种处理过程。

308. 什么是基体?

建筑物的主体结构或围护结构。

309. 什么是建筑工程?

通过对各类房屋建筑物及其附属构筑物设施的建造和与其配套线路、管道、设备等的安装所形成的工程实体。

310. 什么是工程质量验收?

建筑工程质量在施工单位自行检查合格的基础上，由工程质量验收责任方组织，工程建设相关单位参加，对检验批、分项、分部、单位工程及其隐蔽工程的质量进行抽样检验，对技术文件进行审核，并据设计文件和相关标准以书面形式对工程质量是否达到合格作出确认。

311. 什么是进场验收?

对进入施工现场的建筑材料、构配件、设备及器具，按相关标准的要求进行检验，并对其质量、规格及型号等是否符合要求做出确认的活动。

312. 什么是验收批?

由同种材料、相同施工工艺、同类基体或基层的若干个检验批构成，用于合格性判定的总体。

313. 什么是主控项目?

建筑工程中的对安全、节能、环境保护和主要使用功能起决定性作用的检验项目。

314. 什么是一般项目?

除主控项目以外的检验项目。

315. 什么是抽样方案?

根据检验项目的特性所确定抽样数量和方法。

316. 什么是计数检验?

通过确定抽样样本中不合格的个体数量对样本总体质量作出判定的检验方法。

317. 什么是计量检验?

以抽样样本的监测数据计算总体均值、特征值或推定值，并以此判断或评估总体质量的检验方法。

318. 什么是错判概率?

合格批被判为不合格批的概率，即合格批被拒收的概率，用 α 表示。

319. 什么是漏判概率?

不合格批被判为合格批的概率，即不合格批被误收的概率，用 β 表示。

320. 什么是观感质量?

通过观察和必要的测试所反映的工程外在质量和功能状态。

321. 什么是返修?

对施工质量不符合标准规定的部位采取整修等措施。

322. 什么是返工？

对施工质量不符合标准规定的部位采取的更换、重新制作、重新施工等措施。

323. 什么是实体检测？

由有检测资质的检测单位采用标准的检验方法，在工程实体上进行原位检测或抽取试样在实验室进行检验的活动。

324. 什么是住宅工程质量通病？

住宅工程完工后易发生的、常见的、影响使用功能和外观质量的缺陷。

325. 什么是住宅工程质量通病控制？

对住宅工程质量通病从勘察设计、材料、施工、管理等方面进行的综合有效防治方法、措施和要求。

326. 什么是划痕？

表面未破坏，目测观察有明显且无法清洁掉的痕迹。

327. 什么是垂直度？

在规定高度范围内，构件表面偏离重力线的程度。

328. 什么是平整度？

结构构件表面凹凸的程度。

329. 什么是尺寸偏差？

实际几何尺寸与设计几何尺寸之间的差值。

330. 什么是变形？

作用引起的结构或构件中两点间的相对位移。

331. 什么是蜂窝？

构件的砂浆表面因缺浆而形成的骨料外露、疏松等缺陷。

332. 什么是麻面？

砂浆表面因缺浆而呈现麻点、凹坑和气泡等缺陷。

333. 什么是疏松？

混凝土、砂浆中局部不密实的缺陷。

334. 什么是腐蚀？

建筑构件直接与环境介质接触而产生物理和化学的变化，导致材料的劣化。

335. 什么是锈蚀？

金属材料由于水分和氧气等电化学作用而产生的腐蚀现象。

336. 什么是损伤？

由于荷载、环境侵蚀、灾害和人为因素等造成的构件非正常的位移、变形、开裂以及材料的破损和劣化等。

337. 什么是均值？

随机变量取值的平均水平，《建筑结构检测技术标准》（GB/T 50344—2019）中也称之为0.5分位值。

338. 什么是受力裂缝？

作用在建筑上的力或荷载在构件中产生内力或应力引起的裂缝，也可称为荷载裂缝或直接裂缝。

339. 什么是变形裂缝？

由于温度变化、体积胀缩、不均匀沉降等间接作用导致构件中产生强迫位移或约束变形而引起的裂缝，也可称非受力裂缝或间接裂缝。

340. 什么是结构缝？

为减小不利因素的影响，主动设置缝隙用以将建筑结构分割为若干独立单元的间隔，包括伸缩缝、沉降缝、体型缝和抗震缝等。

341. 什么是裂缝控制？

通过设计、材料使用、施工、维护、管理等措施，防止建筑工程中产生裂缝或将裂缝控制在一定限度内的技术活动。

342. 什么是裂缝处理？

对建筑中已产生的裂缝采取遮掩、修补、封闭、加固等措施，以消除其不利影响的技术活动。

343. 什么是喷浆？

采用专业设备将浆料直接喷射到作业面上的施工工艺。

344. 什么是胶料？

由有机材料和增稠类外加剂等，按一定的比例混合而成的材料。

345. 什么是喷浆浆料？

由混凝土界面砂浆和水配制而成，或由胶料、水泥、细骨料和水配制而成，用于混凝土基层喷浆处理的材料。

346. 什么是混凝土界面处理剂？

用于改善混凝土、加气混凝土、粉煤灰砌块等表面粘结性能，增强界面附着能力的处理剂，分为树脂类界面处理剂和水泥基聚合物界面处理剂。

347. 什么是干粉类界面剂？

由水泥、聚合物胶粉、填料和相关的外加剂组成的干粉类产品，使用时需与水或其他液体混合物拌和后使用。

348. 什么是液体类界面剂？

含聚合物分散液的液状产品，有时需与水泥和水等按比例拌和后使用，有时单独使用。

349. 什么是滑移？

在垂直面上，用梳理后的胶粘剂涂层粘结后试验砖的向下位移量。

350. 什么是晾置时间？

涂胶后至叠合试件能满足规定的拉伸粘结强度指标时的最大时间间隔。

351. 什么是横向变形？

硬化的条状胶粘剂试件承受三点弯曲，试件中心出现裂纹时产生的最大位移。

352. 什么是水泥基胶粘剂？

由水硬性胶凝材料、矿物骨料、有机外加剂组成的粉状混合物，使用时需与水或其他液体拌和。

353. 什么是膏状乳液胶粘剂？

由水性聚合物乳液、有机外加剂和矿物填料等组成的膏糊状混合物，可直接使用。

354. 什么是负压筛析法？

用负压筛析仪，通过负压源产生的恒定气流，在规定的筛析时间内使试验筛内的水泥达到筛分。

355. 什么是水筛法？

将试验筛放在水筛座上，用规定压力的水流，在规定时间内使试验筛内的水泥达到筛分。

356. 什么是手工筛析法？

将试验筛放在接料盘（底盘）上，用手工按照规定的拍打速度和转动角度，对水泥进行筛析试验。

357. 如何检测粉煤灰含水率？

（1）方法原理：将粉煤灰放入规定温度的烘干箱内烘至恒重，以烘干前后的质量差与烘干前的质量比确定粉煤灰的含水率。

（2）仪器设备：烘干箱（可控温度105℃～110℃，最小分度值不大于2℃）；天平（量程不小于50g，最小分度值不大于0.01g）。

（3）试验步骤：

① 称取粉煤灰试样约50g，精确至0.01g，倒入已烘干至恒重的蒸发皿中称量（m_1），精确至0.01g；

② 将粉煤灰试样放入105℃～110℃烘干箱内烘至恒重，取出放在干燥器中冷却至室温后称量（m_0），精确至0.01g。

（4）结果计算：含水率按下式计算，结果保留至0.1%。

$$W=\frac{m_1-m_0}{m_2}\times 100\%$$

式中　W——含水率（%）；

m_1——烘干前试样质量（g）；

m_0——烘干后试样质量（g）。

358. 矿渣粉含水量如何检测？

（1）方法原理：将矿粉放入规定温度的烘干箱内烘至恒重，以烘干前后的质量之差与烘干前的质量比确定矿粉的含水量。

（2）仪器设备：烘干箱（可控温度不低于110℃，最小分度值不大于2℃），天平（量程不小于50g，最小分度值不大于0.01g）。

（3）试验步骤：

① 将蒸发皿在烘干箱中烘干至恒重，放入干燥器中冷却至室温后称量（m_0），精确至0.01g；

② 称取矿粉试样约50g，精确至0.01g，倒入已烘干至恒重的蒸发皿中称量（m_1），精确至0.01g；

③ 将矿粉试样与蒸发皿放入105℃～110℃烘干箱内烘至恒重，取出放在干燥器中冷却至室温后称量（m_2），精确至0.01g。

（4）结果计算：

含水量按下式计算，结果保留至0.1%。

$$W=\frac{m_1-m_2}{m_1-m_0}\times 100\%$$

式中 W——含水量（%）；

m_0——蒸发皿的质量（g）；

m_1——烘干前样品与蒸发皿的质量（g）；

m_2——烘干后样品与蒸发皿的质量（g）。

359. 砂的试验如何取样？

（1）从料堆上取样时，取样部位应均匀分布。取样前先将取样部位表层铲除，然后由各部位抽取大致相等的砂共8份组成一组样品。

（2）从皮带运输机上取样时，应在皮带运输机机尾的出料处用接料器定时抽取砂4份组成各自一组样品。

（3）从火车上、汽车、货船上取样时，应从不同部位和深度抽取大致相等的砂8份组成各自一组样品。

（4）每组样品应妥善包装，避免组料散失，防止污染，并附样品卡片，标明样品的编号、取样时间、代表数量、产地、样品量、要求检验项目及取样方式等。

360. 如何检测砂的含水率？

（1）由密封的样品中取各重500g的试样两份，分别放入已知质量的干燥容器（m_1）中称量，记下每盘试样与容器的总量（m_2），将容器连同试样放入温度为（105±5）℃的烘箱中烘干至恒重，称量烘干后的试样与容器的总量（m_3）。

（2）砂的含水率按下式计算，精确至0.1%。

$$W_{wc}=\frac{m_2-m_3}{m_3-m_1}\times 100$$

式中　W——砂的含水率（%）；

m_1——容器质量（g）；

m_2——未烘干的试样与容器总质量（g）；

m_3——烘干后的试样与容器总质量（g）。

以两次试验结果的算术平均值为测定值。

361. 基准砂浆或受检砂浆试件强度指标如何计算?

（1）试验步骤：按照《水泥胶砂流动度测定方法》（GB/T 2419—2005）确定基准砂浆和受检砂浆的用水量，水泥与砂的比例为1∶3，将二者流动度均控制在（140+5）mm。试验共进行3次，每次用有底试模成型70.7mm×70.7mm×70.7mm的基准和受检试件各两组，每组6块，两组试件分别养护至7d、28d，测定抗压强度。

（2）砂浆试件的抗压强度按下式计算：

$$f_m=\frac{P_m}{A_m}$$

式中　f_m——受检砂浆或基准砂浆7d或28d的抗压强度（MPa）；

P_m——破坏荷载（N）；

A_m——试件的受压面积（mm^2）。

（3）抗压强度比按下式计算：

$$R_{fm}=\frac{f_{tm}}{f_{rm}}\times 100\%$$

式中　R_{fm}——砂浆的7d或28d抗压强度比（%）；

f_{tm}——不同龄期（7d或28d）的受检砂浆的抗压强度（MPa）；

f_{rm}——不同龄期（7d或28d）的基准砂浆的抗压强度（MPa）。

362. 基准砂浆或受检砂浆试件透水压力比如何计算?

（1）试验步骤：按《水泥胶砂流动度测定方法》（GB/T 2419—2005）确定基准砂浆和受检砂浆的用水量，二者保持相同的流动度，并以基准砂浆在0.3～0.4MPa压力下透水为准，确定水灰比。用上口直径70mm、下口直径80mm、高30mm的截头圆锥带底金属试模成型基准和受检试样，成型后用塑料布将试件盖好静停。脱模后放入(20±2)℃的水中养护至7d，取出待表面干燥后，用密封材料密封装入渗透仪中进行透水试验。水压从0.2MPa开始，恒压2h，增至0.3MPa，以后每隔1h增加水压0.1MPa。当6个试件中有3个试件端面呈现渗水现象时，即可停止试验，记下当时的水压值。若加压至1.5MPa，恒压1h还未透水，应停止升压。砂浆透水压力为每组6个试件中4个未出现渗水时的最大水压力。

（2）结果计算：透水压力比按照下式计算，精确至1%：

$$R_{pm}=\frac{P_{tm}}{P_{rm}}\times 100\%$$

式中　R_{pm}——受检砂浆与基准砂浆透水压力比（%）；

P_{tm}——受检砂浆的透水压力（MPa）；

P_{rm}——基准砂浆的透水压力（MPa）。

363. 基准砂浆或受检砂浆试件吸水量如何计算？

（1）试验步骤：按照抗压强度试件的成型和养护方法成型基准和受检试件。养护28d后，取出试件，在75℃～80℃温度下烘干（48±0.5）h后称量，然后将试件放入水槽。试件的成型面朝下放置，下部用两根ϕ10mm的钢筋垫起，试件浸入水中的高度为35mm。要经常加水，并在水槽上要求的水面高度处开溢水孔，以保持水面恒定。水槽应加盖，放在温度为（20±3）℃、相对湿度80%以上的恒温室中，试件表面不得有结露或水滴。然后在（48±0.5）h时取出，用挤干的湿布擦去表面的水，称量并记录。称量采用感量1g、最大称量范围为1000g的天平。

（2）结果计算：吸水量按照下式计算。

$$W_{m}=M_{m1}-M_{m0}$$

式中 W_{m}——砂浆试件的吸水量（g）；

M_{m1}——砂浆试件吸水后质量（g）；

M_{m0}——砂浆试件干燥后质量（g）。

结果以6块试件的平均值表示，精确至1g。

吸水量比按照下式计算，精确至1%：

$$R_{mw}=\frac{W_{mt}}{W_{mr}}\times 100\%$$

式中 R_{mw}——受检砂浆与基准砂浆吸水量比（%）；

W_{mt}——受检砂浆的吸水量（g）；

W_{mr}——基准砂浆的吸水量（g）。

所用的水为蒸馏水或同等纯度的水（水泥净浆流动度、水泥砂浆减水率除外）。

364. 什么是点样及混合样？

点样是在一次生产的产品所得试样，混合样是3个或更多的点样等量均匀混合而取得的试样。

使用相同量的相同原材料，不加入试样，按照相同的测定步骤进行试验，对得到的测定结果进行校正。

将滤纸和沉淀放入预先已灼烧并恒量的坩埚中，为避免产生火焰，在氧化性气氛中缓慢干燥、灰化，灰化至无黑色炭颗粒后，放入高温炉中，在规定的温度下灼烧。在干燥器中冷却至室温，称量。

365. 外加剂批号如何确定？

生产厂应根据产量和生产设备条件，将产品分批编号。掺量大于1%（含1%）同品种的外加剂每一批号为100t，掺量小于1%的外加剂每一批号为50t。不足100t或50t的也应按一个批量计，同一批号的产品必须混合均匀。

366. 外加剂进场时，应由供货单位提供哪些质量证明文件？

（1）产品说明书，并应标明产品主要成分；

（2）出厂检验报告及合格证；

（3）掺外加剂砂浆性能检验报告。

367. 外加剂使用及存放有哪些注意事项?

(1) 外加剂应按不同供货单位、不同品种、不同牌号分别存放，标识应清楚。

(2) 粉状外加剂应防止受潮结块，如有结块，经性能检验合格后应粉碎至全部通过0.63mm筛后方可使用。液体外加剂应放置阴凉干燥处，防止日晒、受冻、污染、进水或蒸发，如有沉淀等现象，经性能检验合格后方可使用。

(3) 外加剂配料控制系统标识应清楚、计量应准确，计量误差不应大于外加剂用量的2%。

砌筑砂浆增塑剂的匀质性指标应符合《砌筑砂浆增塑剂》(JG/T 164—2004) 的要求，见表2-15。

表 2-15 砌筑砂浆增塑剂的匀质性指标

序号	试验项目	性能指标
1	固体含量	对液体增塑剂，不应小于生产厂最低控制值
2	含水量	对固体增塑剂，不应大于生产厂最大控制值
3	密度	对液体增塑剂，应在生产厂所控制值的±0.02g/cm^{3}以内
4	细度	0.315mm筛的筛余量应不大于15%
5	外观	干粉状产品应均匀一致，不应有结块； 液状产品应呈均匀状态，不应有沉淀

抹灰砂浆增塑剂的匀质性指标应符合《抹灰砂浆增塑剂》(JG/T 426—2013) 的要求，见表2-16。

表 2-16 抹灰砂浆增塑剂的匀质性指标

序号	试验项目	性能指标
1	含固量(%)	S>25%时，应控制在0.95S~1.05S； S≤25%时，应控制在0.90S~1.10S
2	含水率(%)	W>5%时，应控制在0.90W~1.10W； W≤5%时，应控制在0.80W~1.20W
3	密度(g/cm^3)	D>1.1时，应控制在D±0.03； D≤1.1时，应控制在D±0.02
4	细度	应在生产厂控制范围内
5	外观	干粉状产品应均匀一致，不应有结块； 液状产品应呈均匀状态，不应有沉淀

注：1. 生产厂应在相关的技术资料中明示产品匀质性指标的控制值。
2. 对相同和不同批次之间的匀质性和等效性的其他要求可由买卖双方商定。
3. 表中的S、W和D分别为含固量、含水率和密度的生产厂控制值。

增塑剂中氯离子含量不应超过0.1%。无钢筋配置的砌体使用的增塑剂，不需检验氯离子含量。

受检砌筑砂浆性能指标应符合《砌筑砂浆增塑剂》(JG/T 164—2004) 的要求，见表2-17。

表 2-17 受检砌筑砂浆性能指标

<table>
<tr><th>序号</th><th colspan="2">试验项目</th><th>单位</th><th>性能指标</th></tr>
<tr><td>1</td><td colspan="2">分层度</td><td>mm</td><td>10～30</td></tr>
<tr><td rowspan="2">2</td><td rowspan="2">含气量</td><td>标准搅拌</td><td rowspan="2">%</td><td>≤20</td></tr>
<tr><td>1h 静置</td><td>≥（标准搅拌时的含气量−4）</td></tr>
<tr><td>3</td><td colspan="2">凝结时间差</td><td>min</td><td>−60～+60</td></tr>
<tr><td rowspan="2">4</td><td rowspan="2">抗压强度比</td><td>7d</td><td rowspan="2">%</td><td rowspan="2">≥75</td></tr>
<tr><td>28d</td></tr>
<tr><td rowspan="2">5</td><td rowspan="2">抗冻性
（25 次冻融循环）</td><td>抗压强度损失率</td><td rowspan="2">%</td><td>≤25</td></tr>
<tr><td>质量损失率</td><td>≤5</td></tr>
</table>

注：有抗冻性要求的寒冷地区应进行抗冻性试验；无抗冻性要求的地区可不进行抗冻性试验。

受检抹灰砂浆性能指标应符合《抹灰砂浆增塑剂》（JG/T 426—2013）的要求，见表 2-18。

表 2-18 受检抹灰砂浆性能指标

<table>
<tr><th rowspan="2">序号</th><th rowspan="2" colspan="2">试验项目</th><th colspan="2">性能指标</th></tr>
<tr><th>Ⅰ型</th><th>Ⅱ型</th></tr>
<tr><td>1</td><td colspan="2">保水率比（%）</td><td>≥105</td><td>≥108</td></tr>
<tr><td>2</td><td colspan="2">含气量（%）</td><td colspan="2">≤18</td></tr>
<tr><td>3</td><td colspan="2">凝结时间差（min）</td><td colspan="2">−60～+300</td></tr>
<tr><td>4</td><td colspan="2">14d 拉伸粘结强度比（%）</td><td>≥100</td><td>≥110</td></tr>
<tr><td>5</td><td colspan="2">2h 稠度损失率（%）</td><td>≤25</td><td>≤20</td></tr>
<tr><td rowspan="2">6</td><td rowspan="2">抗压强度比（%）</td><td>7d</td><td>≥75</td><td>≥85</td></tr>
<tr><td>28d</td><td>≥80</td><td>≥90</td></tr>
<tr><td rowspan="2">7</td><td rowspan="2">抗冻性
（25 次冻融循环）</td><td>抗压强度损失率（%）</td><td colspan="2">≤25</td></tr>
<tr><td>质量损失率（%）</td><td colspan="2">≤5</td></tr>
<tr><td>8</td><td colspan="2">28d 收缩率比（%）</td><td>≤110</td><td>≤100</td></tr>
</table>

注：有抗冻性要求的寒冷地区应进行抗冻性试验；无抗冻性要求的地区可不进行抗冻性试验。

受检砂浆砌体强度应符合《砌筑砂浆增塑剂》（JG/T 164—2004）的要求，见表 2-19。

表 2-19 受检砂浆砌体强度指标

序号	试验项目	性能指标
1	砌体抗压强度比	≥95%
2	砌体抗剪强度比	≥95%

注：1. 试验报告中应说明试验结果仅适应于所试验的块体材料砌成的砌体。当增塑剂用于其他块体材料砌成的砌体时应另行检测，检测结果应满足《砌筑砂浆增塑剂》（JG/T 164—2004）的要求。块体材料的种类按烧结普通砖、烧结多孔砖；蒸压灰砂砖、蒸压粉煤灰砖；混凝土砌块；毛料石和毛石分为四类。
2. 用于砌筑非承重墙的增塑剂可不作砌体强度性能的要求。

砂浆增塑剂外观采用目测。

匀质性试验含固量、含水率、密度、细度的测定按《混凝土外加剂匀质性试验方法》(GB/T 8077—2012)执行。

氯离子含量按《混凝土外加剂》(GB 8076—2008)执行。

试验材料：水泥采用《混凝土外加剂》(GB 8076—2008)规定的基准水泥；砂符合《建设用砂》(GB/T 14684—2022)中规定的2区天然砂，抹灰砂浆增塑剂试验用砂细度模数为2.4～2.6，砌筑增塑剂试验用砂细度模数为2.6～2.8。且不应含有粒径大于4.75mm的颗粒，含泥量不大于1.0%。

抹灰砂浆增塑剂试验用砂的推荐颗粒级配累计筛余符合《抹灰砂浆增塑剂》(JG/T 426—2013)的要求，见表2-20。

表2-20 砂的推荐颗粒级配

方孔筛（mm）	4.75	2.36	1.18	0.60	0.30	0.15
累计筛余（%）	0	3～7	16～20	48～52	78～82	96～100

368. 砂浆增塑剂试验有哪些注意事项？

试验用增塑剂为需要检测的增塑剂。试验用水符合《混凝土用水标准》(JGJ 63—2006)规定的水质。

制备抹灰砂浆增塑剂砂浆试件时，各种砂浆试验材料及环境温度均应为(20±5)℃。标准养护温度为(20±2)℃，湿度为90%以上。干空养护室（箱）温度为(20±2)℃，湿度为(60±5)%。冷冻箱（室）温度能保持在−20℃～−15℃。

制备砌筑砂浆增塑剂试验时，试验环境温度应符合《建筑砂浆基本性能试验方法标准》(JGJ/T 70—2009)的要求。所用材料应提前24h运入室内。拌和时试验室的温度应保持在(20±5)℃。需要模拟施工条件下所用的砂浆时，所用原材料的温度宜与施工现场保持一致。试验用的原材料应在《建筑砂浆基本性能试验方法标准》(JGJ/T 70—2009)规定的环境中保持至少24h。

抹灰砂浆增塑剂砂浆试验项目及所需试件数量符合《抹灰砂浆增塑剂》(JG/T 426—2013)的规定，见表2-21。

表2-21 砂浆试验项目及所需试件数量

<table>
<tr><th rowspan="2">序号</th><th rowspan="2">试验项目</th><th rowspan="2">砂浆类别</th><th colspan="4">试验项目及所需数量</th></tr>
<tr><th>砂浆拌和批数</th><th>每批取样数</th><th>受检砂浆总取样数目</th><th>基准砂浆总取样数目</th></tr>
<tr><td>1</td><td>保水率比</td><td rowspan="4">新拌砂浆</td><td>3批</td><td>2个</td><td>6个</td><td>6个</td></tr>
<tr><td>2</td><td>含气量</td><td>3批</td><td>1个</td><td>3个</td><td>—</td></tr>
<tr><td>3</td><td>凝结时间差</td><td>3批</td><td>1个</td><td>3个</td><td>3个</td></tr>
<tr><td>4</td><td>2h稠度损失率</td><td>3批</td><td>1个</td><td>3个</td><td>—</td></tr>
</table>

续表

序号	试验项目	砂浆类别	试验项目及所需数量			
			砂浆拌和批数	每批取样数	受检砂浆总取样数目	基准砂浆总取样数目
5	抗压强度比	硬化砂浆	3批	6块	18块	18块
6	14d拉伸粘结强度比		1批	10块	10块	10块
7	抗冻性（25次冻融循环）		1批	6块	6块	—
8	28d收缩率比（%）		3批	3块	9块	9块

砌筑砂浆增塑剂砂浆试验项目及数量应符合《砌筑砂浆增塑剂》（JG/T 164—2004）的规定，见表2-22。

表2-22 砂浆试验项目及所需数

序号	试验项目	砂浆类别	试验项目及所需数量			
			砂浆拌和批数	每批取样数目	受检砂浆总取样数目	基准砂浆总取样数目
1	分层度	砂浆拌合物	1批	2个	2个	—
2	凝结时间差		1批	2个	2个	2个
3	含气量		1批	2个	2个	—
4	抗压强度比	硬化砂浆	1批	12块	12块	12块
5	抗冻性		1批	12块	12块	—

砌筑砂浆增塑剂砌体强度试验项目与所需数量应符合《砌筑砂浆增塑剂》（JG/T 164—2004）的规定，见表2-23。

表2-23 砌体试验项目与试件数

序号	试验项目	试件数量（个）	
		基准砂浆砌体	受检砂浆砌体
1	砌体抗压强度	6	6
2	砌体抗剪强度	9	9

抹灰砂浆增塑剂：生产厂应根据产量和生产设备条件，将产品分批编号。掺量大于5%的增塑剂，每100t为一批号；掺量小于或等于5%并大于1%的增塑剂，每50t为一批号；掺量小于或等于1%的增塑剂，每20t为一批号。不足一个批号的应按一个批号计，同一批号的产品必须混合均匀。每一批号取样量不应少于试验所需数量的4倍。

砌筑砂浆增塑剂：试样分点样和混合样。点样是在一次生产的产品中所取试样，混合样是三个或更多的点样等量均匀混合而取得的试样。取样地点可于生产厂或使用现场。必要时，取样应由供需双方及供需双方同意的其他方面的代表参加。

生产厂应根据产量和生产设备条件，将产品分批编号。掺量大于5%的增塑剂，每

200t 为一批号；掺量小于 5%并大于 1%的增塑剂，每 100t 为一批号；掺量小于 1%并大于 0.05%的增塑剂，每 50t 为一批号；掺量小于 0.05%的增塑剂，每 10t 为一批号。不足一个批号的应按一个批号计。同一编号的产品必须混合均匀。每一编号取样量不少于试验所需数量的 2.5 倍。

抹灰砂浆增塑剂：每一批号取样应充分混匀，分为两等份，其中一份按《抹灰砂浆增塑剂》（JG/T 426—2013）规定的项目进行试验，另一份密封保存半年，以备有疑问时，提交国家指定的检验机关进行复验或仲裁。

砌筑砂浆增塑剂每一编号取得的试样应充分混匀，分为两等份，一份按《砌筑砂浆增塑剂》（JG/T 164—2004）标准规定匀质性试验项目、受检砂浆试验项目、受检砂浆砌体强度试验项目要求的指标进行试验。另一份应密封保存 6 个月，以备有疑问时提交国家指定的检验机关进行复验或仲裁。

抹灰砂浆增塑剂出厂检验项目应包括匀质性项目中的外观、密度、含固量、细度、含水率和保水率比、含气量、2h 稠度损失率。

砌筑砂浆增塑剂出厂检验：每编号增塑剂应按《砌筑砂浆增塑剂》（JG/T 164—2004）标准的密度、含固量、细度、含水率、分层度和含气量进行检验。

（1）抹灰砂浆增塑剂型式检验

抹灰砂浆增塑剂型式检验项目为抹灰砂浆增塑剂的匀质性指标、氯离子、受检砂浆所有性能指标。

有下列情况之一者，应进行型式检验：

① 新产品或老产品转厂生产的试制定型鉴定；

② 正式生产后，如材料、工艺有较大改变，可能影响产品性能时；

③ 正常生产时，一年至少进行一次检验；

④ 产品长期停产后，恢复生产时；

⑤ 出厂检验结果与上次型式检验有较大差异时。

（2）砌筑砂浆增塑剂型式检验

型式检验项目包括《砌筑砂浆增塑剂》（JG/T 164—2004）标准中匀质性指标项目、氯离子、受检砂浆所有性能指标项目的全部性能指标。有下列情况之一者，应进行型式检验。

① 新产品或老产品转厂生产的试制定型鉴定；

② 正式生产后，如材料、工艺有较大改变，可能影响产品性能时；

③ 正常生产时，一年至少进行一次检验；

④ 产品长期停产后，恢复生产时；

⑤ 出厂检验结果与上次型式检验有较大差异时；

⑥ 国家质量监督机构提出进行型式试验要求时。

（3）抹灰砂浆增塑剂试验判定

出厂检验判定：型式检验合格报告在有效期内，且出厂检验结果符合标准《抹灰砂浆增塑剂》（JG/T 426—2013）保水率比、含气量、稠度损失率的要求，则判定为该批产品检验合格。

型式检验判定：产品经检验，试验结果均符合《抹灰砂浆增塑剂》（JG/T 426—2013）要求，则判定该批产品合格。若有不合格项，则判定该产品为不合格品。

（4）砌筑砂浆增塑剂试验判定

产品经检验，符合规定检验项目指标的，则判定为合格品。若有不合格项，允许加倍重做一次。第二次复检合格的，则判定该产品为合格品；第二次复检仍不合格的，则判定该产品为不合格品。

复验以封存样进行。如使用单位要求现场取样，应事先在供货合同中规定，并在生产和使用单位人员在场的情况下于现场取混合样，复验按照型式检验项目检验判定规则。

（5）产品说明书

产品出厂时应提供产品说明书，使用说明书是交付产品的组成部分。产品说明书至少应包括下列内容：

生产厂名称；产品名称；产品性状（必须包括匀质性指标）及使用范围；产品性能特点、主要成分及技术指标；适用范围；推荐掺量；执行标准；贮存条件及有效期，有效期从生产日期算起，企业根据产品性能自行规定；成品保护措施；验收标准；使用方法、注意事项、安全防护提示等。

（6）产品合格证

产品交付时要提供产品合格证，产品合格证至少应包括下列内容：

产品名称；生产日期、批号；生产企业名称、地址；出厂检验结论；企业质检印章、质检人员签字或代号。

（7）产品包装

① 抹灰砂浆增塑剂的包装要求：

粉状产品可采用有塑料袋衬里的编织袋包装，也可采用供需双方协商的包装；液体产品可采用塑料桶、金属桶包装，也可采用罐车散装。

所有包装容器上均应在明显位置注明以下内容：产品名称及型号、执行标准、商标、净质量、生产企业名称及有效期限。

② 砌筑砂浆增塑剂的包装要求：

粉状增塑剂应采用有塑料袋衬里的包装袋，每袋净重5～25kg，也可采用供需双方协商的包装。液体增塑剂采用塑料桶、金属桶包装或槽车运输。产品装卸时应避免散落或渗漏。

包装袋或容器上均应在明显位置注明以下内容：商标、净重或体积（包括含量或浓度）、生产厂名、生产日期及保质期。

369. 砂浆增塑剂的出厂有何规定?

（1）抹灰砂浆增塑剂的出厂要求：

生产厂随货提供技术文件的内容包括：产品说明书、产品合格证、出厂检验报告。

凡有下列情况之一者，不应出厂：技术文件（产品说明书、产品合格证、出厂检验报告）不全、包装不符、质量不足、产品受潮变质，以及超过有效期限。

（2）砌筑砂浆增塑剂的出厂要求：

凡有下列情况之一者，不得出厂：不合格品、技术文件不全（产品说明书、合格证、检验报告）、包装不符、质量不足、产品变质，以及超过有效期限。

370. 砂浆增塑剂贮存和运输有何规定?

增塑剂应存放在专用仓库或固定的场所妥善保管，以易于识别、便于检查和提货为原则。增塑剂在贮存和运输过程中应防止包装破损，防潮、防火。

371. 什么是砂浆、混凝土防水剂?

能降低砂浆、混凝土在静水压力下的透水性的外加剂。

372. 粉煤灰砂浆的品种及适用范围有哪些?

粉煤灰砂浆依其组成分为粉煤灰水泥砂浆、粉煤灰水泥石灰砂浆（简称粉煤灰混合砂浆）及粉煤灰石灰砂浆。湿拌砂浆的外加剂可取代石灰膏，湿拌粉煤灰砂浆可替代以上几种砂浆。

粉煤灰水泥砂浆主要用于内外墙面，台度（墙裙）、踢脚、窗口、沿口、勒脚、磨石地面底层及墙体勾缝等装修工程及各种墙体砌筑工程；粉煤灰混合砂浆主要用于地面上墙体的砌筑和抹灰工程；粉煤灰石灰砂浆主要用于地面以上内墙的抹灰工程。

373. 抹灰砂浆施工应符合什么要求?

为保证抹灰砂浆施工质量，施工前要求按《抹灰砂浆技术规程》（JGJ/T 220—2010）进行配合比设计。《抹灰砂浆技术规程》（JGJ/T 220—2010）首次提出了抹灰砂浆拉伸粘结强度的要求，规定大面积施工前可在实地制作样板，在规定龄期进行试验，当抹灰砂浆拉伸粘结强度值满足要求后，方可进行抹灰施工。抹灰工程完工后，需要在现场进行抹灰砂浆拉伸粘结强度检测，龄期一般为抹灰层施工完后28d进行，也可按合同约定的时间进行检测，但检测结果必须满足《抹灰砂浆技术规程》（JGJ/T 220—2010）规程的要求。

一般砌体砌筑结束28d后，其结构基本稳定，根据施工验收规范的要求，主体结构验收合格后才可以进行抹灰砂浆施工。

为保证抹灰工程施工质量，要求抹灰前栏杆、预埋件等安装完成，位置正确、与墙体连接牢固，并对基层进行处理。

根据抹灰工程中抹灰砂浆实际厚度情况，对内墙、外墙、顶棚和蒸压加气混凝土砌块基层的抹灰层厚度作出规定。顶棚抹灰厚度指的是聚合物抹灰砂浆或石膏抹灰砂浆的抹灰厚度。

374. 为什么要分层抹灰?

实践证明，一遍抹灰过厚是导致抹灰层空鼓、脱落的主要原因之一，因此规定抹灰要分层进行，并规定了不同品种抹灰砂浆每层适宜的抹灰厚度。两层抹灰砂浆之间的时间间隔也对抹灰层质量有很大的影响，间隔时间过短，涂抹后一层砂浆时会扰动前一层砂浆，影响其与基层材料的粘结强度；间隔时间过长，前一层砂浆已硬化，两层砂浆之间宜产生分层现象，因此，宜在前一层砂浆达到六、七成干时，即用手指按压砂浆层有轻微印痕但不沾手，再涂抹后一层砂浆。

375. 什么是湿拌砂浆的可抹性?

可抹性是指湿拌砂浆拌合物在一定的施工条件下，易于施工操作（拌和、运输、涂抹、砌筑、喷涂），不发生分层、离析、泌水、流挂、空鼓、开裂等现象，以获得质量均匀、易于施工的砂浆性能，并能保证质量的综合性质。可抹性良好的砂浆易在粗糙的砖、混凝土基面上延展涂抹均匀的薄层，且能与基层紧密地粘结，包含砂浆的多项性能流动、保水、延展、耐涂性、和易性等。

376. 湿拌砂浆可抹性包含哪几方面内容？

（1）流动性

流动性是指湿拌砂浆拌合物在自重、人工涂刮、施工机械喷涂的作用下，能产生流动，并均匀密实地施工填充的性能。砂浆的流动性又称稠度，是指砂浆在重力或外力作用下产生流动的性质。砂浆流动性通常用砂浆稠度测定仪测定，用“稠度值”表示。稠度值大的砂浆，表示流动性较好。若流动性过大，砂浆易分层、泌水；若流动性过小，则施工不便。影响砂浆流动性的因素很多，如胶凝材料种类及数量、掺合料的种类及数量、用水量、砂的粗细与级配、外加剂的种类及掺量、搅拌时间等。当原材料确定后，流动性大小主要取决于用水量，因此，施工中常以调整用水量的方法来改变流动性。

砂浆流动性的选择与砌体种类、用途、施工方法以及施工气候条件有关。一般情况下，多孔吸水的砌体材料和干热的天气，流动性应大些；密实不吸水的砌体材料和湿冷的天气，流动性应小些。

出料砂浆稠度根据工程实际、用途和当时大气温度湿度等情况综合考虑，一般预拌砂浆出厂稠度控制在60～90mm（春秋、抹灰）和90～100mm（夏季、砌筑）两个档次。

（2）保水性

砂浆的保水性是指砂浆保持水分的能力，即指新拌砂浆在运输、停放及施工过程中，水与胶凝材料及骨料分离快慢的性质。保水性好的砂浆，水分不易流失，易于铺成均匀密实的砂浆薄层；反之，容易产生分层、泌水、水分流失，不易施工操作，同时也影响水泥的正常水化硬化，使强度和粘结力下降。

为提高砂浆的保水性，往往掺入适量的石灰膏、粉煤灰等材料，或掺入适量微沫剂、纤维素醚等砂浆外加剂。砂浆的保水性用保水率来表示。砌筑砂浆的保水率应符合《砌筑砂浆配合比设计规程》（JGJ/T 98—2010）的规定，见表2-24。

表2-24 砌筑砂浆的保水率要求 单位：%

砂浆种类	保水率
水泥砂浆	≥80
水泥混合砂浆	≥84
预拌砌筑砂浆	≥88

（3）延展性

延展性是砂浆的物理属性之一，指在甩、涂、抹、推、压等外力作用下可压延程度，易断层部分宜可伸成薄面均匀铺贴于基面而不断裂的性质，是变形的能力大小的衡量指标，为描述砂浆平面变化的状态。延展性好的砂浆可增大涂抹面积，提高工人施工效率10%～20%。

（4）流变性

流变性是指在外力作用下砂浆体的变形和流动性质，主要指砂浆在力的作用下形变速率和黏度之间的关系，砂浆的流变性可反应砂浆的塑性黏度、屈服应力、触变性变化状态。

（5）触变性

触变性是指砂浆体在机械剪切力作用下，从凝胶状体系变为流动性较大的溶胶体系，静置一段时间后又变成原状态的性质。砂浆的流变性和数学模型可反应砂浆内部的微观状态，可以让我们更深层次地认知湿拌砂浆。

（6）黏聚性

黏聚性是指湿拌砂浆拌合物内部各组分间具有一定的黏聚力，在运输和施工过程中不致产生分层离析现象，使湿拌砂浆保持整体均匀的性能。

377. 砂浆有哪几种养护方法？

（1）在温度为（20±2）℃，相对湿度为90%以上的条件下进行养护，称为标准养护。

（2）在自然气候条件下采取覆盖保湿、浇水润湿、防风防干、保温防冻等措施进行的养护，称为自然养护。

（3）凡能加速砂浆强度发展过程的养护工艺措施，称为快速养护。快速养护包括热养护法，化学促硬法、机械作用法及复合法。

378. 冬期施工期限划分的原则是什么？

根据当地多年气象资料统计，当室外日平均气温连续5d稳定低于5℃即进入冬期施工，当室外日平均气温连续5d高于5℃即解除冬期施工。（在未进入冬期施工阶段）当砂浆未达到受冻临界强度而气温骤降至0℃以下时，应按冬期施工的要求采取应急防护措施。

379. 什么是湿拌砂浆的早期受冻（早期冻害）？

湿拌砂浆的早期受冻指湿拌砂浆施工后，在养护硬化期间受冻，它能损害砂浆的一系列性能，造成砂浆强度、砂浆与基层的粘结强度降低。

380. 湿拌砂浆与传统砂浆是如何分类的？

传统建筑砂浆往往是按照材料的体积比例进行设计的，如1∶3（水泥∶砂）水泥砂浆、1∶1∶4（水泥∶石灰膏∶砂）混合砂浆等，而湿拌砂浆则是按照抗压强度等级划分的。为了使设计及施工人员了解两者之间的关系，给出表2-25，供选择湿拌砂浆时参考。

表2-25 湿拌砂浆与传统砂浆分类对应参考表

种类	湿拌砂浆	传统砂浆
砌筑砂浆	WMM5.0	M5.0混合砂浆、M5.0水泥砂浆
	WMM7.5	M7.5混合砂浆、M7.5水泥砂浆
	WMM10	M10混合砂浆、M10水泥砂浆
	WMM15	M15水泥砂浆
	WMM20	M20水泥砂浆

续表

种类	湿拌砂浆	传统砂浆
抹灰砂浆	WPM5.0	1∶1∶6混合砂浆
	WPM10	1∶1∶4混合砂浆
	WPM15	1∶3水泥砂浆
	WPM20	1∶2水泥砂浆、1∶2.5水泥砂浆、1∶1∶2混合砂浆
地面砂浆	WSM15	1∶2.5水泥砂浆、1∶3水泥砂浆
	WSM20	1∶2水泥砂浆

381. 低温环境下对砂浆施工有什么要求?

在低温环境中，砂浆会因水泥水化迟缓或停止而影响强度的发展，导致砂浆达不到预期的性能；另外，砂浆通常是以薄层使用，极易受冻害，因此，应避免在低温环境中施工。当必须在5℃以下施工时，应采取冬期施工措施，如砂浆中掺入非无机盐类防冻剂、缩短砂浆凝结时间、适当降低砂浆稠度等；对施工完的砂浆层及时采取保温防冻措施，确保砂浆在凝结硬化前不受冻；施工时尽量避开早晚低温。

382. 高温环境下对砂浆施工有什么要求?

高温天气下，砂浆失水较快，尤其是抹灰砂浆，因其涂抹面积较大且厚度较薄，水分蒸发更快，砂浆会因缺水而影响强度的发展，导致砂浆达不到预期的性能，因此，应避免在高温环境中施工。当必须在35℃以上施工时，应采取遮阳措施，如搭设遮阳棚、避开正午高温时施工、及时给硬化的砂浆喷水养护、增加喷水养护的次数等。

383. 聚合物水泥抹灰砂浆搅拌生产为什么要求静停?

静停是为了熟化。聚合物水泥抹灰砂浆应根据产品说明书加水，机械搅拌至合适的稠度，不得有生粉团，并经6min以上静置，再次拌和后，方可使用。

384. 为什么要规定聚合物水泥砂浆的可操作时间?

抹灰砂浆的涂抹、大面找平都需要时间，抹灰砂浆凝结时间过短，来不及找平；砂浆凝结时间太长，可能导致当班操作人员到了下班时间还不能找平。因此规定了聚合物水泥抹灰砂浆的可操作时间。

385. 为什么要对水泥基抹灰砂浆保湿养护?

加强对水泥基抹灰砂浆的保湿养护，是保证抹灰层质量的关键步骤，经大量试验验证，经养护后的水泥基抹灰层粘结强度是未经养护的抹灰层强度的2倍以上，因此规定水泥基抹灰砂浆应保湿养护，养护时间不应少于7d。

386. 湿拌砂浆进场检验符合什么要求?

湿拌砂浆进场时，生产厂家应提供产品质量证明文件，它们是验收资料的一部分。质量证明文件包括产品型式检验报告和出厂检验报告等，进场时提交的出厂检验报告可先提供砂浆拌合物性能检验结果，如稠度、保水率等，其他力学性能出厂检验结果应在试验结束后的7d内提供给需方，缓凝砂浆在试验结束后的14d内提供给需方。同时，生产厂家还需提供产品使用说明书等，使用说明书是施工时参考的主要依据，必要的内容信息一定要完善齐全。

387. 湿拌砂浆进场砂浆质量符合什么要求？

湿拌砂浆进场时，首先应进行外观检验，湿拌砂浆在运输过程中，会因颠簸造成颗粒分离、泌水现象等，容易造成物料分离，从而影响砂浆的质量，因此湿拌砂浆进场后，应先进行外观的目测检查，初步判断砂浆的匀质性与质量变化。

随着时间的延长，湿拌砂浆稠度会逐步损失，当稠度损失过大时，就会影响砂浆的可施工性，因此，湿拌砂浆稠度偏差应控制在规范允许的范围内。

外观、稠度检验合格后，还应检验湿拌砂浆湿表观密度、含气量，成型砂浆强度试块、粘结强度试块等其他性能指标。不同品种预拌砂浆的进厂检验项目详见《预拌砂浆应用技术规程》（JGJ/T 223—2010）附录 A，复验结果应符合《预拌砂浆》（GB/T 25181—2019）的要求。

388. 湿拌砂浆储存符合什么要求？

湿拌砂浆是在专业生产厂经计量、加水拌制后，用搅拌运输车运至使用地点。除了直接使用砂浆外，其余砂浆应储存在专用储存容器中，随用随取。专用储存容器要求密闭、不吸水，容器大小不作要求，最好可以带搅拌功能，可根据工程实际情况决定，但应遵循经济、实用原则，且便于储运和清洗。湿拌砂浆在现场储存时间较长，可通过掺用缓凝剂来延缓砂浆的凝结，并通过调整缓凝剂掺量，来调整砂浆的凝结时间，使砂浆在不失水的情况下能长时间保持不凝结（24h 内），一旦使用则能正常凝结硬化。拌制好的砂浆应防止水分的蒸发，夏季应采取遮阳防雨措施，冬季应采取保温防冻措施。

389. 湿拌砂浆为什么不能随意加水？

随意加水会改变砂浆的性能，降低砂浆的强度，因此规定砂浆储存时不应加水。由于普通砂浆的保水率不是很高，湿拌砂浆在存放期间往往会出现少量泌水现象，使用前可再次拌和。储存容器中的砂浆用完后，如不立即清理，砂浆硬化后会粘附在底板和容器壁上，造成清理的难度。

390. 为什么提倡采用机械喷涂抹灰？

机械喷涂抹灰可加快施工进度，减少人力、提高施工质量是施工的趋势。

391. 抹灰砂浆施工为什么要在主体验收后进行？

主体结构一般在 28d 后进行验收，这时砌体上的砌筑砂浆或混凝土结构达到了一定的强度且趋于稳定，而且墙体收缩变形也减小，此时抹灰可减少对抹灰砂浆体积变形的影响。

392. 抹灰砂浆质量的好坏关键是什么？主要影响因素是什么？

抹灰砂浆质量的好坏关键在于抹灰层与基底层之间及各抹灰层之间必须粘结牢固，判别方法是在实体抹灰层上进行拉拔试验。

在不同品种的砌块、烧结砖及非烧结砖墙体上进行抹灰，采用不同的基层处理方法（不处理、提前 24h 洒水、涂界面砂浆、刷水泥净浆等）和养护方法（洒水养护、自然养护），在不同龄期进行实体拉伸粘结强度检测，结果表明：对拉伸粘结强度影响最大的因素是养护的方式，不管抹灰前采取何种基层处理方法，包括涂刷界面砂浆，但抹灰后未采取任何措施进行养护的，其拉伸粘结强度基本在0.2MPa以下，而同样经过7d洒水养护的，其拉伸粘结强度大部分在0.3～0.6MPa，可见，抹灰后进行适当保湿养护，拉伸粘结强度达到0.25MPa是容易通过的。

393. 地面砂浆施工基层处理有什么要求？

基层表面的处理效果直接影响到地面砂浆的施工质量，因而要对基层进行认真处理，使基层表面达到平整、坚固、清洁。

地面比较容易洒水，对粗糙地面可以采取提前洒水湿润的处理方法。

对光滑基层，如混凝土地面，可采取涂抹界面砂浆等界面处理措施，以提高砂浆与基层的粘结强度。

394. 防水砂浆施工基层处理符合什么要求？

基层的平整、坚固、清洁对保证砂浆防水层的施工质量具有很重要的作用，因此，需要做好此环节的工作。

依据国家标准《地下防水工程质量验收规范》(GB 50208—2011) 规定。

使用界面砂浆进行界面处理，可提高防水砂浆与基层的粘结强度。聚合物水泥防水砂浆具有较好的黏性和保水性，界面可不用处理，直接施工。

嵌填防水密封材料是为了强化管道、地漏根部的防水。基层有一定的坡度是为了保证排水效果，坡度一般为5%。

2.1.3 预拌砂浆生产应用

395. 生产现场原材料应如何贮存？

(1) 各种原材料应分仓贮存，并应有明显的标识。

(2) 水泥应按生产厂家、水泥品种及强度等级分别标识和贮存，并应有防潮、防污染措施，不应采用结块的水泥。

(3) 细骨料应按品种、规格分别贮存，必要时宜进行分级处理。细骨料贮存过程中应保证其均匀性，不应混入杂物。贮存地应为能排水的硬质地面。

(4) 矿物掺合料应按生产厂家、品种、质量等级分别标识和贮存，不应与水泥等其他粉状材料混杂。

(5) 外加剂、添加剂等应按生产厂家、品种分别标识和贮存，并应具有防止质量发生变化的措施。

396. 生产计量中应注意哪些事项？

(1) 计量设备应请有资质单位定期进行校验。

(2) 计量设备应满足计量精度要求。计量设备应能连续计量不同配合比砂浆的各种原材料，并应具有实际计量结果逐盘记录和存储功能。

(3) 固体原材料的计量应按质量计，水和液体外加剂的计量可按体积计。

(4) 原材料的计量允许偏差应符合表2-26～表2-28的规定。

表 2-26 湿拌砂浆原材料计量允许偏差

原材料品种	水泥	细骨料	矿物掺合料	外加剂	添加剂	水
每盘计量允许偏差（%）	±2	±3	±2	±2	±2	±2
累计计量允许偏差（%）	±1	±2	±1	±1	±1	±1

注：累计计量允许偏差是指每一运输车中各盘砂浆的每种原材料计量的偏差。

表 2-27 干混砂浆主要原材料计量允许偏差

单次计量值 *W*		普通砂浆生产线		特种砂浆生产线		
		W≤500kg	*W*>500kg	*W*<100kg	100kg≤*W*≤1000kg	*W*>1000kg
允许偏差	单一胶凝材料、填料	±5kg	±1%	±2kg	±3kg	±4kg
	单级骨料	±10kg	±2%	±3kg	±4kg	±5kg

注：普通砂浆是指砌筑砂浆、抹灰砂浆、地面砂浆和普通防水砂浆；特种砂浆是指普通砂浆之外的预拌砂浆。

表 2-28 干混砂浆外加剂和添加剂计量允许偏差

单次计量值 *W*（kg）	*W*<1	1≤*W*≤10	*W*>10
允许偏差（g）	±30	±50	±200

397. 生产设备需要满足哪些条件？

（1）湿拌砂浆宜采用符合《建筑施工机械与设备　混凝土搅拌机》（GB/T 9142—2021）要求的固定式搅拌机进行搅拌，搅拌机叶片和衬板间隙宜小于 5mm。宜采用独立的生产线。

（2）湿拌砂浆的搅拌时间应参照搅拌机的技术参数、砂浆配合比、外加剂和添加剂的品种及掺量、投料量等通过试验确定，砂浆拌合物应搅拌均匀，且从全部材料投完算起搅拌时间不应少于 30s。

398. 生产中要重点关注哪项指标？

生产中应测定细骨料的含水率，每工作班不应少于 1 次。根据测定结果及时调整用水量和细骨料用量。

399. 生产现场、设备环保要求有哪些？

湿拌砂浆在生产过程中产生的废水、废料、粉尘和噪声等应符合环保要求，不得对周围环境造成污染，所有粉料的输送及计量工序均应在封闭状态下进行，并应有收尘装置，骨料堆场应有防扬尘措施。

400. 砂浆、混凝土防水剂产品说明书、包装、出厂、运输和贮存有何规定？

（1）产品出厂时应提供产品说明书，产品说明书应包括下列内容：①生产厂名称；②产品名称及等级，③适用范围；④推荐掺量；⑤产品的匀质性指标；⑥有无毒性；⑦易燃状况、贮存条件及有效期；⑧使用方法和注意事项等。

（2）包装：粉状防水剂应采用有塑料袋衬里的编织袋包装，每袋净质量（25±0.5）kg 或（50±1）kg。液体防水剂应采用塑料桶、金属桶包装或用槽车运输。产品也可根据用户要求进行包装。所有包装容器上均应在明显位置注明以下内容：产品名称和质量等级、型号、产品执行标准、商标、净质量或体积（包括含量或浓度）、生产厂家、有效期限。生产日期和出厂编号应在产品合格证中予以说明。

（3）出厂：凡有下列情况之一者，不得出厂。技术资料（产品说明书、合格证、检验报告）不全、包装不符、质量不足、产品受潮变质，以及超过有效期限。

（4）运输和贮存：防水剂应存放在专用仓库或固定的场所妥善保管，以易于识别和便于检查、提货为原则。搬运时应轻拿轻放，防止破损，运输时避免受潮。

401. 什么是机械喷涂工艺周期？

从预拌砂浆投料完毕时起，直到砂浆从喷枪嘴喷射出来为止所需要的间隔时间。

402. 湿拌砂浆用水的标准要求有哪些？

砂浆用水需符合《混凝土用水标准》（JGJ 63—2006），可拌制各种湿拌砂浆；

满足湿拌砂浆拌和用水要求即可满足湿拌砂浆养护用水要求。

403. 什么是湿拌砂浆拌合物的稠度损失？

湿拌砂浆拌合物的稠度值随拌和后时间的延长而逐渐减少的性质。

404. 目前常用砌块种类分为几种？

目前常用砌块种类分为四类十种：烧结普通砖、粉煤灰砖、混凝土砖、普通混凝土小型空心砌块、灰砂砖、烧结多孔砖、烧结空心砖、轻骨料混凝土小型空心砌块、蒸压加气混凝土砌块及石砌体。石砌体主要是指由毛石等几乎不吸水的块体砌筑的砌体。

405. 抹灰工程质量验收依据哪些标准？

抹灰工程质量验收依据标准为《建筑装饰装修工程质量验收标准》（GB 50210—2018）和《建筑工程施工质量验收统一标准》（GB 50300—2013）。

406. 查看交接班记录有何必要性？

上班第一件事，认真查看交接班记录，及时处理上一班交接的问题，防止误操作、用错料等问题，以免造成安全隐患和不必要的损失。

407. 养护用水有哪些技术要求？

养护用水可不检验不溶物、可溶物、可不检验水泥凝结时间和水泥胶砂强度；其他检验项目应符合《混凝土用水标准》（JGJ 63—2006）的规定。

408. 外加剂使用时有哪些注意事项？

外加剂的使用效果受到多种因素的影响，因此，选用外加剂时应特别予以注意。

（1）使用任何外加剂前都应进行相应的试验，确保能达到或满足预期的要求。

（2）验证外加剂与水泥（包括掺合料）之间的适应性。

（3）任何两种及以上的外加剂共同使用时，必须进行相容性试验。

（4）理解各种外加剂的作用，根据湿拌砂浆性能要求正确使用外加剂。

（5）每种外加剂都有其适用范围和合理掺量，使用范围不当、掺量过大或过小都有可能产生不利的结果。

409. 如何选用湿拌砂浆生产用的筛砂机？

砂浆用砂的最大粒径应不大于4.75mm，砂原材料可同专业洗砂厂签订购砂、洗砂合作协议或购置专用砂浆用砂。当无上述条件，可购置专用筛砂机。砂进场后由实验室根据砂的标准要求做试验，合格收储，不合格退回。合格的砂须全部通过4.75mm筛网。过筛砂应堆放在专用堆场，称之为专用砂。筛砂机一般常用滚筒式筛砂机，筛分机振幅、频率应可调，应定期检查筛分机的孔径和筛网堵塞程度。整个设备由原料储料斗、原料供料皮带机、平置筛网、成品砂堆料皮带、弃石出料槽、洗砂设备等组成，设备通电运转后由装载机将原料装入大容量储料斗，原料经水洗后由供料皮带投入平置筛筒，旋转的筛筒带动原料在筒内叶片的推挤、翻滚下形成原料在筛网面滑滚的人工筛砂效果，筛出的成品砂通过骨料斗落在成品砂皮带上，同时被皮带提升落下呈成品料堆或直接落入储料斗，整个过程连续且物料分级清楚、准确。功能滚筛筒内的打砂装置可对呈团砂块打碎、打散。滚筛网面安装的网面清理拍打装置可对粘附砂土自行清理以防堵塞网孔。此功能对砂含水、含土率较高的现象具有针对性效果，其长度和直径可根据产量决定。砂浆生产时应注意控制砂的含水率，若砂的含水率过高，砂容易粘结成团，砂粒易堵塞筛网，导致筛分效率降低。筛网应有排堵装置，及时除去堵塞筛网的砂粒和泥团。

410. 选用筛砂机应注意哪些事项？

控制好砂浆用砂粒径的前提是选好筛砂设备。筛砂机的选型对筛砂效率至关重要。选择适合不同矿物岩性的筛网孔径、材质、筛网面积、形状、倾角、尺寸、振动频率、振幅及运动特性等。因湿砂含泥大含水多，筛分过程中砂和泥易在筛网上粘结成团、易堵塞筛网，因此要严格控制好湿砂的粒径、形状、水分、含泥量和杂质含量等指标。

411. 砂浆生产单位主要有何质量问题？有什么解决措施？

（1）砂含泥量过大或砂过细造成干混砂浆开裂。解决措施：控制原料砂的含泥量和细度，尽量采用中砂。

（2）预拌砂浆生产单位没有随着墙材、气温等变化对砂浆配合比进行适时调整，造成砂浆开裂。解决措施：根据不同环境温度、不同墙体材料等条件及时进行生产配方调整。如夏天气温高达30℃，在轻骨料砌块的墙体上抹面时，需要砂浆的保水率高一些，应通过适当调整砂浆保塑时间、加大外加剂掺量来提高砂浆的保水率。

412. 搅拌设备常见的供料系统有哪些？

常见的供料系统有：料斗式上料机构、带式输送机、斗式提升机、螺旋输送机、空气输送槽、外加剂供给装置、供水装置。

413. 斗式提升机具有哪些特点？

斗式提升机结构简单，外形尺寸小，在平面内所占地面较小，输送能力大，有良好的密封性，提升高度高，检修方便，易损件可以自制，但不宜输送黏性物料，如含泥量较大的河砂、含粉量和含水率较高的机制砂，同时，尽可能避免输送磨损性强的物料。

414. 斗式提升机一般由哪几部分组成？

斗式提升机主要包括传动装置（电动机、减速机、驱动链轮、慢驱动）、牵引装置（环链、板链或胶带）、承载装置（料斗）、张紧装置（张紧链轮、弹簧、重锤、配重）、制动装置（棘轮装置、逆止器）、机壳（进料口、卸料口、检视门）等。

415. 斗式提升机开车前应做哪些检查？

检查料斗有无变形；检查传动链条（环链和斗钩或胶带）是否正常，有无松动、弯曲、断裂、撕裂，与链轮啮合的情况；检查导轨、导向件有无磨损和伸长；检查各部位螺栓有无松动；张紧装置是否正常工作，卸料、骨料斗有无磨损；轴承润滑情况是否良好。

416. 斗式提升机运转过程中需进行哪些检查？

检查壳体有无异常振动、刮碰的声音；检查电机振动及温度情况；检查减速机振动、温度、润滑情况；检查液力耦合器或联轴器是否有异常响声；检查减速机高速轴是否有轴向窜动；检查各部位连接螺栓是否紧固；检查头轮轴承温度振动情况及有无异常响声；检查尾部张紧装置是否正常；检查斗式提升机工作电流是否在正常工作范围内。

417. 螺旋输送机的型号、规格及特点有哪些？

螺旋输送机有 GX 型和 LS 型，其规格是以螺旋叶的直径（mm）表示，规格分为 ϕ1000 等几种，一般用于水平输送或与水平呈小于 20°的倾斜方向输送物料，输送长度一般小于 70m。在输送过程中，若物料的填充量在规定的范围内，则物料输送平稳；但在填充量较大或转速较高时，物料易被翻转过轴线，产生混合作用。输送过程密闭不扬尘；可实现多点加料及多点卸料。

418. 螺旋输送机一般由哪些部分组成？

螺旋输送机主要由螺旋、机槽、吊架、吊轴承、止推轴承座、平轴承装置、进料口、卸料口及传动装置等组成。当螺旋输送机长度较长时，螺旋需分节制造，两节间用联轴节连接，并加装吊轴承，整个螺旋输送机由下部底座支承固定。

419. 螺旋输送机使用时应注意哪些问题？

①必须均匀加料，以保持载荷均匀；②严禁将铁器及硬性粒子喂入螺旋输送机内，防止卡压、损坏输送机；③机壳连接处需加石棉绳密封；④运转过程中严禁将机盖取下查看物料输送情况；⑤注意头部轴承与尾部轴承温升不超过 60℃；⑥停机前先停止喂料，待物料走空后才能停机，做到空载停车、空载开车。

420. 搅拌设备储料装置有哪些要求？

骨料仓装置应在进料和出料口处设有能防止混料的装置，当有水泥和骨料采用组合仓时，应将水泥仓或其他粉料仓与预冷的骨料仓之间采用隔热装置，防止温差作用使粉料结露受潮。

粉料仓的有效储量不应小于理论生产率 2h 连续生产的需要量，透气装置和自动收尘装置应工作可靠，仓内应设置破拱装置。

421. 搅拌设备气路系统有什么要求？

气路系统应配置油雾器和油水分离器，生产过程中，应定时将分离的水及时排放。与压力气体相关的贮气罐、粉料仓等装置的安全阀均应安全有效，开启压力不应大于设置的安全设定值。

422. 搅拌设备可靠性故障分类有哪些故障名称及对应的故障特征？

根据可靠性试验的故障分类，共分有四个等级：致命故障、严重故障、一般故障和轻度故障，对应的危害度系数分别为：∞、3.0、1.0、0.2。

致命故障的故障特征：严重危及生命或导致人身伤亡，重要部件报废，造成经济损失占总造价的1.5%以上。

严重故障：严重影响产品功能、性能指标，达不到规定要求，必须停机修理，需要更换外部主要零件或拆开机体更换内部重要零件，维修时间在2h以上，维修费用高。

一般故障：明显影响产品性能，必须停机检修，一般只允许更换或修理外部零件，可以用随机工具在2h以内排除，维修费用中等。

轻度故障：轻度影响产品功能，一般不需要停机更换或修理零件，能用随机工具在短期排除，维修费用低。

423. 搅拌设备致命故障模式有哪些？

①搅拌罐滚道磨穿或断裂；②强制式搅拌机搅拌轴严重弯曲不能工作；③强制式搅拌机铲臂折断，造成连锁反应或闷车后损坏电机或减速机；④双卧轴式搅拌机同步装置打坏；⑤搅拌机主传动齿轮箱壳体开裂；⑥电控系统失灵，造成过载保护失效或控制系统安全电压保护失效，严重漏电或造成伤亡事故；⑦水泥仓安全装置失效，造成水泥仓冲顶事故。

424. 搅拌设备严重故障模式有哪些？

①搅拌电动机烧坏；②搅拌、提升机构的传动系统的齿轮轴、链轮、涡轮任一零件的损坏；③强制式拌机铲臂折断；④搅拌机轴承损坏，引起密封失效；⑤带式输送机电动滚轮烧坏；⑥带式输送机皮带断裂、脱扣；⑦斗式提升机链条脱齿或断裂；⑧料斗提升机构钢丝绳折断造成的料斗卡轨、上料架的严重变形、损坏；⑨噪声、粉尘浓度超标；⑩计算机控制系统指令失灵、动作紊乱，需要更换重要电子元件；⑪电控系统主要功能、含水率的测定、计量精度达不到要求。

425. 搅拌设备一般故障模式有哪些？

①电动机容量为搅拌机主机电机容量的1/4以下的电机的烧坏或更换；②自落式搅拌主机支撑轮的损坏与更换；③除搅拌机以外的其他机构，轴承的烧损与更换；④强制式搅拌机铲臂发生严重变形，铲片或衬板的脱落碎裂；⑤带式输送机张紧装置、防逆装置失灵、皮带跑偏，造成皮带托辊的损坏、皮带清扫装置的损坏；⑥斗式提升机的料斗脱落或其他机构的不正常运转使送料不到位，或使料流自落到底部引起链轮等严重磨损；⑦螺旋输送机传动不平稳出现抖动，或支撑点磨损严重需更换；⑧气缸油水分离器失效；⑨各种行程开关的失效，造成其他机构的损坏；⑩回转给料器被磨损或定位器失

灵；⑪启动安全阀起闭失灵造成管路破裂；⑫水泥仓气路安全装置失灵；⑬提升料斗脱轨坠落；⑭机架或栏、护梯断裂。

426. 搅拌设备轻度故障模式有哪些？

①搅拌机润滑系统出现堵漏或失灵现象；②联轴器的零件更换；③减速机地脚螺栓松动；④带式输送机托辊卡死、拢料斗裙边损坏；⑤斗式提升机铲斗磨损、更换；⑥一般部位的轴承损坏；⑦各种液压元件、气动元件及轴承密封件的损坏；⑧水秤、添加剂及其管路的滴、漏或密封不严等故障；⑨卸料机构、气缸、电动推杆失灵或局部损坏；⑩各种行程开关的调整；⑪各电器零件的脱焊和线路的折断。

427. 简述常用的胶带输送机型号规格。

常用的胶带输送机型号规格是以胶带的宽度（mm）表示，胶带宽度有500mm、650mm、800mm、1000mm等多种。

428. 胶带输送机一般由哪些部分组成？

胶带输送机由传动滚筒、改向滚筒、输送带、上下托辊、头尾中间架、拉紧装置、给料装置、传动装置、卸料装置及清扫装置组成。

429. 简述胶带输送机的操作重点。

在开机前，必须检查胶带输送机传动装置是否正常，轴承、滚筒、托辊架是否松动，胶带上有无工具、杂物，安全防护是否牢固，各润滑系统是否润滑自如；开机后，观察皮带是否跑偏，皮带托辊有无损坏，皮带张紧装置的张紧力是否够用，清扫器是否好用；停机前，必须把胶带上的物料卸净，并做好清扫工作。

430. 操作员有哪些内业资料？

至少包括《搅拌站运行日志》《维修保养记录》，以及本公司内部管理所必需的相关资料，资料的填写应及时、准确，字体易辨识，日常注意资料的保管。

431. 什么是皮带运输机？

皮带运输机又称带式输送机，是一种连续运输机械，也是一种通用机械，既可以运送散装物料，也可以运送成件物品，工作过程中噪声较小，结构简单。皮带运输机可用于水平或倾斜运输。皮带运输机由皮带、机架、驱动滚筒、改向浮筒、承载托辊、回程托辊、张紧装置、清扫器等零部件组成。

432. 湿拌砂浆的搅拌设备有哪些？

常用的湿拌砂浆生产设备一般采用强制式搅拌，而生产湿拌砂浆常用的设备有两种类型：双卧轴式搅拌机和立轴行星式搅拌机。双卧轴式搅拌机的优点是可与预拌混凝土通用，适用范围更广；立轴行星式搅拌机的优点是砂浆专用，搅拌效率更高。无论采用哪种类型的搅拌机，都应符合《建筑施工机械与设备　混凝土搅拌机》（GB/T 9142—2021）要求的固定式搅拌机，叶片和衬板间隙不宜大于5mm，在实际生产运行过程中，宜采用独立的生产线，不宜与混凝土、稳定土类等材料交替生产。

433. 搅拌机的组成部分有哪些？

额定容量为150～3000L（含150L、3000L）的搅拌机由上料、搅拌、出料、供水、控制、底盘等部分组成。

434. 搅拌机的计量设备有哪些要求？

计量设备应定期进行校核，应能满足连续计量不同配合比砂浆的各种原材料，并应具有实际计量结果逐盘计量和存储功能，固体原材料的计量应按照质量计，水和液体添加剂的计量可按照质量计也可以按照体积计。

435. 润滑的基本原理是什么？

润滑的基本原理是润滑剂能够牢固地附在机件摩擦副上，形成一层油膜，这种油膜和机件的摩擦面接合力很强，两个摩擦面被润滑剂分开，使机件间的摩擦变为润滑剂本身分子间的摩擦，从而起到减少摩擦、降低磨损的作用。

436. 润滑剂的主要作用有哪些？

(1) 润滑作用：减少摩擦、降低磨损；

(2) 冷却作用：润滑剂在循环中将摩擦热带走，降低温度防止烧伤；

(3) 洗涤作用：从摩擦面上洗净污秽、金属粉粒等异物；

(4) 密封作用：防止水分和其他杂物进入；

(5) 防锈防蚀：使金属表面与空气隔离开，防止氧化；

(6) 减振卸荷：对往复运动机件有减振、缓冲、降低噪声的作用，压力润滑系统有使设备动时卸荷和减少起动力矩的作用；

(7) 传递动力：在液压系统中，油是传递动力的介质。

437. 空气压缩机按结构形式分为几类？

空气压缩机按工作原理可分为速度式和容积式两大类。

(1) 速度式：是靠气体在高速旋转叶轮的作用，得到较大的动能，随后在扩压装置中急剧降速，使气体的动能转变成势能，从而提高气体压力。速度式主要有离心式和轴流式两种基本形式。

(2) 容积式：是通过直接压缩气体，使气体容积缩小而达到提高气体压力的目的。容积式根据汽缸侧活塞的特点又分为回转式和往复式两类。

①回转式：活塞做旋转运动，活塞又称为转子，转子数量不等，汽缸形状不一。回转式包括转子式、螺杆式、滑片式等。

②往复式：活塞做往复运动，汽缸呈圆筒形。往复式包括活塞式、膜式。

438. 活塞式空压机有哪几种基本形式？

(1) 按汽缸的排列分：立式、卧式、角度式；

(2) 按活塞动作分：单动、复动；

(3) 按排汽量分：微型、小型、中型和大型；

(4) 按工作压力分：低压、中压、高压和超高压。

439. 活塞式空压机由哪几部分组成？

(1) 吸气导管：包括空气滤清器；

(2) 排气导管：包括储气罐；

(3) 冷却器装置：包括中间冷却器和后冷却器；

(4) 机身：缸盖、缸体和缸座；

(5) 曲柄连杆机构；

(6) 活塞、缸筒；

(7) 压力调节器；

(8) 动力装置等。

440. 螺杆式空压机有哪些性能特点?

(1) 压缩过程是容积式的连续压缩，压缩比在很大的范围内仍能稳定运转完全没有脉动现象和飞动现象；

(2) 即使工作压力有些变化，排气或吸气量变化也很小，这一特性使它适合于作气力输送装置的空气源；

(3) 转子间及转子与外壳间留有一定的间歇，完全不接触，因此磨损问题不大，并且内部不需要润滑，所以产生的压缩空气不含油分；

(4) 无往复运动部件，只做高速运动，因此运动部件的平衡好、振动小；

(5) 体积小，重量轻，基础及占地面积不大。

441. 空压机上安全阀的作用是什么?

安全阀是一种保护空压机工作安全的装置。它是为了防止压缩气体在罐内压力过高而设置的安全性保护措施。当系统中的压力超过额定值时，它就自动开启，把多余气体排掉，当压力降低到一定值时又能自动关闭，保证系统内处于正常压力。

442. 空压机压力调节器的作用是什么?

当储气罐中压力上升超过规定值（0.82MPa）时，储气罐中高压气体通过管道进入压力调节器，迫使顶开吸气阀装置顶开吸气阀，压缩机进入半负荷运行以降低功率消耗。当储气罐中压力降到规定值（0.72MPa）时，压力调节器关闭储气罐中高压气体的通路，于是在顶开吸气阀的作用下，吸气阀被关闭，空压机又进入正常运转。

443. 空压机对润滑系统的基本要求有哪些?

(1) 要有可靠的供油装置，保证有充足的润滑油输送至各运动部位；

(2) 系统中要有便于检查、观察供油情况的部位和仪表；

(3) 装有使润滑油净化的过滤装置；

(4) 供油管路的布设要紧凑、整齐，便于拆装和清洗。

444. 空压机日常维护工作有哪些?

(1) 勤看各指示仪表（如各级压力表、油压表、油温表等）和润滑情况及冷却水流动的情况；

(2) 勤听机器运转的声音，经常听一听各运动部位的声音是否正常；

(3) 勤摸各部位，观察空压机的温度变化和振动情况，例如冷却后排水温度、油温、运转中机件温度和振动情况等，从而及早发现不正常的温升和机件的紧固情况，但要注意安全；

（4）勤检查整个机器设备的工作情况是否正常，发现问题及时处理；

（5）认真负责地填写机器运转记录表；

（6）认真做好机房安全卫生工作，保持空压机的清洁，做好交接班工作。

445. 如何判定进场水泥是否合格？

（1）当化学指标、物理指标中的安定性、凝结时间和强度指标均符合标准要求时为合格品。

（2）当化学指标、物理指标中的安定性、凝结时间和强度中的任何一项技术要求不符合标准要求时为不合格品。

446. 通用硅酸盐水泥的检验规则是怎样的？

（1）编号及取样

水泥出厂前按同品种、同强度等级编号和取样。袋装水泥和散装水泥应分别进行编号和取样。每一编号为一取样单位。水泥出厂编号按年生产能力规定为：

200×10^4t 以上，不超过 4000t 为一编号；

120×10^4t～200×10^4t，不超过 2400t 为一编号；

60×10^4t～120×10^4t，不超过 1000t 为一编号；

30×10^4t～60×10^4t，不超过 600t 为一编号；

10×10^4t～30×10^4t，不超过 400t 为一编号；

10×10^4t 以下，不超过 200t 为一编号。

取样方法按《水泥取样方法》（GB/T 12573—2008）进行。可连续取，亦可从 20 个以上不同部位取等量样品，总量至少 12kg。当散装水泥运输工具的容量超过该厂规定出厂编号吨数时，允许该编号的数量超过取样规定吨数。

（2）水泥出厂

经确认水泥各项技术指标及包装质量符合要求时方可出厂。

（3）出厂检验

出厂检验项目为化学指标、凝结时间、安定性、强度。

（4）判定规则

检验结果符合《通用硅酸盐水泥》（GB 175—2007）中化学指标、凝结时间、安定性、强度的规定为合格品。

检验结果不符合《通用硅酸盐水泥》（GB 175—2007）中化学指标、凝结时间、安定性、强度的规定中的任何一项技术要求为不合格品。

（5）检验报告

检验报告内容应包括出厂检验项目、细度、混合材料品种和掺加量、石膏和助磨剂的品种及掺加量、属旋窑或立窑生产及合同约定的其他技术要求。当用户需要时，生产者应在水泥发出之日起 7d 内寄发除 28d 强度以外的各项检验结果，32d 内补报 28d 强度的检验结果。

（6）交货与验收

交货时水泥的质量验收可抽取实物试样以其检验结果为依据，也可以生产者同编号水泥的检验报告为依据。采取何种方法验收由买卖双方商定，并在合同或协议中注明。卖方有告知买方验收方法的责任。当无书面合同或协议，或未在合同、协议中注明验收方法的，卖方应在发货票上注明“以本厂同编号水泥的检验报告为验收依据”字样。

以抽取实物试样的检验结果为验收依据时，买卖双方应在发货前或交货地共同取样和签封。取样方法按《水泥取样方法》（GB/T 12573—2008）进行，取样数量为20kg，缩分为二等份。一份由卖方保存40d，一份由买方按本标准规定的项目和方法进行检验。

在40d以内，买方检验认为产品质量不符合要求，而卖方又有异议时，则双方应将卖方保存的另一份试样送省级或省级以上国家认可的水泥质量监督检验机构进行仲裁检验。水泥安定性仲裁检验，应在取样之日起10d以内完成。

以生产者同编号水泥的检验报告为验收依据时，在发货前或交货时买方在同编号水泥中取样，双方共同签封后由卖方保存90d，或认可卖方自行取样、签封并保存90d的同编号水泥的封存样。在90d内，买方对水泥质量有疑问时，则买卖双方应将共同认可的试样送省级或省级以上国家认可的水泥质量监督检验机构进行仲裁检验。

447. 通用硅酸盐水泥应当如何包装、标志、运输与贮存?

（1）包装

水泥可以散装或袋装，袋装水泥每袋净含量为50kg，且应不少于标志质量的99%；随机抽取20袋总质量（含包装袋）应不少于1000kg。其他包装形式由供需双方协商确定，但有关袋装质量要求，应符合上述规定。水泥包装袋应符合《水泥包装袋》（GB/T 9774—2020）的规定。

（2）标志

水泥包装袋上应清楚标明：执行标准、水泥品种、代号、强度等级、生产者名称、生产许可证标志（QS）及编号、出厂编号、包装日期、净含量。包装袋两侧应根据水泥的品种采用不同的颜色印刷水泥名称和强度等级，硅酸盐水泥和普通硅酸盐水泥采用红色，矿渣硅酸盐水泥采用绿色；火山灰质硅酸盐水泥、粉煤灰硅酸盐水泥和复合硅酸盐水泥采用黑色或蓝色。

散装发运时应提交与袋装标志相同内容的卡片。

（3）运输与贮存

水泥在运输与贮存时不得受潮和混入杂物，不同品种和强度等级的水泥在贮运中避免混杂。

448. 水泥进场需提供哪些质量证明文件？检验与组批原则是什么？

水泥进场验收应提供出厂合格证，并提供出厂检验报告，含3d及28d强度报告，且产品包装完好。

按同一厂家、同一品种、同强度等级、同一出厂编号的水泥，袋装水泥不超过200t，散装水泥不超过500t为一检验批。

449. 水泥的取样方法是什么？

（1）出厂水泥和交货验收检验样品应严格按国家或行业标准所规定的编号、吨位数取样。水泥进场时按同品种、同强度等级编号和取样。袋装水泥和散装水泥分别进行编号和取样。每一编号为一取样单位。

（2）取样应有代表性。可连续取，亦可从20个以上不同部位取等量样品，总量至少12kg。

（3）交货验收中所取样品应与合同或协议中注明的编号、吨位相符。对以抽取实物试样的检验结果为验收依据时，买卖双方应在发货前或交货地共同取样和签封，取样数量为20kg。

以生产者同编号水泥的检验报告为验收依据时，在发货前或交货时买方在同编号水泥中取样，双方共同签封后由卖方保存90d。

450. 如何留置砂浆试块？

检验水泥砂浆强度试件的组数，按每一层（或检验批）建筑地面工程不应小于1组。当每一层（或检验批）建筑地面工程面积大于1000m^{2}时，每增加1000m^{2}应增加1组试块，小于1000m^{2}按1000m^{2}计算。当改变配合比时，应相应地制作试块组数。

451. 如何选择干混砂浆用砂？

（1）颗粒粒径

砂浆中的骨料是不参与化学反应的惰性材料，在砂浆中起骨架或填料的作用。通过骨料可以调整砂浆的密度，控制材料的收缩性能等。砂浆中所用的细骨料必须经过筛分，最大粒径不应大于4.75mm。

（2）细度模数

由于砂越细，其总表面积越大，包裹在其表面的浆体就越多。当砂浆拌合物的稠度相同时，细砂配制的砂浆就要比中粗砂配制的砂浆需要更多的浆体，由于用水量多了，砂浆强度也会随之下降，因此，优先选用中粗砂配制砂浆。但还需根据砂浆的用途、使用部位、基体等进行选取。如砌筑砂浆，对于砖砌体，宜采用中砂；对于毛石砌体，由于毛石表面多棱角，粗糙不平，宜采用粗砂。对于抹灰砂浆，砂的细度模数不宜小于2.4。

（3）颗粒级配

骨料的细度模数越小，砂浆的需水量也越大；空隙率增大，砂浆的需水量也越大。尤其是灰砂比较小时，这种影响更明显。因此，为了满足所需强度，所用骨料的空隙率越小，细度模数越大，胶凝材料用量就越小。

级配合格的骨料堆积起来空隙率低，在砂浆中可形成良好的骨架，既可节省水泥，又能得到和易性好、较密实的砂浆。对级配不合格的骨料要进行适当的掺配、调整，使其合格。

（4）颗粒形状及表面特征

山砂或机制砂的颗粒多具有棱角，表面粗糙，与水泥粘结较好，强度高，但砂浆流动性差；河砂的颗粒多呈圆形，表面光滑，与水泥粘结较差，强度较低，但砂浆和易性好，节省水泥。

（5）骨料吸水率

骨料的吸水率越大，砂浆的需水量也越大，导致砂浆强度降低。

452. 干混砂浆包装有何要求？

（1）干混砂浆可采用散装和袋装。

（2）袋装干混砂浆每袋净含量不应少于其标志质量的99%。随机抽取20袋，总质量不应少于标志质量的总和。包装袋应符合《干混砂浆包装袋》（BB/T 0065—2016）的规定。

（3）袋装干混砂浆包装袋上应有标志标明产品名称、标记、商标、加水量范围、净含量、使用说明、生产日期或批号、贮存条件及保质期、生产单位、地址和电话等。

453. 干混砂浆贮存有何要求？

（1）干混砂浆在贮存过程中不应受潮和混入杂物。不同品种和规格型号的干混砂浆应分别贮存，不应混杂。

（2）袋装干混砂浆应贮存在干燥环境中，应有防雨、防潮、防扬尘措施。贮存过程中，包装袋不应破损。

（3）袋装干混砌筑砂浆、抹灰砂浆、地面砂浆、普通防水砂浆、自流平砂浆的保质期自生产日起为3个月，其他袋装干混砂浆的保质期生产日起为6个月。散装干混砂浆的保质期生产日起为3个月。

454. 干混砂浆运输有何要求？

（1）干混砂浆运输时，应有防扬尘措施，不应污染环境。

（2）散装干混砂浆宜采用散装干混砂浆运输车运送，并提交与袋装标志相同内容的卡片，并附有产品说明书。散装干混砂浆运输车应密封、防水、防潮，并宜有收尘装置。砂浆品种更换时，运输车应清空并清理干净。

（3）袋装干混砂浆可采用交通工具运输。运输过程中，不得混入杂物，并应有防雨、防潮和防扬尘措施。袋装砂浆搬运时，不应摔包、不应自行倾卸。

455. 搅拌生产前如何加强湿拌砂浆配合比通知单的输入？

（1）湿拌砂浆生产必须严格执行湿拌砂浆配合比通知单的有关要求。

（2）配合比的输入应由至少两人来完成，其中操作员负责将湿拌砂浆配合比输入微机，质检员负责核查确认，并在湿拌砂浆配合比通知单上作好记录。

（3）配合比输入时要严格核查原材料的品种、规格和数量，保证湿拌砂浆所用的各种原材料的质量符合有关标准的要求和湿拌砂浆配合比通知单的规定。

（4）配合比输入时要注意原材料筒仓的编号、筒仓内原材料的品种和出料闸门（阀门）。

（5）正确输入搅拌砂浆所用的时间。

456. 湿拌砂浆生产及搅拌时间是如何规定的？

（1）湿拌砂浆宜采用符合《建筑施工机械与设备　混凝土搅拌机》（GB/T 9142—2021）要求的固定式搅拌机进行搅拌，搅拌机叶片和衬板间隙宜小于5mm。宜采用独立的生产线。

（2）湿拌砂浆的搅拌时间应参照搅拌机的技术参数、砂浆配合比、外加剂和添加剂的品种及掺量、投料量等通过试验确定，砂浆拌合物应搅拌均匀，且从全部材料投完算起搅拌时间不应少于30s。

（3）湿拌砂浆在生产过程中产生的废水、废料、粉尘和噪声等应符合环保要求，不得对周围环境造成污染，所有粉料的输送及计量工序均应在封闭状态下进行，并应有收尘装置。骨料堆场应有防扬尘措施。

457. 湿拌砂浆生产投料有什么要求?

（1）采用分次投料搅拌方法，应通过试验确定投料顺序、数量及分段搅拌的时间等工艺参数。

（2）矿物掺合料宜与水泥同步投料，液体外加剂宜滞后于粉料和水投料。

458. 湿拌砂浆生产工艺主要有哪些?

湿拌砂浆生产工序主要有：原材进场、骨料筛分和分级储存、配料计量（原材料计量根据生产材料进行配合比的调整检测确定）、混合搅拌、成品储罐运送。湿拌砂浆的典型生产操作工艺如下：

（1）投料

①水泥砂浆投料顺序为：砂→水泥→水和外加剂。先将砂与水泥干拌均匀，再加水和外加剂拌和。

②水泥混合砂浆投料顺序为：砂→水泥→掺合料→水和外加剂。应先将砂与水泥干拌均匀，再加掺合料，最后加水和外加剂拌和。

③掺用外加剂时，应先将外加剂按规定浓度溶于水中，在拌合水投入时投入外加剂溶液，外加剂不得直接投入拌制的砂浆中。

（2）砂浆搅拌

自投料完算起，搅拌时间应符合下列规定：

① 水泥砂浆和水泥混合砂浆不得少于2min；

② 掺用粉煤灰和外加剂的砂浆不得少于3min；

③ 湿拌砂浆因有新工艺外加剂的添加，其搅拌时间根据材料性能、生产设备情况等，特别是外加剂的分散速率等特性而定，因有的外加剂分散很快，60s就搅拌开，有的外加剂需120s，有的生产设备的搅拌速度快，有的搅拌速度慢，外加剂品种不同，搅拌时间也不同。根据外加剂厂家技术要求和生产实际情况制订达到满足实际施工需求的湿拌砂浆性能指标即可。

（3）砂浆检测

配比确定检测→生产检测→出厂检测→工地现场交货检测。

（4）砂浆运输、储存

生产现场（专用砂浆搅拌罐车）→工地现场（专用砂浆储存池）→（推砂浆专用车和砂浆施工存储箱）砂浆施工点。

湿拌砂浆的典型生产工艺流程图，如图2-1所示。

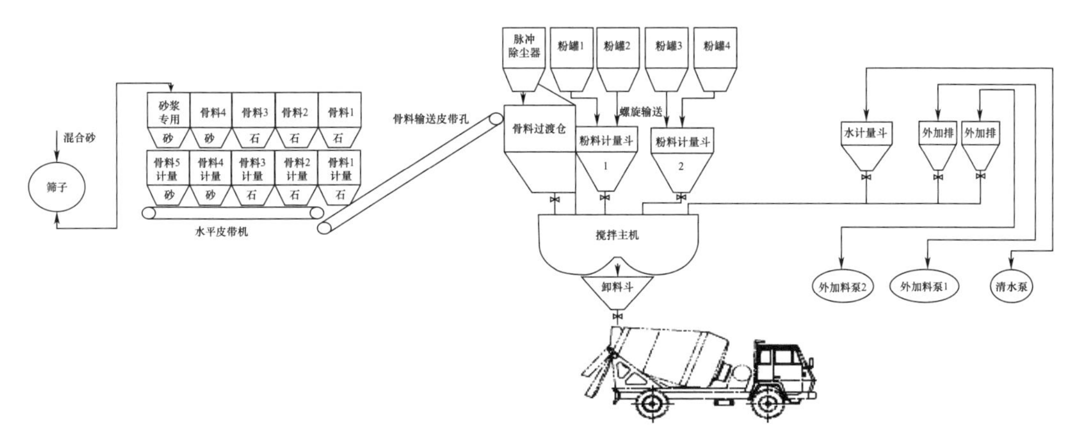

图 2-1 典型的湿拌砂浆和混凝土共用生产线示意图

湿拌砂浆生产的基本工艺流程如图 2-2 所示。

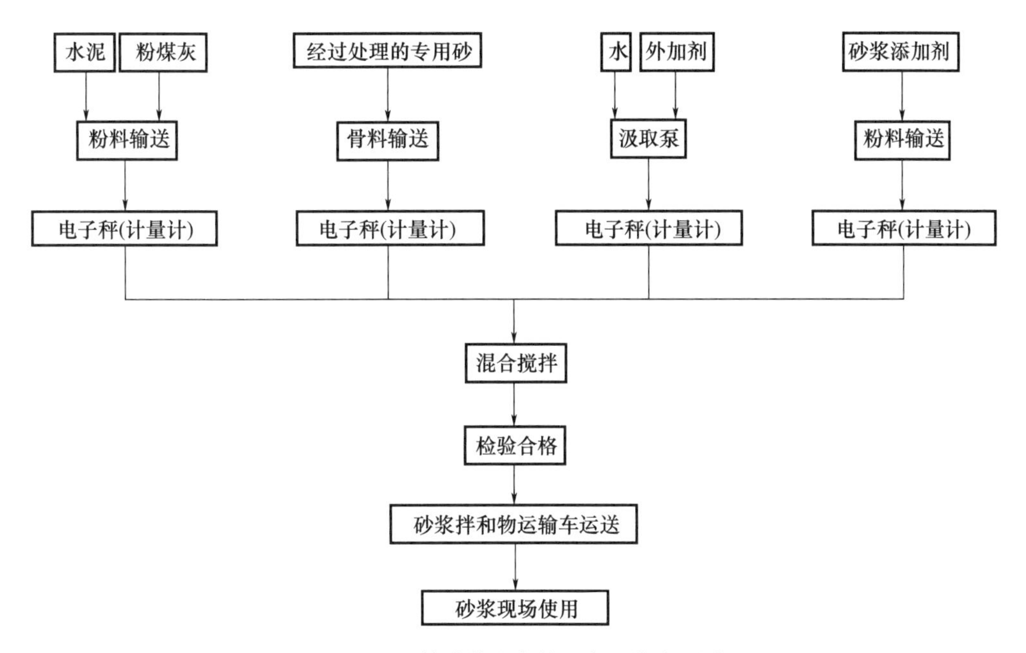

图 2-2 湿拌砂浆生产的基本工艺流程图

459. 湿拌砂浆生产搅拌自动控制系统主要有哪些?

(1) 计算机自动控制系统，配料系统自动控制

配料系统实现采用计算机控制，当预拌砂浆配合比编号输入计算机后，原材料的上料、计量、搅拌、预料、数据采集和信息储存全部由计算机控制和操作，操作人员只要开启开关即可。

(2) 计量系统

湿拌计量设备应能连续计量不同砂浆配合比的各种材料，并应具有实际计量结果逐盘记录和贮存功能；湿拌砂浆生产计量设备应按有关规定由法定计量部门进行检定，使用期间应定期进行校准；各种原材料的计量均应按质量计。

460. 湿拌砂浆生产搅拌计量有哪些要求？

原材料应采用电子计量设备，计量设备应能连续计量不同湿拌砂浆配合比的各种原材料，并应具有逐盘记录和储存计量结果（数据）的功能，其精度应符合《建筑施工机械与设备　混凝土搅拌站》（GB/T 10171—2016）的规定。

计量设备应具有法定计量部门签发的有效检定证书，并应定期校验。

砂浆生产单位每月应至少自检一次；每一作业班开始前，应对计量设备进行零点校准。

停产1个月以上重新生产前或发生异常情况时，也应进行自检。

固（粉）体原材料的计量应按质量计，水和液态外加剂的计量可按体积计，也可以按照质量计。由于固体组成材料因操作方法或含水状态不同而密度变化较大，如按体积计量，易造成计量不准，从而难以保证砂浆性能和均匀性，因此各种固体原材料的计量均应按质量计。计量设备应能连续计量不同配合比砂浆的各种原材料，并应具有实际计算结果逐盘记录和贮存功能。

水泥、粉煤灰（或石灰石粉）和粉体砂浆外加剂均为粉状材料，可采用螺旋输送，电子秤计量。水泥、粉煤灰可采取叠加计量，粉体砂浆外加剂采取单独计量。砂采用皮带输送机输送，电子秤计量。一般来讲，水泥的螺旋输送速度最快，粉煤灰（或石灰石粉）其次，粉体砂浆外加剂最慢。砂的计量应考虑其含水率波动对计量精度和加水量的影响，砂的含水率测定每班不宜少于1次，如果气候和原材料发生变化，应加倍测试频率。对液体砂浆外加剂应经常核实固含量，以确保计量准确。

（1）水泥及粉煤灰计量系统

水泥由螺旋运输机送到水泥计量斗后，由电脑称量仪控制称量，达到设定质量时，控制仪会自动显示并发出信号给称量斗气动蝶阀，使其开启，将水泥放入搅拌机中。水泥秤有效容积1800kg，粉煤灰秤有效容积750kg。为了避免粉料入秤时，秤斗内空气压力瞬间增大，造成粉尘外溢，影响计量精度，在秤斗与中间储料斗之间安装通气管道，增大气流空间，快速降低因投料而产生的斗内气压。压力传感器侧面设置维修用顶丝，更换或维修传感器时，可旋拧顶丝，使斗体上移，以便拆装传感器。斗壁的振动器，供以下情况使用：①搅拌站局部出现故障，使整个搅拌程序不能正常进行，粉料在秤斗中停留时间过长，下料困难时。②螺旋运输机上料时间过长，秤斗下部粉料松散性差，下料困难时。振动时间为2～3s。

（2）水及外加剂计量系统

水计量系统包括储箱及计量斗。水储箱容量1.6m^3，储箱顶部安装电接触式微电脑控制液位仪，当水位达到上限或下限位时，液位仪发出信号，控制潜水泵的开启。储水箱底部的手动碟阀处于常开状态，维修或更换气动碟阀时，将其关闭。

水计量采用微机称量仪控制，水从储水箱中通过气动蝶阀控制流量，到达设定质量时，称量仪发出电信号，当流入称量斗的水达到配方值时气动蝶阀将关闭，计量过程完成，待骨料投料2～3s后启动管道泵快速地向搅拌缸喷水，当水质量值降至零时，称量仪发出电信号使管道泵停止，秤口蝶阀关闭，同时又进入下次计量。

外加剂计量系统粉料投放形式与水不同，外加剂箱不做储箱用，计量时采用停泵停阀的方式，外加剂箱的作用相当于管路，这种结构能避免停泵停阀时对封闭管路造成的冲击。外加剂通过耐腐泵直接打到水秤，到达设定质量时，称量仪发出电信号，耐腐泵停止运转，外加剂箱下的气动蝶阀关闭。计量过程完成，水秤与外加剂秤同时放料。

461. 砂浆生产设备的计量装置的检定和校准有何要求？

（1）计量装置的检定

仪器设备需根据标准规定进行计量检定，检定周期均按有关规定。

（2）静态计量装置校准

静态计量装置校准由生产部门依据计量检定方法进行，实验室参与。在计量料斗内逐级加入规定数量的标准砝码，比较计量料斗内标准砝码的的数量与拌和机操作台显示仪上显示的值，由此判定计量装置的计量精度。如果发现问题应及时找出原因，需要时由法定计量部门重新进行检定，每季度或每月一次。当发生下列情况也进行校准：停产一个月以上，需要恢复生产前；生产大方量前；发生异常情况时。静态计量装置校准的加荷总值（计量料斗内标准砝码的数量）与该计量料斗实际生产时需要的计量值相当。静态计量装置校准加荷时分级进行，分级数量不少于五级。

（3）动态计量装置校准

动态计量装置校准由拌和机操作人员在生产时进行，生产时应及时检查原材料设定值与实际计量值的误差，以便及时调整，使原材料的计量误差符合规定。试验部门也要进行抽检，一般每工作班不少于一次。

（4）计量记录

因湿拌砂浆有些质量指标（如强度等）在出厂时难以直接检测，砂浆出厂检验或最终的有些项目在出厂时必须通过间接检验。间接检测的途径主要来自三个方面：

① 预拌湿拌砂浆配合比是成熟的，经过试验或应用证明按照所设计的湿拌砂浆配合比能生产出合格的湿拌砂浆。

② 生产预拌湿拌砂浆所用的原材料是符合国家有关规定的，且满足预拌湿拌砂浆配合比的要求。

③ 出厂湿拌砂浆中各种原材料的实际数量是与湿拌砂浆配合比的要求相一致的。

为了保证湿拌砂浆质量，掌握湿拌砂浆的实际情况，规定工作人员逐盘记录湿拌砂浆实际计量值。检测人员做好质量记录。

462. 用混凝土生产设备生产湿拌砂浆有哪些原理特性？

（1）现代生产湿拌砂浆主要由商品混凝土（或砂浆）搅拌站生产、供应。预拌混凝土企业通过切换单独的电气控制系统、过筛后的级配砂独立仓、专用附加设备的适当调整，便可在该设备上生产湿拌砂浆。利用预拌混凝土设备生产湿拌砂浆，可提高设备的利用率，为预拌混凝土企业带来更多的利润。

（2）混凝土（或砂浆）搅拌站生产设备总体结构及工作原理：

① 以中联重科 HZS180 型专业生产线为例，其年生产能力达 30 万～60 万 m^3。HZS180 型专业砂浆（混凝土）生产线是生产湿拌砂浆的成套设备，其参数性能、结构特点见表 2-29，由主体部分、骨料配料及输送部分、粉料储存及输送部分、电气控制系

统组成。

② HZS180 型搅拌机为螺旋式双卧轴强制式，搅拌能力强，搅拌匀质性好，生产效率高，使用性能可靠。为便于硬性、塑性及各种配比的砂浆均能达到良好的搅拌效果，可联系厂家在混凝土设备搅拌叶片与搅拌机壁间进行改造，使搅拌叶片与搅拌机壁的间距小于 5mm。螺带叶片的调整方法：松开紧固螺栓，螺带叶片固定在距离弧衬板、端衬板（针对轴两端的叶片）不大于 5mm 的位置上，用扭力扳手锁紧螺栓。铲片叶片的调整方法：松开紧固螺栓，铲片叶片固定在距离螺带叶片最近点 20mm 位置上，轴两端铲片叶片固定在距离端衬板小于等于 5mm 的位置上，用扭力扳手锁紧螺栓。搅拌机调整前，必须切断电源，调整后必须在工作 5 个搅拌周期后，再次检查螺栓松紧。搅拌机上盖装有喷水管、检修门、观察门及投料装置。投料装置包括水泥、粉煤灰、骨料投料口及入水装置。为了加大水对主轴的冲击力，在主机上盖上安装管道泵，确保主轴不粘料。

表 2-29　HZS180 型砂浆（混凝土）生产线成套设备参数

技术参数	型号
	HZS180
理论生产率（m^3/h）	180
卸料高度（m）	4
搅拌主机型号	MAO4500/3000SDSHO
搅拌叶片与搅拌壁间隙（mm）	5
搅拌功率（kW）	2×55
生产周期（s）	60
进料容量（L）	4500
出料容量（L）	3000
骨料粒径（mm）	≤80
骨料仓容量（m^3）（可选）	30×4
粉料仓容量（t）（可选）	200×4
配料站配料能力（L/罐）	4800
斜皮带机输送能力（t/h）	900
螺旋输送机生产率（t/h）	110
装机容量（kW）	260
外形尺寸（长×宽）（m）	—
砂、石计量范围及精度（kg）	（0～4500）±2%
水泥计量范围及精度（kg）	（0～1500）±1%
粉煤灰计量范围及精度（kg）	（0～700）±1%
水计量范围及精度（kg）	（0～650）±1%
外加剂计量范围及精度（kg）	（0～50）±1%
备注	按国家标准，满足动态精度的计量范围从等于或大于满量程的 30% 到满量程以内；产品正常工作温度：1℃～40℃；海拔 2000m 以下

463. 湿拌砂浆原材料储存仓及各个材料装置有什么特性?

(1) 骨料堆场分原材砂(未筛)、成品砂仓,砂料堆场的地坪采用商品混凝土铺成,并有可靠的排水功能,雨天不积水。不同规格的骨料应分别堆放,并有醒目的标志,标明品种、规格,防止混料和误用。

(2) 水泥、粉煤灰储存筒仓:

① 一般水泥料仓设 2 个,掺合料仓设 2 个,各 200t。

② 每只筒仓有醒目的标志,标明其所存放的原材料的品种。在每只筒仓的进料口也应有与筒仓相一致的标志,在每仓进料口加锁,并由专人负责进料管理,进一步防止进料和用料发生错误,造成质量事故。

③ 筒仓密封性能良好,防止原材料受潮。为了防止筒仓因内部起拱造成出料不畅,在筒仓椎体部位设置高压空气进气口用于破拱。

④ 筒仓的出料采用螺旋输送机。在螺旋输送机和筒仓之间应设有闸门,这有利于螺旋输送机的维修和保养。筒仓为钢结构件,它由支架、筒体、翻板门、仓顶收尘器、破拱装置、输料管组成。粉料靠压力空气通过输料管被送入筒仓,仓内产生的压力气体通过仓顶收尘器排放出去。各水泥仓中均设有上下料位指示器,可显示料仓空满状态。翻板门为常开状态,如螺旋输送机输送量较大,影响计量精度时,可适当调整翻板门的位置。维修螺旋机时,可关闭翻板门。当粉料计量速度减慢时,可按下筒仓破拱按钮 3~5s,不要按时间过长,以免将水泥振实。仓顶收尘机安装于筒仓顶部,用于阻止水泥车向仓中注灰时,仓内气压增大,造成粉尘外溢。通过收尘机,仓内混合气体中的悬游固体粒子与气体分离,排放出干净的气体。

(3) 供水、液态外加剂系统:

供水系统由潜水泵、管路、阀等组成。水泵位于蓄水池内,工作时能确保水泵内部充满水,保证供水可靠。水泵的开关由储水箱内的液位计传输的空满信号来控制。其工作流程为:蓄水池—潜水泵—截止阀—截止阀—储水箱—冲洗水枪。液态外加剂供给系统由耐腐泵、附加剂储罐、附加剂搅拌装置、管路等组成。其工作流程为:储罐—截止阀—耐蚀泵—外加剂箱—气动碟阀—外加剂秤。外加剂储罐安装机械搅拌装置,防止溶液在罐底结晶。

外加剂秤斗底部安装溢流装置,当外加剂计量超差时,打开超计量放料碟阀,放到设定计量值时关闭,放出的溶液通过管路流回储箱。如果计量后的混合液体不允许与储箱内液体混合,可打开球阀(安装在储箱附近),人工放出。

464. 湿拌砂浆具体生产、应用流程及要求有哪些?

(1) 生产前,应根据各种原材料的试验数据提供生产所需标号的生产配合比,生产调度及实验室当班技术员与操作员共同输入配合比,经三人复核无误后,签字共同负责。调度接到通知后填写供应通知书,分别报送实验室和生产科及相关部门。实验室根据调度的通知,发送配合比到湿拌砂浆主控室。湿拌砂浆主控室按照调度通知和实验室的配合比通知单,组织生产前的准备,配合比输入微机后由实验室技术人员验证,验证无误后开始生产。

（2）生产过程中实验室人员随时跟班检测，如有原材料发生变化，操作人员应及时通知实验室当班技术员，实验室技术员必须立即做出技术调整措施，并在生产日志上签字负责。

（3）生产过程中维修人员应随时对设备运转情况进行检查，保证各计量系统处于正常状态，其误差值应控制在规定范围内，如计量偏差超过规定，应立即停机快速检查，保证湿拌砂浆质量的稳定。维修人员应在当班工作日志上注明设备运转情况及对设备出现故障部分的处理情况。

（4）生产过程中，微机控制系统内可以存贮多种配合比，切换配合比无须停顿，保证生产的连续性。保证 24h 连续供应。接到供货通知单后准备工作 10min 内完成，30min 内第一车湿拌砂浆出厂。从出场时间算起 10km 内，30min 内可到达施工现场。

（5）实验室人员发现原材料有较大变化时，应及时制订调整方案，通知调度安排调整。生产科应按调整方案立即执行，并将调整措施变化情况详细记录，签字负责。

（6）生产同时即开始测试湿拌砂浆稠度、保水、容重等试验，如有偏差随时调整。生产过程中实验室按照规定对所生产的湿拌砂浆进行取样，做到随机盘盘检测、车车检查稠度、保水及可抹性的变化。若有变化及时调整，并将调整措施变化情况详细记录，签字负责。

（7）实验室对当班生产的湿拌砂浆按规定取样并做强度观察试件，试件制作抗压试件每批 2 组，抹灰砂浆 14d 拉伸粘结强度试验每批 10 组，当发现指标发生明显波动时，试验立即采取调整措施，保证砂浆检测指标的稳定性，并将调整措施变化情况详细记录。

（8）装载司机、筛砂工应熟练掌握原材料的质量标准，若发现原材料质量有较大变化时，及时向调度汇报，通知实验室做出调整方案。若原材料有较小变化时，装载司机、筛砂工可根据相关规定自行调整，保证原材料各项指标的稳定性。

（9）出厂时过磅并签发五联发货单，施工方签收后留下一联，其余退回对账时使用。

（10）现场质检人员监测湿拌砂浆在运输过程中稠度、保水性、可抹性、和易性、塑性、稠度损失等施工现场砂浆的状态变化情况。如现场因施工原因造成湿拌砂浆有所变化，现场质检人员应及时通知实验室及使用方，立即采取调整措施，同时会同建设单位或监理单位协商，提出处理意见，并将调整措施变化情况详细记录，签字负责。

（11）提供出厂检验报告和具备资质的检测单位出具的在有效期限内的型式检验报告，并出具产品合格证，进行技术交底。

（12）如需现场制作砂浆试件，由实验室的技术人员和施工方的技术人员，根据规范、标准对现场交接湿拌砂浆进行取样、制作、交接试件，由双方签字后分别养护。实验室相关人员会对现场制作砂浆试件严格管理，并与使用方协商，妥善保管。在此过程中如发现试块丢失、损坏或造成试块拆模后变形，当班试验人员应立即采取有效补救措施，并详细记录，签字负责。

（13）湿拌砂浆达到龄期后进行检测，所有技术资料编制成册，按照施工方的要求提供技术资料，包括 28d 龄期强度指标、14d 粘结强度指标等。如双方测试指标差别较大，可委托权威的第三方对双方共同取样的试件进行检测。

（14）从湿拌砂浆供应开始到结束，做好现场服务，并随时接受各种检查，对业主、监理、施工方提出的建议高度重视。服务人员对现场施工进行跟踪，及时观测砂浆使用情况，对于不规范施工提出整改建议。

465. 生产过程中质检员如何做好质量检查工作？

（1）生产前应检查湿拌砂浆所用原材料的品种、规格是否满足生产配合比要求。检查生产设备和控制系统是否正常、计量设备是否归零。

（2）对进厂使用的砂原材料每班检查不少于2次，保证砂过筛量满足生产需求，上料正确，质量满足砂浆配合比质量要求。砂含水率的检验每工作班不应少于1次；当雨雪天气、筛网损坏等外界影响导致砂含水率、砂含石变化时，应及时检验。

（3）检查粉料仓、外加剂仓的仓位是否正确，材料使用应与砂浆配合比通知单相一致。

（4）加强对原材料计量设备的检查。

（5）冬季施工，应按《建筑工程冬期施工规程》（JGJ/T 104—2011）规定抽检砂、水、外加剂、环境、拌合物出机温度。砂浆出机温度不应低于10℃，施工使用温度不应低于5℃。

（6）湿拌砂浆质量检验的取样、试件制作等应符合国家相应标准的要求。

（7）湿拌砂浆生产过程中，还应对计量设备的运行情况进行巡回检查，如液体外加剂上料过程中，蝶阀开关是否关闭严密，是否有外加剂渗漏情况等。

（8）湿拌砂浆原材料、计量、搅拌、稠度、容重、保水、保塑时间抽检等相关检查记录应齐全，包括日期、湿拌砂浆配合比通知单编号、原材料名称、品种、规格、每盘湿拌砂浆用原材料称量的标准值、实际值、计量偏差、搅拌时间、稠度、容重、保水等。

466. 生产原材料的计量如何规定的？允许偏差是多少？

固体原材料的计量应按质量计，水和液体外加剂的计量可按体积计。

原材料的计量允许偏差应符合湿拌砂浆原材料计量允许偏差的规定，见表2-30。

表2-30 湿拌砂浆原材料计量允许偏差

原材料品种	水泥	细骨料	矿物掺合料	外加剂	添加剂	水
每盘计量允许偏差（%）	±2	±3	±2	±2	±2	±2
累计计量允许偏差（%）	±1	±2	±1	±1	±1	±1

注：累计计量允许偏差是指每一运输车中各盘砂浆的每种原材料计量和的偏差。

467. 湿拌砂浆冬期施工中，原材料加热有什么要求？

湿拌砂浆冬期施工时，一般温度低于0℃时砂浆工程就停止施工，工程赶工期有特殊需求，原材料使用可依据《建筑工程冬期施工规程》（JGJ/T 104—2011），对砂浆原材料加热、搅拌、运输。注意加热后的原材料对砂浆保塑时间及砂浆其他性能的影响，根据需求试验验证，以不影响砂浆保塑时间及砂浆其他性能为原则选用。

（1）宜优先采用加热水的方法，当加热水仍不能满足要求时，可对砂进行加热。水和骨料加热的最高温度应符合表 2-31 的规定。

表 2-31　水和骨料加热的最高温度

水泥强度等级	拌合水（℃）	骨料（℃）
小于 42.5	80	60
42.5、42.5R 及以上	60	40

（2）当水和砂的温度仍不能满足热工计算要求时，可提高水温至 100℃，但水泥不得与 80℃以上的水直接接触。

（3）水泥不得直接加热。

（4）水加热可采用水箱内蒸汽加热、蒸汽（热水）排管循环加热等方式。加热使用的水箱应予保温，其容积能使水达到规定的使用要求。

（5）对拌合水加热要求水温准确、供应及时，有足够的热水量，保证先后用水温度一致。

468. 冬期施工期规定时间有什么要求？

室外日平均气温连续 5d 稳定低于 5℃时，作为划定冬期施工的界限，其技术效果和经济效果均比较好。若冬期施工期规定得太短，或者应采取冬期施工措施时没有采取，都会导致技术上的失误，造成工程质量事故；若冬期施工期规定得太长，将增加冬期施工费用和工程造价，并给施工带来不必要的麻烦。

469. 冬期施工，生产过程中的测温有什么要求？

冬期施工，湿拌砂浆生产过程中的测温项目与频次标准中无具体要求，可根据生产施工的实际需求及参考混凝土测温施工规定进行；测温项目与频次应符合表 2-32 的规定。

表 2-32　冬期施工生产过程中的测温项目与频次

测温项目	频次
环境温度	每昼夜不少于 4 次，并测量最高、最低温度
搅拌层温度	每一工作班不少于 4 次
水、水泥、矿物掺合料、砂、外加剂	每一工作班不少于 4 次
拌合物出机	每一工作班不少于 4 次

470. 冬期施工砌筑工程所用材料应符合哪些规定？

（1）砖、砌块在砌筑前，应清除表面污物、冰雪等，不得使用遭水浸和受冻后表面结冰、污染的砖或砌块；

（2）砌筑砂浆宜采用普通硅酸盐水泥配制，不得使用无水泥拌制的砂浆；

（3）砂浆所用砂中不得含有直径大于 10mm 的冻结块或冰块；

（4）石灰膏、电石渣膏等材料应有保温措施，遭冻结时应经融化后方可使用；

（5）砂浆拌合水温不宜超过 80℃，砂加热温度不宜超过 40℃，且水泥不得与 80℃

以上热水直接接触；砂浆稠度宜较常温适当增大，且不得二次加水调整砂浆和易性。

471. 什么砂中不能含有冰块和大于 10mm 的冻结块？

砂中含有冰块和大于 10mm 的冻结块，将影响砂浆的均匀性、强度增长和砌体灰缝厚度的控制。

472. 砌体工程冬期施工有何规定？

（1）砌筑施工时，砂浆温度不应低于 5℃。

（2）当设计无要求，且最低气温等于或低于－15℃时，砌体砂浆强度等级应较常温施工提高一级。

（3）氯盐砂浆中复掺引气型外加剂时，应在氯盐砂浆搅拌的后期掺入。

（4）采用氯盐砂浆时，应对砌体中配置的钢筋及钢预埋件进行防腐处理。

（5）砌体采用氯盐砂浆施工，每日砌筑高度不宜超过 1.2m，墙体留置的洞口，距交接墙处不应小于 500mm。

473. 冬季砂浆施工有什么规定？

（1）室外工程施工不得在五级及以上大风或雨、雪天气下进行。施工前，应采取挡风措施。

（2）外墙抹灰后需进行涂料施工时，抹灰砂浆内所掺的防冻剂品种应与所选用的涂料材质相匹配，具有良好的相溶性，防冻剂掺量和使用效果应通过试验确定。

（3）砂浆施工前，应将墙体基层表面的冰、雪、霜等清理干净。

（4）室内抹灰前，应提前做好屋面防水层、保温层及室内封闭保温层。

（5）室内装饰施工可采用建筑物正式热源、临时性管道或火炉、电气取暖。若采用火炉取暖时，应采取预防煤气中毒的措施。

（6）室内抹灰、块料装饰工程施工与养护期间的温度不应低于 5℃。

（7）冬期抹灰及粘贴面砖所用砂浆应采取保温、防冻措施。室外用砂浆内可掺入防冻剂，其掺量应根据施工及养护期间环境温度经试验确定。

474. 冬季施工砂浆抹灰工程有何规定？

（1）室内抹灰的环境温度不应低于 5℃。抹灰前，应将门口和窗口、外墙脚手眼或孔洞等封堵好，施工洞口、运料口及楼梯间等处应封闭保温。

（2）湿拌砂浆根据冬期生产要求规定搅拌，冬季湿拌砂浆需做好防冻措施，湿拌砂浆有长时间放置的特性，加防冻外加剂不能解决长时间负温状态保持不冻，湿拌砂浆加防冻外加剂只起到调整砂浆活性的作用，所以冬期砂浆施工时，保持施工现场从施工时段至砂浆成型凝结此阶段的标准温、湿度、风度等环境条件符合相关规定，可保证砂浆施工质量，砂浆运输过程中应进行保温。

（3）室内抹灰工程结束后，在 7d 以内应保持室内温度不低于 5℃。当采用热空气加温时，应注意通风，排除湿气。当抹灰砂浆中掺入防冻剂时，温度可相应降低。

（4）室外抹灰采用冷作法施工时，可使用掺防冻剂水泥砂浆或水泥混合砂浆。

（5）含氯盐的防冻剂不宜用于有高压电源部位和有油漆墙面的水泥砂浆基层内。

（6）砂浆防冻剂的掺量应按使用温度与产品说明书的规定经试验确定。当采用氯化钠作为砂浆防冻剂时，其掺量可按表 2-33 选用。当采用亚硝酸钠作为砂浆防冻剂时，其掺量可按表 2-34 选用。掺氯盐的砂浆氯离子含量较大，为避免氯离子对钢筋的腐蚀，确保结构的耐久性，作此规定。

表 2-33 砂浆内氯化钠掺量

室外气温（℃）		0～－5	－5～－10
氯化钠掺量（占拌合水质量百分比，%）	挑檐、阳台、雨罩、墙面等抹水泥砂浆	4	4～8
	墙面为水刷石、干粘石水泥砂浆	5	5～10

表 2-34 砂浆内亚硝酸钠掺量

室外气温（℃）	0～－3	－4～－9	－10～－15	－16～－20
亚硝酸钠掺量（占水泥质量百分比，%）	1	3	5	8

（7）当抹灰基层表面有冰、霜、雪时，可采用与抹灰砂浆同浓度的防冻剂溶液冲刷，并应清除表面的尘土。

（8）当施工要求分层抹灰时，底层灰不得受冻。抹灰砂浆在硬化初期应采取防止受冻的保温措施。

（9）有关研究表明，当气温等于或低于－15℃时，砂浆受冻后强度损失约为10%～30%。

475. 湿拌砂浆出厂检验项目是如何规定的？

湿拌砂浆出厂检验项目应符合表 2-35 的规定。

表 2-35 湿拌砂浆出厂检验项目

品种		出厂检验项目
湿拌砌筑砂浆		稠度、保水率、保塑时间、抗压强度
湿拌抹灰砂浆	普通抹灰砂浆	稠度、保水率、保塑时间、抗压强度、拉伸粘结强度
	机喷抹灰砂浆	稠度、保水率、保塑时间、压力泌水率、抗压强度、拉伸粘结强度
湿拌地面砂浆		稠度、保水率、保塑时间、抗压强度
湿拌防水砂浆		稠度、保水率、保塑时间、抗压强度、拉伸粘结强度、抗渗压力

476. 湿拌砂浆出厂检验取样与检验频率有何规定？

出厂检验的湿拌砂浆试样应在搅拌地点随机取样，取样频率和组批应符合下列规定：

（1）稠度、保水率、保塑时间、压力泌水率、湿拌砂浆密度、抗压强度和拉伸粘结强度检验的试样，每 $50m^3$ 相同配合比的湿拌砂浆取样不应少于 1 次；每一工作班相同配合比的湿拌砂浆不足 $50m^3$ 时，取样不应少于 1 次；

（2）抗渗压力、抗冻性、收缩率检验的试样，每 $100m^3$ 相同配合比的湿拌砂浆取样不应少于 1 次；每一工作班相同配合比的湿拌砂浆不足 $100m^3$ 时，取样不应少于 1 次。

477. 湿拌砂浆交货检验取样与检验频率有何规定？

交货检验的湿拌砂浆试样应在交货地点随机取样。当从运输车中取样时，湿拌砂浆试样应在卸料过程中卸料量的1/4～3/4采取，且应从同一运输车中采取。

（1）交货检验的湿拌砂浆试样应及时取样，稠度、保水率、湿拌砂浆密度、压力泌水率试验应在湿拌砂浆运到交货地点时开始算起20min内完成，其他性能检验用试件的制作应在30min内完成。

（2）试验取样的总量不宜少于试验用量的3倍。

478. 湿拌砂浆发货、交货规定包括哪些内容？

（1）供需双方应在合同规定的地点交货。

（2）交货时，供方应随每一运输车向需方提供所运送预拌砂浆的发货单。预拌湿拌砂浆经出厂检验确认各项质量指标符合要求时，随车开具发货单；发货单应包括以下内容：合同编号，发货单编号，需方，供方，工程名称，砂浆标记，砂浆出厂性能指标，供货日期，供货量，供需双方确认手续，发车时间和到达时间、卸料时间等。

（3）供方提供发货单时应附上产品质量证明文件。

（4）需方应指定专人及时对所供预拌砂浆的质量、数量进行确认。

（5）湿拌砂浆供货量以立方米（m^3）为计算单位。

479. 湿拌砂浆施工应用的基本规定有哪些？

湿拌砂浆的品种选用应根据设计、施工等的要求确定。

不同品种、规格的湿拌砂浆不应混合使用。

湿拌砂浆施工前，施工单位应根据设计和工程要求及预拌砂浆产品说明书等编制施工方案，并应按施工方案进行施工。

湿拌砂浆施工时，施工环境温度宜为5℃～35℃。当温度低于5℃或高于35℃施工时，应采取保证工程质量的措施。五级风及以上、雨天和雪天的露天环境条件下，不应进行湿拌砂浆施工。

施工单位应建立各道工序的自检、互检和专职人员检验制度，并应有完整的施工检查记录。

湿拌砂浆抗压强度、实体拉伸粘结强度应按验收批进行评定。

480. 湿拌砂浆进场检验应符合哪些要求？

（1）湿拌砂浆进场时，应按《预拌砂浆应用技术规程》（JGJ/T 223—2010）的规定进行进场检验，见表2-36。

表2-36　湿拌砂浆进场检验项目和检验批量

<table>
<tr><th>序号</th><th>品种</th><th>进场检验</th><th>批量</th></tr>
<tr><td>1</td><td>湿拌砌筑砂浆</td><td>保水率、抗压强度</td><td rowspan="4">同一生产厂家、同一品种、同一等级、同一批号且连续进场的湿拌砂浆，每250m³为一个检验批，不足250m³时，应按一个检验批计</td></tr>
<tr><td>2</td><td>湿拌抹灰砂浆</td><td>保水率、抗压强度、14d拉伸粘结强度</td></tr>
<tr><td>3</td><td>湿拌地面砂浆</td><td>保水率、抗压强度</td></tr>
<tr><td>4</td><td>湿拌防水砂浆</td><td>保水率、抗压强度、14d拉伸粘结强度、抗渗压力</td></tr>
</table>

（2）当湿拌砂浆进场检验项目全部符合《预拌砂浆》（GB/T 25181—2019）的规定时，该批产品可判定为合格；当有一项不符合要求时，该批产品应判定为不合格。

481. 施工现场对湿拌砂浆储存有什么规定？

（1）施工现场宜配备湿拌砂浆储存容器，并应符合下列规定：

① 储存容器应密闭、不吸水；

② 储存容器的数量、容量应满足砂浆品种、供货量的要求；

③ 储存容器使用时，内部应无杂物、无明水；

④ 储存容器应便于储运、清洗和砂浆存取；

⑤ 砂浆存取时，应有防雨措施；

⑥ 储存容器宜采取遮阳、保温等措施。

（2）不同品种、强度等级的湿拌砂浆应分别存放在不同的储存容器中，并应对储存容器进行标识，标识内容应包括砂浆的品种、强度等级和使用时限等。砂浆应先存先用。

（3）湿拌砂浆在储存及使用过程中不应加水。砂浆存放过程中，当出现少量泌水时，应拌和均匀后使用。砂浆用完后，应立即清理其储存容器。

（4）湿拌砂浆储存地点的环境温度宜为5℃～35℃。

482. 用于砖、石、砌块等块材砌筑所用湿拌砌筑砂浆有什么技术要求？

（1）砌筑砂浆的稠度可按《预拌砂浆应用技术规程》（JGJ/T 223—2010）的规定，具体按表2-37选用。

表2-37　砌筑砂浆的稠度

砌体种类	砂浆稠度（mm）
烧结普通砖砌体、粉煤灰砖砌体	70～90
混凝土多孔砖、实心砖砌体、普通混凝土小型空心砌块砌体、蒸压灰砂砖砌体、蒸压粉煤灰砖砌体	50～70
烧结多孔砖、空心砖砌体、轻骨料混凝土小型空心砌块砌体、蒸压加气混凝土砌块砌体	60～80
石砌体	30～50

注：1. 砌筑其他块材时，砌筑砂浆的稠度可根据块材吸水特性及气候条件确定。

2. 采用薄层砂浆施工法砌筑蒸压加气混凝土砌块等砌体时，砌筑砂浆稠度可根据产品说明书确定。

（2）砌体砌筑时，块材应表面清洁，外观质量合格，产品龄期应符合国家现行有关标准的规定。

483. 湿拌砌筑砂浆施工所用的块材如何事先处理？

（1）砌筑非烧结砖或砌块砌体时，块材的含水率应符合国家现行有关标准的规定。

（2）砌筑烧结普通砖、烧结多孔砖、蒸压灰砂砖、蒸压粉煤灰砖砌体时，砖应提前浇水湿润，并宜符合国家现行有关标准的规定。

（3）不应采用干砖或处于吸水饱和状态的砖。

（4）砌筑普通混凝土小型空心砌块、混凝土多孔砖及混凝土实心砖砌体时，不宜对其浇水湿润；当天气干燥炎热时，宜在砌筑前对其喷水湿润。

(5) 砌筑轻骨料混凝土小型空心砌块砌体时，应提前浇水湿润。砌筑时，砌块表面不应有明水。

(6) 采用薄层砂浆施工法砌筑蒸压加气混凝土砌块砌体时，砌块不宜湿润。

484. 签发砂浆配合比通知单的依据是什么？

(1) 实验室根据砂浆生产任务单的要求，向生产、材料等部门下达砂浆配合比通知单。

(2) 签发砂浆配合比通知单的依据：

① 砂浆任务单中的有关要求，其中砂浆标记、施工方法、部位、运输时间和特殊要求是实验室签发时应重点考虑的内容。

② 实验室砂浆储备配合比。

③ 砂含水率以及砂中含石率（粒径大于4.75mm的颗粒）的测定结果。

实验室储备的砂浆配合比，一般不包括砂含水率，但实际生产中砂是有一定含水率的，而且含水率往往会受气候影响变化；砂浆用砂虽均过筛，因筛砂时会有筛网破损或漏筛现象，砂中不可避免会存在粗颗粒（含石）。因此，在签发砂浆配合比通知单前应测定砂含水率以及砂中含石率，并在砂浆配合比通知单中做出调整。

④ 砂级配的变化。实际生产时，砂的质量（规格、粒径等）是在一定范围内变化的，经常出现砂质量与砂浆配合比设计时所采用的砂质量不一致的情况。这就需要在签发砂浆配合比通知单时作适当调整。

⑤ 水泥、外加剂质量的变化。实际生产时，水泥、外加剂往往会出现质量波动的情况，需要在签发砂浆配合比通知单时作考虑。

485. 如何加强砂浆配合比通知单的签发？

(1) 实验室根据储备配合比，经试验、计算和调整后向生产、材料部门签发砂浆配合比通知单。

(2) 签发砂浆配合比通知单时应填写正确、清楚、项目齐全，确保各项内容均能被有关人员正确理解。

(3) 砂浆配合比通知单应包括生产日期、工程名称、砂浆强度、稠度、保塑时间、砂浆配合比编号、原材料的名称、品种、规格、所在筒仓的编号、配合比和每立方米砂浆所用原材料的实际用量等内容。

(4) 有特殊技术要求的砂浆（包括特殊材料、工艺或其他非常规要求）、高技术难度（高强度等级、超缓凝或其他超常规技术要求）的砂浆，由技术负责人编制施工方案。

486. 湿拌砂浆采用什么运输方式到工地？

湿拌砂浆通常采用搅拌罐车集中运送，砂浆在运输过程中不产生分层、离析。湿拌砂浆用量少，考虑实际成本结合其施工特点，常有“一拖多”（同品种型号）的供货方式，如一车料多个施工点输送，计量方式常以每个搅拌罐车的转速和出料量结合地磅计量，方量的计量精确度误差问题，需供需双方达成共识。从成本方面考虑，湿拌砂浆同混凝土搅拌站共用，物流车辆共用，这使设备投资、生产成本相比干混砂浆大幅减少。

湿拌砂浆车运输任务完成后，需要用水清洗干净搅拌罐车后，再去装混凝土材料；而装载混凝土的运输搅拌车，需要把罐体内的混凝土清理干净后，再装湿拌水泥砂浆。众所周知，砂浆和混凝土材料不仅是骨料大小的差异，还有外加剂品种的差异，即性能不同。

487. 湿拌砂浆运输、交货过程应满足什么要求?

(1) 采用专用搅拌运输车运送；搅拌车司机要经常对车辆进行检查、保养，使车辆保持良好的技术状况，并对发现的问题协助汽车修理工一同认真处理，严禁隐瞒车辆故障而进行装料。装料前必须对车辆进行一些常规检查，如油料是否足够，轮胎是否完好，拌筒里的清洗水是否倒干净等，如因司机原因造成砂浆的质量问题，应由司机负全责。

(2) 司机要熟悉砂浆性能，运输途中不得私自载客和载货，行使路线必须以工作目的地为准，尽量缩短运输时间。到达目的地后，要在发货单上注明到达时间。经过到场工地验收合格后方可卸料，当搅拌车卸完料后，要求立即找指定签单人员在发货单上注明卸完时间，核实数量并签字。

(3) 运输车在装料前，装料口应保持清洁，筒体内不应有积水、积浆及杂物，使砂浆运至储存地点后，不离析、不分层，组分不发生变化，并能保证施工所必需的稠度。

(4) 运输车应不吸水、不漏浆，料口应干净无废渣，并做好防雨、防晒、防冻措施。湿拌砂浆在运输过程中，搅拌运输车应低速转动罐体，并保证卸料及输送畅通；砂浆运至储存地点后，不离析、不分层，组分不发生变化，并能保证施工所必需的稠度；如司机不带防护措施导致砂浆性能变化无法调整而退料，由司机负全责。

(5) 砂浆出厂前后，不得随意加水。若施工人员擅自加水，司机应在发货单上注明原因，并向调度室汇报。当砂浆在运输过程中，如发生交通事故、遇到塞车或搅拌运输车出现故障及因工地原因造成搅拌车在施工现场停留时间过长而引起砂浆稠度损失过大，难以满足施工要求时，必须及时通知调度室，由调度室对整车料做出处理指令。这时可根据砂浆停留时间长短，考虑采取二次调整的办法来调整砂浆的稠度、保水性，同时必须在质检员监督下进行而不得擅自加水处理。如果仍然达不到施工要求，则应对整车料作报废处理，以确保砂浆的施工质量。

(6) 放置砂浆处应提前清理干净，无任何杂物。地面未预湿或有积水时不得进行卸料，防止砂浆因地面干燥而导致砂浆失水过快，影响保塑时间，防止砂浆被掺入杂物或被水浸泡等影响砂浆的质量。

(7) 司机在工地发生的任何意外事件如刮碰、过磅等必须立即通知调度室，经调度室同意之后方可处理或过磅等。

(8) 冬季砂浆在运输中要做好保温并在室内或暖棚内集中储存，随要随用，保证其内部不得有冻块，防止冻结。搅拌好的砂浆应储存在暖棚内，暖棚内环境温度保持5℃以上，砂浆使用时温度保持在5℃以上，砂浆使用过程中禁止使用二次加水造成砂浆离析、跑浆、泌水、分层等施工性差的砂浆，禁止使用已结冻有冰块的砂浆。夏季砂浆运送需要做好防晒、防止水分流失措施。砂浆储存池要做好防晒封闭措施，夏季气温高，需要尽快在砂浆的开放时间内用完。

(9) 供需双方应在合同规定的地点交货，供需双方确认签收；交货时，供方应随每一运输车向需方提供所运送湿拌砂浆的发货单。发货单应包括以下内容：合同编码，发货单编号，工程名称，施工部位，需方名称，供方名称，砂浆标记，技术要求，供货日期，运输车牌号，供货量，装料时间，进场时间，保塑时间，产品交货时应附产品质量证明文件。

(10) 预拌砂浆用搅拌车运输的延续时间根据实际情况做出相应规定。

488. 湿拌砂浆的储存有何要求？

湿拌砂浆进场前应准备好湿拌砂浆存放设施，湿拌砂浆运输罐车到达施工现场后把湿拌砂浆倒进专用砂浆储料池中。储料池可采用普通砌块等砌筑，保证具有足够强度装置砂浆即可。储料池的数量、容量应满足砂浆品种、供货量的要求；基本原则是便于储运、罐车卸料、砂浆池清洗和存取。

储料池应做防漏、防渗水措施，顶部做防雨和防晒处理，避免雨淋和阳光直晒，同时避免强风吹刮。砂浆储存容器使用时，应保证内部无积水、杂物。湿拌砂浆存放期间要设置避免水分过度流失的防护措施。不同品种、强度等级的湿拌砂浆应分别存放在不同的储料池内，并对储料池进行标识。一般情况下，湿拌砂浆应该在其技术范围的保塑时间内使用完毕。

489. 湿拌砂浆储存时的注意事项有哪些？

为保证湿拌砂浆的质量，提高现场管理水平，砂浆储存时应注意以下几点：

(1) 湿拌砂浆属于缓凝产品，保塑时间一般不大于24h。有时需要长时间储存，所以砂浆运至储存地点除直接使用外，需要专业的砂浆储存池储存。

(2) 储存前储料池必须清空，保证其内部不得有积水、冻块及其他杂物，定期清理，出料口保持通畅。

(3) 砂浆应放到储料池的刻度线，并予以确认；随后覆盖。一个储料池一次只能储存一个品种的砂浆。

(4) 储料池应有明显标示，标明砂浆的种类、数量和储存的起始时间、保塑时间。

(5) 使用时应集中进行，避免砂浆的水分多次蒸发。

(6) 砂浆应在规定使用时间内使用完毕，不得使用超过凝结时间的砂浆。

(7) 砂浆在储料池中严禁随意加水。

(8) 砂浆储存在储料池中，可能会出现少量泌水现象，使用前应搅拌。

(9) 储存地点的气温最高不宜超过37℃，最低不宜低于5℃。储料池应避免阳光直射和雨淋。

(10) 砂浆使用完毕后，应立即清除残留在储料池壁上、池底和塑料布上的少量砂浆残余物。

(11) 砂浆到现场后提前由建筑工人采用运输小车或者塔式起重机料斗将其运送至各楼层，分配给建筑工人使用，砂浆在楼层中存储的技术要求如下：

① 直接置于楼层地面。地面必须提前预湿，或者垫层塑料薄膜，防止砂浆因地面干燥而过度吸水，影响砂浆的开放时间，如若存储时间较长，砂浆表面也喷雾湿润，防止表面水分过度蒸发。

② 接料斗存储。接料斗可采用厚度为 2～4mm 的铁皮制作，容量为可存放两三个斗车砂浆即可。主要用于存储砌筑砂浆，由建筑工人将砂浆池砂浆运送到每个楼层，根据要求将砂浆放置在接料斗中分配给砌筑工人，这样可避免湿拌砂浆与地面接触导致水分损失，确保砂浆的保塑时间稳定。

490. 生产配合比应该怎么计算？

理论配合比（试验室配合比）中的砂石用量是全干或气干状态下的质量，在生产之前需要根据砂石实测含水率对理论配合比进行计算调整，以表 2-38 为例说明。

表 2-38　实验室理论配比和生产配比的换算关系

原材料名称	水泥	掺合料	砂	外加剂	水
理论配合比用量（kg/m³）	300	60	1300	7	220
砂含水率（%）	0	0	6	—	—
生产配合比用量（kg/m³）	300	60	1378	7	142

假设砂含水率为 6%，则生产配合比中砂子引入的用水量为 1300×6%＝78（kg/m³），那么相应生产配合比中的砂子用量调整为 1300＋78＝1378（kg/m³），用水量则需要调整为 220－78＝142（kg/m³）。

491. 什么是湿拌砂浆的搅拌理论？

湿拌砂浆均采用机械搅拌，常用的搅拌机械对湿拌砂浆搅拌均匀的机理主要包括重力搅拌机理、剪切搅拌机理和对流搅拌机理。

（1）重力搅拌机理

物料刚投入搅拌机中时，其相互之间的接触面最小，随着搅拌筒或搅拌叶片的旋转（视搅拌机类型而异），物料被提升到一定的高度，然后物料在重力的作用下自由下落，从而达到相互混合的目的，这种机理称为重力搅拌机理。

物料的运动轨迹，既有上部物料颗粒克服与搅拌筒的粘结力做抛物线自由下落的轨迹，也有下部物料表面颗粒克服与物料的粘结力做直线滑动和螺旋线滚动的轨迹。由于下落的时间、落点的远近以及滚动的距离各不相同，使物料之间产生相互穿插、翻拌等作用，从而达到均匀搅拌的目的。

（2）剪切搅拌机理

在外力作用下，使物料做无滚动的相对位移而达到均匀搅拌的机理，称为剪切搅拌机理。物料被搅拌叶片带动，强制式地做环向、径向、竖向等运动，以增加剪切位移，直至拌合物被搅拌均匀。

（3）对流搅拌机理

在外力的作用下，使物料产生以对流作用为主的搅拌机理，称为对流搅拌机理。在筒壁内侧无直立板的圆筒形搅拌筒内，由于颗粒运动的速度和轨迹不同，使物料发生混合作用，此时接近搅拌叶片的物料被混合得最充分，而筒底则易形成死角。为了避免筒底死角的形成，可在筒壁内侧设置直立挡板，这样不但可以形成对流，而且在两个相邻直立挡板间的扇形区域内沿筒底平面还可形成局部环流。

492. 什么是湿拌砂浆搅拌均匀性?

湿拌砂浆拌合物的匀质性是指湿拌砂浆拌合物中各组分材料在宏观上和微观上的均匀程度，主要是指拌合物中各组分在空间分布均匀的程度，分布均匀程度越高说明湿拌砂浆的均匀性越好。当湿拌砂浆材料组成及掺量相同时，匀质性差的湿拌砂浆，其拌合物性能、力学性能及耐久性等均会降低。

493. 影响湿拌砂浆搅拌质量的因素有哪些?

(1) 材料因素

通常，液相材料的黏度、密度及表面张力是影响搅拌质量的主要因素。黏度和密度较大的液相材料，搅拌均匀所需要的时间较长或搅拌机所需要的动力较大。表面张力大的液相材料也难以被搅拌均匀，一般需要采用表面活性剂来降低液相材料的表面张力。

固体材料的密度、粒度、形状、含水率等是影响搅拌质量的主要因素。密度差小、粒径小、级配良好、针片状含量小、含水率低且接近的固体材料更容易被搅拌均匀。

湿拌砂浆是液体材料与固体材料的混合物，水泥浆体黏度低且内聚力好、骨料粒形和级配合理、配合比合理时，湿拌砂浆容易搅拌均匀。通常在湿拌砂浆中掺入矿物掺合料和减水剂来提高搅拌质量，从而达到均匀搅拌的目的。

(2) 设备因素

当原材料和配合比不变时，搅拌机的类型及转速等对湿拌砂浆搅拌均匀性有重要的影响。

(3) 工艺因素

在原材料、配合比、搅拌设备不变时，良好的工艺因素能提高搅拌质量或缩短搅拌时间。这些工艺因素主要包括搅拌机搅拌量、投料顺序和搅拌时间等。

494. 干混砂浆生产线基本组成有哪些?

干混砂浆生产线的基本组成设备有：砂预处理（天然砂干燥、机制砂破碎生产、筛分、输送）系统、各种粉状物料仓储系统、配料计量系统、混合搅拌系统、包装系统、收尘系统、电气控制系统及辅助系统等。

495. 干混砂浆生产砂预处理系统工艺有哪些?

砂的预处理分为破碎砂处理和天然砂砂处理。

破碎砂处理过程包括：从石料矿运回粗料，然后进行破碎、干燥、(碾磨)、筛分、储存。

天然砂处理过程有干燥、筛分。

部分有条件的厂家可直接采购成品砂。

干混砂浆与湿拌砂浆的区别在于各组分都是干物料混合，产品是干粉（包含颗粒）状的混合物。干混砂浆原材料除砂外都是干物料，砂是干混砂浆的主要成分，其比例为70%左右。

（1）天然砂干燥、筛分

天然砂的含水率变化范围大，而用于干混砂浆的砂的含水率必须控制在0.5%以下，且须贮存在密封容器内，否则将严重影响成品干混砂浆的贮存时间，所以，首先应对天然砂进行烘干处理工艺。天然砂为不定型二氧化硅，化学结构稳定，其杂质为云母和淤泥。通过烘干和除尘工艺，砂的含水率可从5%～8%降低到0.5%以下，并且云母和淤泥在旋风收尘作用下，其含量也大大下降。为此，应对市场上采购的天然砂进行含水率测定、干燥、筛分、输送等处理。

（2）砂含水率测定

使成品砂浆中不含水分是保证干混砂浆质量的关键，为此应严格控制砂的含水率。为了精确地控制干砂机滚筒的转速，必须测出砂中的含水率。目前大多采用微波自动显示测湿系统测定砂的含水率，其原理是水对微波具有高吸收能力，不同含水率的砂，其微波吸收程度也不相同。通过微波能量场的变化，测量出正在通过的物料湿度百分比。由于各种物料的粒径区别和含有杂质的不同，还需要实测和修正。

将微波测湿传感器装置于砂仓壁上，与计算机控制系统闭环控制程序接通，其主要组成如图2-3所示。自动显示检测系统可显示流动物料的瞬时湿度，也可同时显示流动物料在一段时间内的平均湿度百分比。根据测定到的砂含水率对砂的干燥速度实现自动调整。也可采用实验室测定方法预先设定烘干速度。

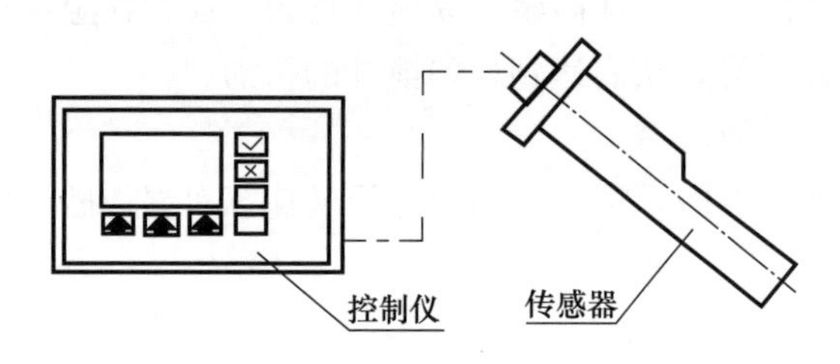

图2-3　测湿系统

（3）天然砂干燥

烘干设备一般为热风炉、烘干机和除尘器。热风炉可由煤或油或天然气燃烧产生热源，经风机引入烘干机与湿砂形成热交换，而达到烘干物料之功效。烘干机一般分为流化床和回转式滚筒干燥机。前者投资大，热效率高，后者投资少，经济耐用。我国目前干混砂浆生产企业以回转式滚筒干燥机为主。

振动流化床式干燥机。该设备技术较为先进，运行成本低，流化床的振动支撑阻力有弹簧和压缩空气式两种。振动流化床式干燥机和滚筒式干燥机相比，其优点有：高效、经济、几乎无辐射热损失、无机械运动、低磨损、维修保养费用低、启动时间短、噪声低、环保性能好等。设备工作时物料在给定方向的激烈振动力作用下跳跃前进，同时床底输入一定温度的热风，使物料处于流化状态，物料与热风充分接触，混合气由引风机从排出口引出，从而达到理想的干燥效果。

回转式滚筒干燥机按物料在其中的行程，可分为单回程、双回程和三回程烘干机，燃烧器可按用户需求配置燃油、燃气、燃煤粉等多种形式，并可根据砂的含水率对干燥速度实现人工或自动调节控制。其中单回程烘干机的结构及设计制造相对简单，维护方便，但占地面积较大，能耗大。目前推荐使用环保节能型的新颖三回程干燥机，其结构紧密、工作可靠、能耗低、烘干效果好、设备燃料取材方便、造价低，适用于中小型干混砂浆生产设备配套。

三筒干燥机是替代传统烘干设备的环保节能型新颖烘干设备。该设备由三个不同直径的同心圆筒按照一定的数学关系和结构形式，彼此相嵌组合而成。根据热功原理，筒内装有不同角度和间距的扬料板和导料板，由于这种特殊的结构形式，能够保证被烘干物料在重力作用下沿着热气流的运动方向运动，在烘干筒内保持足够的停留时间和充分的分散度，致使物料在烘干筒内与来自燃烧室内的热气流进行充分热交换，消除了常规烘干设备筒内截面常出现风洞而引起的热交换面积小、单位容积蒸发强度低的缺陷。同时由于特殊的三筒结构，内筒和中筒被外筒包围而形成了一个自身保温系统，内筒、中筒体表面散发的热量参与到外一层筒内物料的热交换，而外筒又处在热气流的低温端，所以筒体的散热面积和损失大大减少。

三筒多回程烘干能充分利用余热，减少散热损失，增加热交换面积，使烘干机的单位容积蒸发强度大大提高，从而有效地提高了热能利用率，降低了能耗，使三筒烘干机的热效率得到较大幅度的提高。与相同规格的单筒烘干机相比，热效率提高 40%～55%，节约能耗 50%以上。由于三筒烘干机的特殊结构，致使筒体的长度大大缩短，这就减少了占地面积，设备占地面积比单筒烘干机节约 50%左右，土地投资相应降低。同时，这种三筒式结构不用大小齿轮，而是采用托轮与轮带的摩擦传动，降低了造价、传动功率和噪声；密封部分采用微接触密封，提高了密封效果，减少了粉尘污染。

砂的烘干质量控制要点是：砂的喂料速度和燃料的燃烧方式。砂的出机水分应控制在 0.5%以下，温度应控制在 105℃～120℃。干砂从烘干机出机到混合机混合，应保证干砂充分冷却。

（4）干砂的筛分

砂的筛分工序，与湿拌砂浆中砂的过筛工序相比，可选择设备和过筛方式较多。例如，可以在砂进入烘干机前筛分，也可在砂烘干以后筛分。从筛分效率讲，干砂的筛分效率高，湿砂的效率低；从节约能源角度讲，湿砂可筛除要除去、不用烘干的大颗粒，比较节能。通常的布置是：分两道筛分工序，第一道筛除粒径 20mm 以上的大颗粒，砂经烘干机后，再经第二道筛分除去粒径 5mm 以上颗粒。有的企业在第二道筛分机上设置多重筛网，对干砂按粒径进行分级。

筛分机按形式可分为直线振动筛和回转式滚筒筛。

生产中应定期检查筛网是否堵塞和破损，并定期更换。

（5）干砂的输送

干砂的输送不同于水泥、石灰粉及矿物掺合料等，应采用斗式提升机或皮带运输机。

斗式提升机：该机在带或链等绕性牵引构件上，每隔一定间隙安装若干个钢质沼斗，作连续向上输送物料。斗式提升机具有占地面积小，输送能力大，输送高度高（一般为 30～40m，最高可达 80m），密封性好等特点。

皮带运输机：采用皮带运输机的优点是生产效率高，不受气候的影响，可以连续作业而不易产生故障，维修费用低，只需定期对某些运动件加注润滑油。为了改善环境条件，防止骨料的飞散和雨水混入，可在皮带运输机上安装防护罩壳。

496. 干混砂浆生产物料仓储系统有何要求？

干混砂浆除骨料（干砂）外，还有胶凝材料、掺合料、外加剂、添加剂等物料。水泥等填充料必须储存于密封的筒仓内，除化学外加剂可采用人工投料外，其余物料一般采用气力输送设备和螺旋排料系统进入筒仓。筒仓的数量和大小与生产品种、生产规模等因素有关。一般的生产厂必须具备以下几个配料仓：通用硅酸盐水泥仓、白水泥仓、粉煤灰仓、不同粒的砂仓、保水增稠材料仓、各种添加剂仓。砂浆品种多或者生产规模大的生产厂应根据生产需要建立足够的配料仓。筒仓内的材料使用状况由料位指示器来监视，同时控制上料。

向筒仓内输送物料，可采用管道气力输送或斗式提升机输送，也可采用螺旋输送机输送。现在许多散装输送车都有输送泵，只要在筒仓上装一根输送管即可。把水泥输送车上的管道与筒仓上的管道用快速接头相连接，开动车上的输送泵，即可将粉料泵入筒仓中。

从筒仓向混合机的供料输送一般采用管道气力输送和螺旋输送机输送，干砂一般采用斗式提升机。

螺旋输送机是利用电机带动螺旋回转，推移物料以实现输送的目的，它能水平、倾斜输送，具有结构简单、截面积小、便于封闭输送、可多点加料或卸料等优点，适合于输送各类粉状、粒状和小块散料等。

为了防止物料在筒仓内部拥塞，筒仓一般都设有不同形式的破拱装置，用以保证连续供料。筒仓的出口尺寸和壁的倾斜角度应考虑完全排料。为了检测筒仓内的储存量，在仓内设置有各种料位指示器。为了消除粉尘污染，采用仓顶收尘器进行除尘。

497. 干混砂浆生产配料计量系统有何要求？

配料计量是干混砂浆生产过程中的一项重要工序，它直接影响到产品的配比质量，因此精确、高效的配料计量设备和先进的自动化控制手段是生产高质量干混砂浆的可靠保证。

配料计量系统采用精确的全电子秤和先进的微机控制，并具有落差跟踪、称置误差自动补偿、故障诊断等功能，可靠的送排料系统保证了物料排送时的均匀流畅，以达到精确的计量效果，有效地保证了产品的质量。

配料计量包括砂、胶凝材料、添加剂等的计量。砂、胶凝材料的计量采用料仓秤，用双速螺旋给料机将砂、胶凝材料从料仓中输送到料仓秤上。每种配料称量一般分三个阶段：第一，将料高速输入；第二，将料低速输入；第三，校准秤获得料的质量。输送速度采用交频器。在计量结束后，采用气动圆盘式闸门中断配料输入。

料仓秤最大称量值是根据混合机最大加料量确定的。对于砂料仓秤，混合机最大加料量为100％，而胶凝材料为50％。料仓秤需做成密封的结构形式。在料仓秤装满时排出含尘空气，并对含尘空气采用吸尘系统或者压力式收尘器进行净化。收下的灰尘重新回到系统中。

应注意的是，生产特种干混砂浆时，添加剂的计量应考虑添加剂的流动性、黏附性、吸潮性和计量的精度控制。有的添加剂每盘料的称量可能只有几百克，对螺旋螺距要求非常高，生产厂家不得不采取人工计量和投料。因此，从生产质量稳定考虑，应尽量避免人工投料。如果只能采用人工投料，应有连锁装置，确保有人工的质量控制手段。目前，我国国产生产设备企业已通过对添加剂等小料的计量实现螺旋计量设备的开发。

498. 干混砂浆生产混合搅拌系统有何要求？

干混砂浆的混合工艺与湿拌砂浆有较大的区别。干混砂浆混合时原材料不含水分，混合机混合形式与搅拌机有较大的差别。干混砂浆混合机起初是立式锥形混合机，之后发展为卧式混合机。目前，卧式混合机已成为干混砂浆生产企业的首选。

卧式混合机可分为犁刀式混合机、双轴桨叶式混合机、卧式螺带式混合机三种机型，有的在筒体配备飞刀。卧式混合机国外的技术路线是高转速、小容量、混合时间短，即混合机转速高，混合机容量一般为 1～1.5m³，混合时间 90s。国内的技术路线是低转速、大容量、混合时间长，即混合机转速低，混合机容量一般为 6～10m³，混合时间 6～8min。

国产混合机的原理及特点：

（1）立式混合机

立式混合机有立式单螺旋混合机和立式双轴螺带锥形混合机。立式单螺旋混合机中间一条螺旋提升分散混合，但由于机器高度约 3m，靠重力作用下降分散混合，使得密度不同的物料难以混合均匀，效率低、速度慢，且放料时下部残余多，混合均匀度只有80％。只适合低档腻子粉的混合，不能用来生产高档腻子粉、保温干混砂浆等。

立式双轴螺带锥形混合机具有锥形机体，通过双轴双螺带将各种生产原料向不同的角度推动达到混合均匀的效果，能有效避免死角，提高混合均匀度，且无残余，但它有以下缺点：①机体高度太高，安装不方便，且提高了各种生产原料输送高度；②容积小，混合量少，利用率低，增加生产成本，难以满足大批量生产的需要。一般流水生产线不采用立式双轴螺带锥形混合机。

（2）卧式混合机

卧式混合机避免了立式混合机因重力作用引起的不同密度原材料在混合过程中出现分层的现象，且设备安装方便，成本低。卧式混合机主要有三种：卧式单轴单螺带混合机、卧式单轴多螺带混合机和卧式双轴双桨叶无重力混合机。

卧式单轴单螺带混合机工作时，由单螺带推动物料向一个方向运动，其混合效率较低，残留量较大，适合不加添加剂的膏状水泥砂浆的混合，不适合腻子粉、外保温砂浆干混料等粉体材料的搅拌混合。

卧式单轴多螺带混合机采用卧式筒体，单轴连起内外二至三层螺旋带，生产原料向不同的方向充分混合，外层螺带和筒体间距离极小，放料后残留少。卧式机体下部设有下开活动以便更换不同品种砂浆时清扫。安装方便，噪声小，混合效率高，适合各种干混砂浆的生产，而且价格低廉，是较理想的生产设备。

卧式双轴双桨叶混合机属于无重力混合机，广泛用于腻子粉、干混砂浆、保温砂浆等粉体材料的混合搅拌。无重力混合机卧式筒体内装有双轴旋转反向的桨叶，桨叶成一定角度，产生沿轴向、径向循环翻搅，使各种原料迅速混合均匀。减速机带动双轴的旋转速度与桨叶的结构会使物料重力减弱，随着重力的消失，各物料存在的颗粒大小、比重悬殊的差异在混合过程中消失。激烈的搅拌运动缩短了一次混合的时间，更快速、更高效。

生产普通干混砂浆一般选用国产卧式混合机；生产特种干混砂浆的主流企业选择进口混合机。干混砂浆的混合时间因砂浆品种不同，各组分物料的比例不同，各物料的流动性不同，各物料的颗粒大小不同和各物料的密度不同，其混合时间也不尽相同，均应通过试生产决定。其质量控制点是干混砂浆的匀质性，可通过筛分和强度试验来确定混合时间。

混合工序的另一个质量控制点是混合机的残余物和清洗，这里的清洗不是指用水清洗混合机，而是指企业在更换品种时，用压缩空气或干砂或石粉对混合机进行清洗，清除前一品种砂浆在混合机内的残余物。混合机的机械加工精度越高，机内残余物也就越少，清洗的难度也就越低。混合机容积小，残余物相应少，清洗也方便。如果生产线以生产特种干混砂浆为主，需经常更换品种，此时应选用小容积的混合机，以便于清洗。如果以生产普通干混砂浆为主，更换品种时不需要清洗，可选择大容积的混合机。

499. 干混砂浆生产包装系统有何技术要求?

干混砂浆产品按包装形式分为袋装产品和散装产品。袋装产品可用包装机包装，散装产品可放入专用的散装筒仓或专用散装运输罐车中。

目前粉状产品的包装机一般有三种：吹气装料包装机、气室式装料包装机和蜗轮式装料包装机。

吹气装料包装机价格较低，但包装速度较慢，一般不被采用，仅用于类似液体流动的、很松散的细分散状产品的包装，不适于其他粉状产品包装，因为容易引起产品离析。

包装机的计量精确度，根据不同的产品有不同的要求，成本越高的产品计量精确度要求越高。现在的包装机上一般有两种计量器：机械计量器和电子计量器。目前更先进的电子计量器具有存储器，事先输入所需质量，当秤上达到该数值则发出信号自动关闭装料闸门。

电子计量器与机械计量器相比具有以下优点：①不需要机械调整，不存在机械磨损，比机械计量器易保养；②装料前自动显示空袋质量；③采用电子计量器可以在键盘上进行包装全过程的操作或者建立自动包装过程，也可以用计算机对包装过程进行全程控制。

袋装干混砂浆的生产控制要点是计量的精度和物料的离析。有的生产线布置不当，如中间仓与混合机落差太大，可能造成物料离析；有的包装机设计不合理也会造成离析。

500. 干混砂浆储存系统有何技术要求?

（1）袋装干混砂浆包装袋要求密封，袋装干混砂浆不得堆放在水泥地坪并应有垫仓板或塑料布隔离地坪，大包装袋装砂浆堆放高度不应超过 8 皮。仓库应通风良好，袋装干混砂浆储存期不应大于 3 个月。

（2）散装产品的储存

散装干混砂浆的储存技术途径在国内有两种：一种是“移动储罐系统”，这套系统具体程序为：用背罐车把装满干混砂浆料的储罐背到工地，再用背罐车的液压系统把储罐立起来摆放到施工现场，背罐车再把用完的空储罐背回砂浆厂装料。如此往复。另一种是压力罐车运输及现场固定储罐系统，这套系统具体程序为：采用散装干混砂浆专用运输罐车把干混砂浆运输到工地，再通过专用运输罐车上随车携带的空压机把干混砂浆打到工地上摆放的防离析干混砂浆储罐内，再通过储罐下部连接的连续搅拌器自动加水后现场搅拌出料。

对于用量大的产品，如砌筑、抹灰、自流平砂浆等越来越多地使用筒仓。以散装形式运往工地，配合输送系统和施工机器进行机械化施工。未用完的料还可返回工厂，真正实现无损失循环。国产散装干混砂浆物流系统与发达国家技术相比，特点在于用干混砂浆输送车替代了背罐车，解决了物料在运输及输送过程中容易分离的难题，符合我国大规模建设的需求，减少储料罐的流动，提高工效，大大降低了物流成本。散装干混砂浆成本比袋装干混砂浆降低 19.44 元/t，占总成本的 10%。

501. 干混砂浆收尘系统有何技术要求？

收尘是改善干混砂浆生产设备现场工作环境的重要手段。粉料筒仓在气送粉料时要求收尘，混合料与粉料进入混合机时要求收尘。收尘设备是指能将空气中粉尘分离出来的设备。目前常用的收尘设备有旋风收尘器和袋式收尘器。

（1）旋风收尘器

旋风收尘器是利用颗粒的离心力而使粉尘与气体分离的一种收尘装置，常用于粉料筒仓的收尘装置。旋风收尘器结构简单、性能好、造价低、维护容易，因而被广泛应用。

（2）袋式收尘器

袋式收尘器是一种利用天然纤维或无机纤维作过滤布，将气体中的粉尘过滤出来的净化设备。由于滤布都做成袋形，因而称为袋式收尘器。袋式收尘器常用于混合粉尘源的收尘。这种方式在安装初期效果显著，时间一长，袋壁上积尘不予清理，则除尘效果变差，所以干混砂浆生产设备的收尘器要定期清理积尘。

502. 干混砂浆电气控制系统有何技术要求？

电气控制系统采用先进的可编程序控制器（PLC）和 PC 控制方式，可完美处理配料、称重和混合等整个生产工艺流程的自动控制；具有配方、记录和统计显示及数据库的 PC 监测控制功能；有客户/服务器数据库的系统扩展及网络功能。在多点安全监视系统的辅助下，操作人员在控制室内就可以了解整体生产线的重点工作部位情况。可提供的订单处理程序，能控制干混砂浆生产设备中的所有基础管理模块，从订单接收到时序安排到开具发货单。界面模拟显示干混砂浆生产线的整个动态工艺流程，操作直观、简单、方便。

503. 如何设计散装干混砂浆筒仓？

使用散装干混砂浆应根据工程规模、工程进度和砂浆使用种类制定散装干混砂浆筒仓的数量、分布、进场时间和送料计划。其原则是应满足工程需要，同时也应使布置的筒仓数量经济合理，在满足工程之需条件下，筒仓数量应尽量少。如果工程规模大，单位工程多，分包单位多，那么散装干混砂浆筒仓数量就应多些，应保证筒仓与施工操作面水平距离不是太长，运输距离长将影响施工效率。

采用散装干混砂浆，其品种也不应过于烦琐，不然将增加筒仓数量。筒仓数量也应根据工程进度决定，在施工初期，砂浆需求仅在砌筑工程，那么只要提供少量的筒仓即可满足工程要求，可选择 $14m^3$ 筒仓。如果工程进入大量砌筑阶段，或者砌筑工程结束进入抹灰阶段，那么筒仓数量应随砂浆用量增大而增加，筒仓的规格也可增大，如 $18m^3$ 、$20m^3$ 。筒仓有可能同时供应砌筑砂浆、内墙抹灰砂浆和外墙抹灰砂浆。在施工收尾阶段应逐步减少筒仓数量。

504. 使用散装干混砂浆筒仓应注意哪些问题？

使用散装干混砂浆应在筒仓上标明筒仓内储存的干混砂浆品种。特别是在由砌筑进入抹灰工程阶段，要注意当变换筒仓内砂浆品种时，应排空筒仓。在同时进行内外墙体抹灰时，要注意不能混淆干混砂浆的品种，不然将造成质量事故。例如，将内墙抹灰砂浆误用到外墙后，将造成砂浆层在经过一段时间使用后，发生起壳、开裂甚至剥落等破坏现象。如果将外墙抹灰砂浆误用到已完成底糙的内墙抹灰层上，由于外墙抹灰砂浆强度高于内墙抹灰砂浆，外墙抹灰砂浆收缩变形和弹性模量都大于内墙抹灰砂浆，将使外墙抹灰砂浆拉坏内部的内墙抹灰砂浆，造成砂浆层底糙与基层的起壳现象产生。如果将内墙抹灰砂浆误用到外墙抹灰，还可能造成砂浆层渗漏现象。所以，现场筒仓的砂浆种类标识一定要清晰、准确，便于施工操作人员掌握。

筒仓在运进工地现场前，施工企业应根据筒仓规格，按筒仓使用说明书进行筒仓基础施工。可采用砖基础，也可采用钢筋混凝土基础，确定原则是确保筒仓在现场使用期间不发生倾斜和倾覆，保证筒仓的安全使用。筒仓位置应靠近作业区，同时也应靠近筒仓的区内施工道路，方便专用散装输送车停靠卸料和排出。筒仓应有施工电源和水源供应，筒仓的水源应有水池，以确保水压的稳定。

筒仓应有专人负责操作和保养工作。操作人员应了解并掌握筒仓内干混砂浆的质量，根据工程实际消耗量和干混砂浆生产企业与工程现场的运输距离和时间来确定供货时机，以保证筒仓内干混砂浆在合理的使用范围内，供货时机掌握不好也会给施工流水节奏带来麻烦。如果筒仓内干混砂浆没有用完就打电话通知厂方发货，那么散装干混砂浆专用输送车将新的干混砂浆运到工地现场，可能运送的干混砂浆质量超过了筒仓所负荷的干混砂浆质量，造成散装砂浆专用输送不能将干混砂浆全部打到筒仓内，多余部分可能要运回工厂，导致运能浪费。如果打电话通知干混砂浆生产厂晚了，将造成工地停工待料等窝工现象的发生。操作人员对砂浆的稠度和加水量控制应根据工程实际掌握，不能教条主义。例如，在夏期施工的砂浆稠度就应该大些，冬期施工砂浆稠度就应该小些；施工操作面与筒仓搅拌机距离远，砂浆稠度就应大些，反之亦然。

筒仓操作人员还应做好设备的维护和保养工作，避免人为因素造成的设备损坏和故障。对筒仓下面的螺旋搅拌装置中的螺旋绞刀，每班工作完毕后，应卸下螺旋绞刀，及时冲洗干净，清除积存在螺旋筒内的砂浆拌合物，确认螺旋筒内没有砂浆拌合物后，再将清洗干净的绞刀安装在螺旋筒内。如果发现砂浆出料速度减慢，应检查螺旋绞刀的磨损状态，如果确实是绞刀磨损超过了范围，那么应将磨损的绞刀卸下修理，装上新的绞刀。一般绞刀都经过热处理，每把绞刀可搅拌 400t 干混砂浆。

筒仓操作人员应注意观察砂浆拌合物的出料速度和砂浆稠度的均匀性。如果发现砂浆出料速度时快时慢，那么应检查筒仓内干混砂浆是否存在起拱现象、筒仓内干混砂浆存量是否太少，或者是水泵是否发生堵塞。如果经检查排除了上述原因，那么在相同加水量的条件下，发生某一段时间内砂浆拌合物稠度一直偏小，而某一段时间内砂浆拌合物稠度呈一直偏大的现象，则可能是干混砂浆本身存在拌和均匀性问题。此时应停止搅拌砂浆，通知厂方技术人员到现场解决干混砂浆的质量问题。如果电子传感器显示筒仓内干混砂浆质量一直没有变化，那么可能是电子传感器发生故障。

505. 非施工导致干混砂浆离析产生的常见问题及解决措施有哪些？

（1）散装移动筒仓刚开始放料和最后放料的砂浆容易离析。

解决措施：保持施工现场散装移动筒仓中的干混砂浆量不得少于 3t，以免干混砂浆在打入散装移动筒仓过程中，下料高度差过大，造成离析。

（2）仓储罐及运输车内干混砂浆容易离析。

解决措施：仓储罐和运输车内的干混砂浆尽量满罐储存，匀速、平稳运输。

（3）装、下料速度过慢使干混砂浆容易离析。

无论是装车、卸料、还是储罐下料，装、下料量要大，速度要快。料量小、下料速度慢比料量大、下料速度快的干混砂浆“离析”现象要严重。

解决措施：筒仓下料口孔径加大，加快下料速度。

（4）散装移动筒仓下方的搅拌机容量较小，搅拌料量少，也是造成出料速度慢和砂浆质量差的原因。

解决措施：考虑改装散装移动筒仓下方的搅拌机容量或者安装大容量搅拌机。

506. 湿拌砂浆施工现场使用传统简易砂浆池储存有什么特点？

传统简易砂浆池：在工地现场直接砌筑的砂浆池。

优点：因地制宜成本低，简单直接，施工随意，控制好池周温湿度后保塑效果稳定，清理方便，砂浆储存时底部透气性高，改善泌水。有无剩料更直观，不用刻意培训，上岗简易。

缺点：无遮挡，人工费用增大，人工上料，防护措施不标准，损耗是池底池壁多少会黏住部分砂浆。

注意：使用前及时清理池底池壁并润水，不得有积水。不得存放其他杂物，配备防雨布备用。

507. 湿拌砂浆施工现场使用新型砂浆滞留罐储存有什么特点？

新型砂浆滞留罐：可以放置在工程施工现场的湿拌砂浆专用的带搅拌装置的储存罐，根据罐体的形状使用特性不同，有 $6m^3$ 和 $12m^3$ 的容量。

优点：密封性相对比较好，自带搅拌功能，上料自动化，装卸料简单便捷省时省工，能更好地隔离，环保整洁，利于文明施工。

缺点：增加前期投入成本，维护成本高。夏季暴晒、冬季寒冷季节交替时需做防护措施。储存材质不透气、长时间静置易泌水，夏热冬冷隔热保暖性差，长时间搅拌损失保塑时间。垂直立式筒罐罐体底边角的部位易积料，需专人清理。剩料不易被发现，适用于随施随用，不适宜长期储存。注意严格按照机械说明书操作，如有过期剩料及时清理。根据天气情况和环境变化做好防护措施。使用时需人员培训合格后上岗，注意用电安全。

508. 湿拌砂浆施工现场使用铁箱砂浆池储存有什么特点？

铁箱砂浆池：用铁板焊制的铁箱，放置在工地现场的一种简易储置砂浆池。

优点：简单直接放置地面，施工随意。密封性相对比较好，使砂浆与地面能完全隔离，整洁、易遮挡，利于与外界隔离管理，清理方便，有无剩料更直观，上岗简易。

缺点：储存材质不透气、无搅拌功能，长时间静置易泌水，夏热冬冷，隔热、保暖性差，长时间静置储存时箱体底部、边角的部位易积料，局部砂浆失水快、干散，引起保塑时间缩短，砂浆保塑效果不稳定；夏季暴晒、冬季寒冷、季节交替时需做隔热、保温防护措施。箱体底边角的部位易积料，需专人清理。适用于随施随拌，不适宜长期储存，如有过期剩料及时清理。根据天气情况和环境变化做好防护措施。

注意：使用前及时清理池底池壁并润水，不得有积水。不得存放其他杂物，配备防雨布备用。

509. 湿拌砂浆工地现场输送的注意事项有哪些？

工人将湿拌砂浆从砂浆储存池直接输送到各施工点的来回循环周转装、卸料的过程是对砂浆性能影响的一个过程。此过程需做好防护措施。

（1）运输工具保持干净，无积水、积雪、冰块等杂物。

（2）工人上料做好砂浆的防护，按规定施工。

（3）如池内有剩料（保塑期内），应优先上剩料，或剩料新料互掺上料。

（4）上料须同抹灰大工沟通协调确定好各施工点的需求量，不得过上、少上影响施工。

（5）施工卸料点应提前清理干净不得有冰块、积水、积雪等杂物；提前预湿，保证砂浆内部水分的稳定性，保证砂浆质量的稳定性。

（6）一般上料工需求的砂浆稠度同抹灰工需求的砂浆稠度不统一，抹灰工需求的砂浆稠度在70～90mm，上料工为减少工作量希望砂浆越干越好，因砂浆稠度越小，上料时越不易抛洒，稠度小会相应减少运输量，稠度大在运输过程会有部分抛洒，因此抹灰工经常会反馈稠度太大，需要抹灰工人同上料工人统一稠度需求，利于正确及时解决稠度太大、太小的反馈。

510. 为什么砂浆型号品种选用不符合标准会产生质量问题？

工地施工中经常因砂浆使用型号与实际功能需求不匹配而产生质量问题，现场施工中砂浆混用的现象普遍，常有“一个型号施全部”的现象。

（1）内墙抹灰、三小间抹灰、梁、门、窗框抹灰等均用一种型号砂浆。三小间抹灰因后期贴墙砖，砂浆抹灰强度不能过低，门、窗、梁框边角抹灰要求强度不能过低，为简便，不区分施工部位、砂浆品种现象常有发生。

（2）标准要求地面砂浆最低选用型号是M15，因地面多为底部垫层，较隐蔽，有问题不易发现，常有乱用砂浆品种的现象。

（3）地面砂浆用于抹灰，地面砂浆稠度小，需二次加水调和使用。再次加水简易拌和的砂浆，没有优质的可抹性。砂浆的延展性、保水性差，砂子级配较大、表面干得快，影响施工效率及表面收缩快，施工性差、易空鼓、颗粒粗，抹灰层表面粗糙、有跳砂砂眼。

（4）抹灰砂浆用于地面，抹灰砂浆稠度大，保水率高、砂颗粒普遍细、胶砂比大，强度低，易引起地面起粉、起皮、空鼓、裂缝、缓凝等现象，导致强度不足。

511. 湿拌砂浆机喷一体化是什么？

“湿拌砂浆机喷一体化”是指参照标准而设计的砂浆配合比，通过工厂生产半成品预拌砂浆，经过运输车运输到工地，再使用专业的泵送设备或塔式起重机料斗或货梯运送到施工楼层，运用专业喷浆设备喷涂上墙，最后由人工或专用机器设备收面压光的一套完整施工工艺。

512. 湿拌砂浆机喷一体化有几方面优势？

（1）施工质量好，机械喷涂压力大，附着力强，粘结牢固，密合度高，不易脱落。同时，机械化施工也是检验砂浆质量的有效手段，能够机喷的砂浆品质更有保障，有效减少了空鼓、开裂等现象。

（2）缩短工期，一个机械抹灰班组效率是手工抹灰的3倍，大大缩短工程建设周期，降低了施工的人工成本。机械化施工团队各司其职、流水线式作业，通过标准化的施工工艺和有效的管理，有效提高工程质量，缩减施工周期。

（3）节约人力资源成本，减少了因施工周期长而产生的设备租赁等巨额费用。①节约人力成本：在我国，人力成本也越来越高，每平方米墙面人工抹灰需人工费6～10元，机喷砂浆每平方米墙面需人工费2～5元。②降低劳动强度：人工抹灰是一个重体力活，机械化施工降低了劳动强度、改善了施工环境，从苦力活转变为技术工种，能够吸引更多的劳动力介入抹灰施工，有利于工人队伍的整体素质提高。“质量好、效率高、人工少”是湿拌砂浆得以发展的有力武器，机械化施工也是实现建筑现代化、提高施工管理水平的必然选择。

（4）机械化喷涂抹灰施工，施工速度快、效率高，可缩短施工时间；机械化施工能够满足湿拌砂浆运输到工地，即卸即用，减少存储环节。

513. 喷涂作业应符合什么要求？

（1）喷涂前作业人员应正确穿戴工作服、防滑鞋、安全帽、安全防护眼具等安全防护用品，高处作业时，必须系好安全带。

（2）机械喷涂设备和喷枪应按设备说明书要求由专人操作、管理与保养。工作前，应做好安全检查。

（3）喷涂前应检查超载安全装置，喷涂时应监视压力表或电流表升降变化，以防止超载危及安全。

（4）应做好踢脚板、墙裙、窗台板、柱子和门窗口等部位的护角线；有分格缝时，应先装好分格条。

（5）应根据基面平整度及装饰要求确定基准。

（6）使用机械喷涂工艺的抹灰砂浆除应符合湿拌抹灰砂浆性能指标外，尚应符合机械喷涂工艺的抹灰砂浆性能指标的规定，见表2-39。湿拌砂浆稠度实测值与合同规定的稠度值之差应符合湿拌砂浆稠度允许偏差的规定，见表2-40。

表2-39　机械喷涂工艺的抹灰砂浆性能指标

项目	性能指标
入泵砂浆稠度（mm）	80～120
保水率（%）	≥90
凝结时间与机喷工艺周期之比	≥1.5

表2-40　湿拌砂浆稠度允许偏差

<table>
<tr><th colspan="2">项目</th><th>湿拌砌筑砂浆</th><th>湿拌抹灰砂浆</th><th>湿拌地面砂浆</th><th>湿拌防水砂浆</th></tr>
<tr><td colspan="2">稠度（mm）</td><td>50、70、90</td><td>70、90、100</td><td>50</td><td>70、90、100</td></tr>
<tr><td rowspan="4">稠度允许偏差范围（mm）</td><td>50</td><td>±10</td><td>—</td><td>±10</td><td>—</td></tr>
<tr><td>70</td><td>±10</td><td>±10</td><td>—</td><td>±10</td></tr>
<tr><td>90</td><td>±10</td><td>±10</td><td>—</td><td>±10</td></tr>
<tr><td>100</td><td>—</td><td>-10～+5</td><td>—</td><td>-10～+5</td></tr>
</table>

514. 高温季节湿拌砂浆生产质量控制措施有哪些？

在夏季高温季节，湿拌砂浆经常出现单位用水量增加、含气量下降、稠度损失大、保塑时间短，抹面困难等现象。应采取以下措施，加强湿拌砂浆质量控制：

（1）高温施工时，原材料温度对湿拌砂浆配合比、湿拌砂浆保塑时间及湿拌砂浆拌合物性能等影响很大。湿拌砂浆温度过高，稠损增加，保塑时间短，初凝时间短，凝结速率增加，影响湿拌砂浆抹灰使用，同时，湿拌砂浆干缩、塑性、温度裂缝产生的危险增加。湿拌砂浆拌合物温度应符合规范要求，工程有要求时还应满足工程要求。应采取必要的措施确保原材料降低温度以满足高温施工的要求。

（2）高温施工的湿拌砂浆配合比设计，除了满足强度、耐久性、工作性要求外，还应满足以下要求：

① 应分析原材料温度、环境温度、砂浆运输、储存方式与时间对砂浆保塑时间、稠度、容重损失等性能指标的影响，根据环境温度、湿度、风力和采取温控措施的实际情况，对湿拌砂浆配合比进行调整。

② 模拟施工现场条件，通过湿拌砂浆试拌、试运输、试储存的工况试验，对湿拌砂浆出机状态及到运输至施工现场、储存、施工状态的模拟，确定适合高温天气下施工的砂浆配合比。

③ 宜调整保塑时间，宜选用水化热较低的水泥，选用保塑时间长、稳定的原材料；

④ 湿拌砂浆稠度不宜过小和过大，以保证砂浆施工工作效率。

（3）砂浆搅拌应符合以下规定：

① 应对搅拌站料斗、储水器、皮带运输机、搅拌设备采取防晒措施。

② 对原材料降温时，宜采用对水、骨料进行降温。对水降温时，可采用冷却装置冷却拌合水，并应对水管及水箱加设遮阳和隔热设施，也可在水中加碎冰作为拌合水的一部分。砂浆拌和时掺加的固体应确保在搅拌结束前融化，且在拌合水中扣除其质量。

③ 原材料最高入机温度参照混凝土生产原材料要求，见表2-41。

表2-41 原材料最高入机温度表

原材料	最高入机温度（℃）
水泥	60
骨料	30
水	25
粉煤灰等矿物掺合料	60

④ 砂浆拌合物出机温度不宜大于30℃。

⑤ 当需要时，可采取掺加干冰等附加控温措施。

（4）搅拌车宜采用白色涂装，砂浆输送管应进行遮阳覆盖，并应洒水降温。

（5）砂浆储存池应进行防护，不得暴晒。

515. 如何合理控制湿拌砂浆干稀问题？

（1）砂浆稠度也就是砂浆干稀问题是指砂浆是否太干或太稀。砂浆太干时搅拌车不好卸料，工人使用时也要在砂浆中频频加水搅拌才能正常施工。砂浆太稀时工人无法正常使用，难以批刮上墙。

（2）对于砂浆干稀的控制可通过测试砂浆的稠度来判断，砂浆出厂稠度控制在80～90（砂浆越稀，稠度值越大）为好，砂浆的稠度会随着搅拌时间的延长而增大。出厂的砂浆经过运输及搅拌，到达工地后的稠度会增加10左右（到工地的砂浆稠度控制在90～100之间，工人能获得较佳的使用效果）。

（3）砂浆中水的配比是调节砂浆干稀程度的最主要因素，操作员要密切关注砂的含水率，生产前要到砂场观察判断砂的含水情况。

（4）雨天特别会出现砂浆过稀的情况，此种天气要尽量在生产时将砂浆打干一些。还要特别注意搅拌车装车时是否翻转罐体，并将罐体内的积水处理干净，不然将出现砂浆特别稀的情况。

516. 雨期湿拌砂浆生产应采取哪些质量控制措施？

（1）水泥与掺合料采取防水、防潮措施；对于各个粉料仓应每天进行巡检，查看防水措施是否到位，防止因粉料仓漏水而影响粉料的性能和使用。

（2）采用封闭式料场存放砂，减少砂含水率的波动；监测后台料场内砂的含水率变化，加大含水率检测频率，根据试验数据及时调整配合比的用水量。

（3）雨水进入搅拌车内会造成砂浆水灰比变化，砂浆搅拌运输车应采取适当的防雨、防水措施。

（4）雨期砂浆施工期间，积极做好与施工单位的配合工作，确保砂浆施工质量。砂浆储存时做防护工作，防止砂浆剩料。

2.2 四级/中级工

2.2.1 原材料知识

517. 水泥的基本物理力学性能有哪些？

水泥质量的好坏，可以从它的基本物理力学性能反映出来。根据对水泥的不同物理状态进行测试，其基本物理性能可分如下几类：

（1）水泥为粉末状态下测定的物理性能，如密度、细度等；

（2）水泥为浆体状态下测定的物理性能，如凝结时间（初凝、终凝）、需水性（标准稠度、流动性）、泌水性、保水性、和易性等；

（3）水泥硬化后测定的物理力学性能有：强度（抗折、抗拉、抗压）、抗冻性、抗渗性、抗大气稳定性、体积安定性、湿胀干缩体积变化、水化热、耐热性、耐腐蚀性（耐淡水腐蚀性、耐酸性水腐蚀性、耐碳酸盐腐蚀性、耐硫酸盐腐蚀性、耐碱腐蚀性等）。

水泥的物理力学性能直接影响着水泥的使用质量。有些最基本的物理性能是在水泥出厂时必须测定的，如强度、细度、凝结时间、安定性等，其他物理性能则根据不同的品种和不同的需要而进行测定。

518. 矿渣粉的进场质量控制要点有哪些？

矿渣粉进场应检查随车的质量证明文件：产品合格证、出厂检验报告以及出厂过磅单，检查其生产厂家、品种、等级、批号、出厂日期等是否相符，不相符者不得收货。证明文件合格者，由收料员安排过磅并指定料仓号。入仓时，避免打错料仓的现象，打料口应有控制措施，如上锁具。

矿渣粉应按相关规定取样，按批进行活性指数等相关性能指标试验。

519. 水泥的储存及使用方式有什么要求？

水泥应按品种、强度等级和生产厂家分别标识和贮存；应防止水泥受潮及污染，不应采用结块的水泥；水泥用于生产时的温度不宜高于60℃；水泥出厂超过3个月应进行复检，合格者方可使用。

520. 矿渣粉进场取样有什么要求？

所取样品应具代表性，应从20个以上的不同部分取等量样品作为一组试样，样品总量至少10kg。分为两份，一份待检，一份封存留样。取样人员应对所取样品进行唯一性编号标识。

521. 配制湿拌砂浆的砂的颗粒级配有何要求?

湿拌砂浆用砂应采用连续粒级，单粒级宜用于组合成满足要求的连续粒级，也可与连续粒级混合使用，以改善其级配或配成满足需求的连续粒级。

当砂浆用砂颗粒级配不符合需求时，应采取措施并经试验验证能确保砂浆质量后，方允许使用。砂在砂浆中的施工使用需精细化操作，砂的粗细粒径引起的问题会显得格外突出，砂粒径的粗细需要精细控制，能满足砂浆所追求的孔隙率即可。砂子粗大粒径过多会破坏砂浆表面的光洁度，使抹灰面形成大量划痕及跳砂，粗砂在基层被工人搓压循环滚动时易使抹面产生孔隙，使抹面层起泡鼓。粗颗粒粒径过少会降低砂浆强度，细颗粒过少会降低保塑时间。

522. 骨料在砂浆中起什么作用?

骨料是砂浆中用量最多、成本最低的一个组分。骨料具有较好的体积稳定性、较高的强度，有些骨料还具有较好的保温性能。骨料的性能可以影响其他组分作用的发挥。因此，合理利用并充分发挥骨料的作用，对提高砂浆性能、降低成本，都具有重要的意义。

骨料具有如下作用：

(1) 骨架作用

骨料通常具有较高的强度，这些高强度颗粒在硬化砂浆中起到一种骨架作用。当砂浆受力时，骨料常常承受较大的荷载。因此，骨料的力学性能对砂浆的力学性能有较大的影响。

(2) 稳定体积变形作用

在砂浆硬化过程中，骨料一般不参与化学反应，也不会产生因化学反应造成的体积变化。通常情况下，硬化砂浆发生干缩的主要成分是水泥组分，骨料干缩较小，而且能限制水泥石的收缩。另外，骨料的热膨胀系数比硬化水泥石低，故热稳定性也比水泥石好。

(3) 改善砂浆耐久性

骨料对环境条件具有较好的适应性，在冻融循环条件下，通常是水泥石破坏，骨料很少破坏。在硫酸盐侵蚀条件下，也是水泥石破坏，骨料很少破坏。但有些骨料可与碱发生反应，导致材料或结构的破坏。但对于大多数非活性骨料，这一反应是不发生的。

(4) 影响砂浆的性能

骨料的性能影响砂浆的需水量、力学性能及干缩性能和温度变形性能。

干缩和温度变形是引起砂浆开裂的主要原因。当骨料级配不合适时，较大的空隙率和较小的细度模数增加砂浆的需水量，引起砂浆强度降低，增大砂浆干缩和温度变形，导致抗裂性能降低。因此，合理设计灰砂比，调整骨料的级配，可改善砂浆的性能。

(5) 保温隔热

有些轻骨料如聚苯乙烯颗粒、膨胀珍珠岩、膨胀蛭石等具有保温隔热作用，常用它们配制保温砂浆。

(6) 装饰

有些彩色骨料具有装饰作用，与颜料相比具有以下特点：①颜色多样，不同颜色的骨料混合在一起使用，色彩缤纷，颜色不会混杂；②颜色具有永久性。

（7）降低成本

在砂浆组成材料中，骨料是最便宜的，充分发挥骨料的作用，可有效降低砂浆的成本。

523. 什么是膨胀珍珠岩？有何特点？

珍珠岩是在酸性熔岩喷出地表时，由于与空气温度相差悬殊，岩浆骤冷而具有很大黏度，使大量水蒸气未能逸散而存于玻璃质中。煅烧时，珍珠岩突然升温达到软化点温度，玻璃质结构内的水汽化，产生很大压力，使黏稠的玻璃质体积迅速膨胀，当它冷却到其软化点以下时，便凝成具有孔径不等、空腔的蜂窝状物质，即膨胀珍珠岩。

膨胀珍珠岩颗粒内部呈蜂窝结构，具有质轻、绝缘、吸声、无毒、无味、不燃烧、耐腐蚀等特点。除直接作为绝热、吸声材料外，还可以配制轻质保温砂浆、轻质混凝土及其制品等。膨胀珍珠岩一般分为两类：粒径小于2.5mm的称为膨胀珍珠砂；粒径为2.5～30mm的称为膨胀珍珠岩碎石，习惯上统称为膨胀珍珠岩。

膨胀珍珠岩砂也称为膨胀珍珠岩粉或珠光砂，是珍珠岩等矿石经破碎、预热，在900℃～1250℃下急速受热膨胀而制得。其粒径小于2.5mm，堆积密度约40～150kg/m^3，常温热导率为0.03～0.05W/（m·K），使用温度为200℃～800℃。

膨胀珍珠岩碎石又称大颗粒膨胀珍珠岩，是珍珠岩等矿石经破碎、预热处理后，在1300℃～1450℃高温下焙烧而成的一种轻骨料。其粒径为2.5～30mm，堆积密度250～600kg/m^3，热导率为0.05～0.10W/（m·K）。

但大多数膨胀珍珠岩含硅量高（通常超70%），多孔并具有吸附性，对隔热保温极为不利，特别是在潮湿的地方，膨胀珍珠岩制品容易吸水致使其热导率急剧增大，高温时水分又易蒸发，带走大量的热，从而失去保温隔热性能。因此，需采取一些措施降低其吸水率，提高保温隔热性能。

524. 膨胀蛭石有何特性？

蛭石是由黑云母、金云母、绿泥石等矿物风化或热液蚀变而来的，自然界很少产出纯的蛭石，而工业上使用的主要是由蛭石和黑云母、金云母形成的规则或不规则层间矿物，称之为工业蛭石。膨胀蛭石是将蛭石破碎、筛分、烘干后，在800℃～1100℃下焙烧膨胀而成。产品粒径一般为0.3～25mm，堆积密度约80～200kg/m^3，热导率为0.04～0.07W/（m·K），化学性质较稳定，具有一定机械强度。最高使用温度达1100℃。

525. 矿渣粉砂浆与使用矿渣水泥相比有何优点？

由于粒化高炉矿渣比较坚硬，与水泥熟料混在一起，不容易同步磨细，所以矿渣水泥往往保水性差，容易泌水，且较粗颗粒的粒化矿渣活性得不到充分发挥。若将粒化高炉矿渣单独粉磨或加入少量石膏或助磨剂一起粉磨，可以根据需要控制粉磨工艺，得到所需细度的矿渣粉，有利于其中活性组分更快、更充分水化。

矿渣粉是由矿渣经过机械粉磨而成的，其颗粒组成与粉磨工艺有关，其平均粒径可根据细度要求而人为控制。目前矿渣粉的生产有几种不同的工艺，不同工艺制备的矿渣粉的性能存在较大差异。

由于不同生产厂家采用的粒化矿渣来源不同、矿渣粉的生产工艺不同、生产中是否掺加助磨剂等，用不同厂家生产的同一级别的矿渣粉配制砂浆时，其性能也有较大差异，因此使用前应进行试验，以选择合适的矿渣粉。

矿渣粉的细度用比表面积表示，用勃氏法测定。矿渣粉的细度越高，则颗粒越细，其活性效应发挥得越充分，但过细需要消耗较多的生产能耗，且对性能的提高也不明显，因此细度的选择应根据砂浆种类以满足要求为宜，一般控制在 350～450m^2/kg 范围内。

526. 保水增稠材料有什么作用？

（1）改善砂浆保水性和可操作性。可操作性包括流动性、黏聚性和触变性。流动性不好，砂浆抹不开；黏聚性不好，砂浆抹开时较散，不成团，不能保持良好的连续性；触变性不好，砂浆不易铺展和找平。保水增稠材料有助于增加砂浆的黏聚性，使得砂浆柔软而不散，易于操作。

（2）增加黏附力。由于砂浆变软，可与基层较好地接触，不易脱落。

（3）防止砂浆泌水和离析。保水增稠材料可使拌合水均匀分布在砂浆中，且能够保持长期稳定，不泌水。同时，由于增加了浆体的黏度，使骨料等颗粒不易运动，因而有效防止了离析，使砂浆始终保持较好的均匀性。

（4）使砂浆能在较长时间内保持一定的水分。这些水分的作用：一是保证胶凝材料正常水化。没有水，水化反应就不能正常进行，而硬化砂浆的性能与水化反应有着密切的关系。二是防止开裂。砂浆开裂的一个重要原因就是砂浆中的水分过早的损失而引起较大的干缩变形。

（5）提高砂浆抗渗性和抗冻性。使砂浆中的水分吸附在颗粒表面，减少了砂浆中的自由水量，也减少了因此而留下的孔隙，改善了硬化砂浆中的孔结构，从而提高了砂浆的抗渗性和抗冻性。

（6）易于砂浆薄层施工。因保水增稠材料使砂浆变得柔软而黏稠，比较好抹；由于具有较好的保水作用，有效防止砂浆中的水分被基材吸走或蒸发。

527. 纤维素醚有哪些品种？

（1）不同的醚化剂可把碱性纤维素醚化成各种不同类型的纤维素醚。纤维素的分子结构是由失水葡萄糖单元分子键组成的，每个葡萄糖单元内含有三个羟基，在一定条件下，羟基被甲基、羟乙基、羟丙基等基团所取代，可生成各类不同的纤维素品种。如被甲基取代的称为甲基纤维素，被羟乙基取代的称为羟乙基纤维素，被羟丙基取代的称为羟丙基纤维素。由于甲基纤维素是一种通过醚化反应生成的混合醚，以甲基为主，但含有少量的羟乙基或羟丙基，因此被称为甲基羟乙基纤维素醚或甲基羟丙基纤维素醚。由于取代基的不同（如甲基、羟乙基、羟丙基）以及取代度的不同（在纤维素上每个活性羟基被取代的物质的量），因此可生成各类不同的纤维素醚品种和牌号，不同的品种可广泛应用于建筑工程、食品和医药行业，以及日用化学工业、石油工业等不同的领域。

（2）纤维素醚还可按其取代基的电离性能分为离子型和非离子型。离子型主要有羧甲基纤维素盐，非离子型主要有甲基纤维素、甲基羟乙基纤维素醚（MHEC），甲基羟丙基纤维素醚（MHPC）、羟乙基纤维素醚（HEC）等。

保水性和增稠性的效果依次为：甲基羟乙基纤维素醚（MHEC）＞甲基羟丙基纤维

素醚（MHPC）>羟乙基纤维素醚（HEC）>羧甲基纤维素（CMC）。

528. 淀粉醚有何特性？

淀粉醚是从天然植物中提取的多糖化合物，与纤维素相比具有相同的化学结构及类似的性能，基本性质如下：

溶解性：冷水溶解颗粒度：≥98%（80 目筛）；黏度：300～800MPa・s；水分：≤10%；颜色：白色或浅黄色。

529. 引气剂在砂浆中有什么作用？

引气剂可在砂浆搅拌过程中引入大量分布均匀、稳定而封闭的微小气泡。砂浆中掺入引气剂后，可显著改善浆体的和易性，提高硬化砂浆的抗渗性与抗冻性。虽然引气剂掺量很小，但对砂浆的性能影响却很大，主要作用有：

（1）改善砂浆的和易性

掺入引气剂后，在砂浆内形成大量微小的封闭气泡，这些微气泡如同滚珠一样，减少骨料颗粒之间的摩擦阻力，使砂浆拌合物的流动性增加，特别是在人工砂或天然砂颗粒较粗、级配较差以及贫水泥砂浆中使用效果更好。同时由于水分均匀分布在大量气泡的表面，使能自由移动的水量减少，因而减少砂浆的泌水量。

（2）提高砂浆的抗渗、抗冻及耐久性

引气剂使砂浆拌合物泌水性减小，泌水通道的毛细管也相应减少。同时，大量封闭的微气小泡的存在，堵塞或隔断了砂浆中毛细管渗水通道，改变了砂浆的孔结构，使砂浆抗渗性得到提高。气泡有较大的弹性变形能力，对由水结冰所产生的膨胀应力有一定的缓冲作用，因而砂浆的抗冻性得到提高，耐久性也随之提高。

（3）降低砂浆的强度

大量气泡的存在减少了砂浆的有效受力面积，使砂浆强度降低。一般含气量每增加1%，强度下降 5%。对于有一定减水作用的引气剂，由于降低了水灰比，使砂浆强度得到一定补偿。因此，使用引气剂时，要严格控制其掺量，以达到最佳效果。

另外，大量气泡的存在使砂浆的弹性变形增大，弹性模量有所降低。

（4）增加砂浆体积

由于引气剂引入大量气泡，砂浆体积增加，密度降低，故能节省材料，增加施工面积。

530. 可再分散乳胶粉在砂浆中有何作用？

（1）提高材料的粘结强度和抗拉、抗折强度。

可再分散乳胶粉可显著提高砂浆的粘结强度，掺量越大，粘结强度提高得越多，但抗压强度却降低，因此存在一个最佳掺量范围。由于可再分散乳胶粉的价格较高，掺量越大，干混砂浆的成本越高，因此还要从成本上加以考虑。高的粘结强度对收缩能产生一定的抑制作用，变形产生的应力容易分散和释放，所以，粘结强度对提高抗裂性能非常重要。研究表明，纤维素醚和胶粉的协同效应有利于提高水泥砂浆的粘结强度。

（2）降低砂浆的弹性模量，可使脆性的水泥砂浆变得具有一定的柔韧性。

可再分散乳胶粉的弹性模量较低，为 0.001～10GPa，而水泥砂浆的弹性模量较高，为 10～30GPa，加入胶粉后可降低水泥砂浆的弹性模量，但胶粉的种类和掺量对弹性模量也有影响，通常聚灰比增大，弹性模量降低，变形能力提高。

（3）提高砂浆的耐水性、抗碱性、耐磨性、耐冲击性。

聚合物形成的网膜结构封闭了水泥砂浆中的孔洞和裂隙，减少了硬化体中的孔隙率，从而提高了水泥砂浆的抗渗性、耐水性及抗冻性，这种效应随聚灰比提高而增大。改善砂浆的耐磨性与胶粉的种类、聚灰比有关。一般来说，聚灰比增大，耐磨性提高。

（4）提高砂浆的流动性和可施工性。

（5）提高砂浆的保水性，减少水分蒸发。

可再分散乳胶粉在水中溶解后形成的乳胶液分散在砂浆中，乳胶液凝固后在砂浆中形成连续的有机膜，这种有机膜可以阻止水的迁移，从而减少砂浆的失水，起到保水的作用。

（6）减少开裂现象。

聚合物改性水泥砂浆的延伸率和韧性比普通水泥砂浆好得多，抗断裂性能是普通水泥砂浆的2倍以上，抗冲击韧性随聚灰比提高而增大。随着胶粉掺量的增加，聚合物的柔性缓冲作用能抑制或延缓裂纹的发展，同时具有较好的应力分散作用。

根据配比的不同，采用可再分散聚合物粉末对干混砂浆改性，可以提高与各种基材的粘结强度，并提高砂浆的柔性和可变形性、抗弯强度、耐磨损性、韧性和粘结力以及保水能力和施工性。

大量试验表明，胶粉掺量并不是越多越好。胶粉掺量过低时，仅起到一些塑化作用，而增强效果不明显；胶粉掺量过大时，强度大幅度降低；只有当胶粉掺量适中时，既增加抗变形能力，提高拉伸强度及粘结强度，又提高抗渗性以及抗裂性。灰砂比、水灰比、骨料的级配和种类、骨料的特性都会最终影响到产品的综合性能。

531. 水泥砂浆中掺入纤维有何作用?

水泥砂浆是一种脆性材料，其抗拉强度远远小于它的抗压强度，抗冲击能力差，抗裂性能差，水泥制品中存在大量的干缩裂纹及温度裂纹，这些裂纹随着时间的推移而不断变化与发展，最终可导致水泥制品的开裂，造成结构物抗渗性能下降，影响其耐久性能。

在水泥砂浆中掺加适量纤维，可以增大抗拉强度，增强韧性，提高抗开裂性。在水泥砂浆中加入纤维，可阻止砂浆基体原有缺陷裂缝的扩展，并有效阻止和延缓新裂缝的出现；改善砂浆基体的刚性，增加韧性，减少脆性，提高砂浆基体的变形力和抗冲击性；提高砂浆基体的密实性，阻止外界水分的浸入，从而提高其耐水性和抗渗性；改善砂浆基体的抗冻、抗疲劳性能，提高其耐久性。

532. 颜料应用中应注意哪些问题?

颜料通常用在装饰砂浆中，使砂浆的色彩多样化。使用中应注意几个问题：

（1）颜料色彩的稳定性

装饰砂浆一般直接暴露在自然环境中，太阳光的照射，风、雨、雪的反复作用，都有可能影响颜料的色彩，因此，应考虑颜料在自然环境中的稳定性。

（2）与砂浆颜色的协调性

在装饰砂浆的使用中，最终体现的是砂浆的颜色，而砂浆的颜色是砂浆本体颜色与颜料颜色综合作用的结果。

（3）与砂浆体系的匹配

一是注意颜料对砂浆性能的影响，一些颜料可能与胶凝材料中的某些组分反应，也有一些颜料与一些有机化学外加剂形成络合物。这些反应可能会影响砂浆中各种组分的发挥，从而影响砂浆性能的发挥。二是注意砂浆体系对颜料色彩的影响，商品砂浆中常用一些无机的金属氧化物作为颜料，它们在不同的环境中可能呈不同的价态，表现出不同的颜色，如水泥基砂浆通常呈较强的碱性环境，而石膏基砂浆则呈弱酸性环境，这些环境的差异可能会引起金属氧化物价态的变化，从而使颜料的颜色发生变化。因此，不能仅根据颜料的颜色来确定砂浆的颜色，要根据试验确定。

533. 石膏（预）均化的目的是什么？

在建材行业中，原料在粉磨前的储存过程中，预先将原料成分进行均化的作业，称为预均化，而使粉料达到均一成分的过程称为均化。在石膏行业中，预均化是将破碎后不同品位的石膏石，经过特定的堆料和取料方法，使其品位达到预期的均一指标的过程。这对于连续化大规模生产过程的控制和产品质量稳定起着极其重要的作用。

534. 石膏的脱水相有几种表现形式？

石膏脱水产物或称脱水相虽然都是由单纯的硫酸钙组成的化合物，但其晶体结构及其反应性能则是多种多样的，这些脱水产物做成制品时要经过水化与硬化过程。

从热力学角度来说，石膏及其脱水产物均是$CaSO_4$-H_2O系统中的一个相，它们在特定条件下同处于$CaSO_4$-H_2O的平衡系统中。目前比较公认的有五个相，七个变体。它们是：二水石膏；α型与β型半水石膏；α型与β型硬石膏Ⅲ；硬石膏Ⅱ；硬石膏Ⅰ。其中硬石膏也称无水石膏，型号Ⅲ、Ⅱ、Ⅰ也有的书写在前面，如Ⅲ$CaSO_4$等。

535. 沸石粉有哪些技术要求？

《混凝土和砂浆用天然沸石粉》（JG/T 566—2018）将沸石粉分为Ⅰ级、Ⅱ级和Ⅲ级三个等级，每一等级的技术要求见表2-42。其中，Ⅲ级沸石粉宜用于砌筑砂浆和抹灰砂浆。

表2-42 沸石粉的技术要求

技术指标		质量等级		
		Ⅰ	Ⅱ	Ⅲ
吸铵值（mmol/100g）		≥130	≥100	≥90
细度（45μm筛余）（%）		≤12	≤30	≤45
活性指数（%）	7d	≥90	≥85	≥80
	28d	≥90	≥85	≥80
氯离子含量（%）		≤0.06		
需水量比（%）		≤115		
含水量（质量分数，%）		≤5.0		
硫化物及硫酸盐含量（按SO_3质量计，%）		≤1.0		
放射性		应符合GB 6566—2018的规定		

536. 纤维素醚有哪些功能?

纤维素醚是干混砂浆的一种主要添加剂，虽然添加量很低，但却能显著改善砂浆性能，它可改善砂浆的稠度、工作性能、粘结性能以及保水性能等，在干混砂浆领域有着非常重要的作用。其主要特性如下：

(1) 优良的保水性

保水性是衡量纤维素醚质量的重要指标之一，特别是在薄层施工中显得更为重要。提高砂浆保水性可有效地防止砂浆因失水过快而引起的干燥，以及水泥水化不足而导致的强度下降和开裂现象。影响砂浆保水性的因素有纤维素醚的掺量、黏度、细度以及使用环境等。一般黏度越高，细度越细，掺量越大，则保水性越好。纤维素醚保水性与纤维素醚化程度相关，甲氧基含量高，保水性好。

(2) 粘结力强、抗垂性好

纤维素醚具有非常好的增稠效应，在干混砂浆中掺入纤维素醚，可使黏度增大数千倍，使砂浆具有更好的粘结性，可使粘贴的瓷砖具有较好的抗下垂性。纤维素醚的黏度大小可影响砂浆的粘结强度、流动性、结构稳定性和施工性。

一般来说，黏度越高，保水效果越好，但黏度越高，纤维素醚的分子量越高，其溶解性能就会相应降低，这对砂浆的强度和施工性能有负面的影响。黏度越高，湿砂浆会越黏，容易粘刮刀，且对湿砂浆本身的结构强度的增加帮助不大，改善抗下垂效果不明显。

(3) 溶解性好

因纤维素醚表面颗粒经特殊处理，无论在水泥砂浆、石膏中，还是涂料体系中，溶解性都非常好，不易结团，溶解速度快。

537. 影响纤维素醚保水性的因素有哪些?

保水性是纤维素醚的一个重要性能，影响干混砂浆保水效果的因素有纤维素醚的添加量、纤维素醚的黏度、细度以及使用环境的温度等诸多方面。

(1) 纤维素醚添加量对保水性的影响

当纤维素醚的添加量在0.05%～0.4%的范围内，保水性随着添加量的增加而增加，当添加量再进一步增加时，则保水性增加的趋势开始变缓。

不同品种的砂浆，其纤维素醚的添加量也不同。实际应用中应根据砂浆的用途确定纤维素醚的添加量，并经试验验证，符合相应砂浆的技术指标。

(2) 纤维素醚的黏度对保水性的影响

纤维素醚的黏度与保水性也有类似的关系，当纤维素醚的黏度增加时，保水性也提高；当黏度达到一定的水平时，保水性的增加幅度亦趋于平缓。一般而言，黏度越高，保水效果越好，但黏度越高，纤维素醚的分子量也越高，其溶解性能也就会相应降低，这对砂浆的强度和施工性能有负面的影响。黏度越高，对砂浆的增稠效果越明显，但也并不是成正比的关系；黏度越高，湿砂浆黏稠度越大，在施工时，表现为粘刮刀和对基材的黏着性高，但对湿砂浆本身的结构强度的增加帮助不大，改善抗下垂效果不明显；相反，一些中低黏度但经过改性的甲基纤维素醚则在改善湿砂浆的结构强度方面有优异的表现。

（3）纤维素醚的细度对保水性的影响

细度对纤维素醚的溶解性有一定的影响，较粗的纤维素醚通常为颗粒状，在水中很容易分散溶解而不结块，但溶解速度很慢，不宜用于干混砂浆中。在干混砂浆中，纤维素醚分散于骨料、细填料以及水泥等胶凝材料之间，只有足够细的粉末才能避免在加水搅拌时出现纤维素醚结块，当纤维素醚在加水溶解时出现结块现象，那么再分散溶解就很困难了。细度较粗的纤维素醚会降低砂浆的局部强度，这样的砂浆在大面积施工时，就会表现为局部砂浆的固化速度明显降低，会出现因固化时间不同而导致的开裂。对于喷射砂浆来说，因搅拌时间较短，对细度的要求则更高。因此，应用于干混砂浆中的纤维素醚应为粉末状，含水量低，细度要求为20%～60%，颗粒粒径小于63μm。

纤维素醚的细度对保水性的影响，一般而言，对于黏度相同而细度不同的纤维素醚，在相同的添加量情况下，细度越细，保水效果越好。

（4）使用温度对保水性的影响

纤维素醚的保水性与使用温度也有关系，纤维素醚的保水性随使用温度的提高而降低。

在实际工程中，经常会在高温环境中进行砂浆的施工，如夏季在日晒环境下进行外墙的涂抹，这势必会加速水泥砂浆的凝结硬化。保水性的下降则会导致施工性和抗裂性下降，在这种状况下减小温度因素的影响变得尤为关键。试验表明，提高纤维素醚的醚化度，可以使其保水效果在使用温度较高的情况下仍能保持较佳的效果。

538. 可再分散乳胶粉的作用机理是什么？

掺入可再分散乳胶粉的干混砂浆加水搅拌后，可再分散乳胶粉对水泥砂浆的改性是通过胶粉的再分散、水泥的水化和乳胶的成膜来完成的。可再分散乳胶粉在砂浆中的成膜过程大致分为三个阶段。

第一阶段，砂浆加水搅拌后，聚合物粉末重新均匀地分散到新拌水泥砂浆内而再次乳化。在搅拌过程中，粉末颗粒会自行再分散到整个新拌砂浆中，而不会与水泥颗粒聚集。可再分散乳胶粉颗粒的“润滑作用”使砂浆拌合物具有良好的施工性能；它的引气效果使砂浆变得可压缩，因而更容易进行镘抹作业。在胶粉分散到新拌水泥砂浆的过程中，保护胶体具有重要的作用。保护胶体本身较强的亲水性使可再分散乳胶粉在较低的剪切作用力下也会完全溶解，从而释放出本质未发生改变的初始分散颗粒，聚合物粉末由此得以再分散。在水中的快速再分散是使聚合物的作用得以最大程度发挥的一个关键性能。

第二阶段，由于水泥的水化、表面蒸发和基层的吸收造成砂浆内部孔隙自由水分不断消耗，乳胶颗粒的移动自然受到了越来越多的限制，水与空气的界面张力促使它们逐渐排列在水泥砂浆的毛细孔内或砂浆—基层界面区。随着乳胶颗粒的相互接触，颗粒之间网络状的水分通过毛细管蒸发，由此产生的高毛细张力施加于乳胶颗粒表面引起乳胶球体的变形并使它们融合在一起，此时乳胶膜大致形成。

第三阶段，通过聚合物分子的扩散（有时称为自黏性），乳胶颗粒在砂浆中形成不溶于水的连续膜，从而提高了对界面的粘结性和对砂浆本身的性能。

538. 什么是复合纤维？有何特点？

复合纤维是以聚丙烯、聚酯为主要原料复合而成的一类新型的混凝土和砂浆的抗裂纤维，被称为混凝土的“次要增强筋”。随着复合材料的发展，抗裂纤维已开始大量应用于土木工程中。

在水泥砂浆和混凝土中掺入体积率为0.05%～0.2%的复合抗裂纤维时，能产生明显的抗裂、增韧、抗冲击、抗渗、抗冻融及抗疲劳等效果。这些优良的性能在抹灰砂浆、内外墙腻子和嵌缝剂的抗裂、增韧、抗渗方面起着非常重要的作用。

复合纤维的特性是抗拉强度高，抗老化、抗渗、抗裂、增韧、抗冲击、抗冻融性能好，密度小、用量少、分散性好、成本低。

复合抗裂纤维适用于水泥基以及石膏基的抹灰砂浆、抗裂抹面砂浆、内外墙腻子、防水砂浆、石膏板及轻质混凝土板的嵌缝腻子、保温砂浆等品种，还适用于水泥砂浆或混凝土，其应用领域包括路桥、大坝、高速公路、涵洞、地铁工程等。

540. 建筑石膏的生产工艺是怎样的？

生产建筑石膏的原料是天然二水石膏（$CaSO_4 \cdot 2H_2O$）和工业副产石膏。天然二水石膏以块状存在，要制成建筑石膏必须经过破碎、（预）均化、粉磨和燃烧（加热脱水）等工序。在工业生产中，由于选用燃烧工艺的不同，其工序的顺序有所不同。如采用直火顺流式回转窑煅烧石膏时，其工艺的顺序是：（预）均化→破碎→燃烧→粉磨，而采用炒锅燃烧时，其工艺顺序是：破碎→（预）均化→粉磨→煅烧。

541. 石膏加工中破碎的目的是什么？

在石膏加工中，通过破碎为以后的其他工序提供一定产量和细度的合格原料。

破碎级（段）数：指破碎作业中，物料破碎的次数。分一级、二级、三级（或一段、二段、三段）破碎。破碎级数取决于物料的原始粒度、最终粒度、物料的物理性能，以及所选用的破碎设备性能等。如三级破碎一般称为粗、中、细。但是有的破碎机可兼有粗、中碎或中、细碎的功能。因此在石膏石破碎系统中不一定必须采用三级破碎格式。

542. 常用的石膏缓凝剂有哪些？

柠檬酸或柠檬酸钠是通常用的石膏缓凝剂，其特点是易溶于水，缓凝效果明显，价格低，但降低石膏硬化体强度。其他可以使石膏缓凝的物质如：胶水、革胶、蛋白胶、淀粉渣、糖蜜渣、畜产品水解物、氨基酸甲醛、单宁酸、酒石酸等。

543. 常用的石膏促凝剂有哪些？

各种硫酸盐及其复盐，如硫酸钙、硫酸铵、硫酸钾、硫酸钠及各种矾类，如白矾（硫酸铝钾）、红矾（重铬酸钾）、胆矾（硫酸铜）等。

544. 石膏保水剂有何作用？

建筑墙体大都采用无机多孔材料，它们都具有强烈的吸水性。因此无论是作抹灰砂浆用的粉刷石膏，还是作粘结用的粘结石膏，或是作腻子用的石膏嵌缝腻子、石膏刮墙腻子，经加水调制后上墙，水分容易被墙体吸走，致使石膏缺少水化所必需的水分，造成抹灰施工困难和降低粘结强度，从而出现裂缝、空鼓、剥落等质量问题。

提高这些石膏建材的保水性，可避免浆体的水分迅速被墙体所吸收，使施工性能得到改善，与墙体的粘结力也得以提高。为此，随着石膏建筑材料的发展，保水剂已成为石膏建材的重要外加剂之一。

545. 石膏产品中掺入减水剂的意义是什么?

建筑节能、保护环境和循环经济的发展，为具有节能型绿色建材特性的石膏建材带来了发展机遇。但是一些工业副产石膏如磷石膏、脱硫石膏等，其颗粒级配、粒径及结晶体的形状与天然石膏均有不同，使它的胶凝材料流动性很差，在不调整其颗粒级配的情况下，如果不使用减水剂必加大用水量，从而导致石膏硬化体的孔隙率提高，强度大幅度下降。制品（如生产石膏砌块）中用水量的加大还增加干燥时的能量和时间，而因水量过多引起孔隙率的提高还使其大量吸收湿气，进而影响制品的物理力学性能。磷石膏、脱硫石膏等自流平地坪材料更需要高效减水剂，不仅要满足高流动性和低泌水量的要求，还不能降低强度。石膏产品中掺入减水剂，可以明显提高石膏产品的性能。

546. 骨料有哪四种含水状态?

骨料的含水状态可分为全干状态、气干状态、饱和面干状态和湿润状态四种：

全干状态：骨料内外不含任何水，通常在（105±5)℃条件下烘干而得。

气干状态：骨料表面干燥，内部孔隙中部分含水。指室内或室外（天晴）空气平衡的含水状态，其含水量的大小与空气相对湿度和温度密切相关。

饱和面干状态：骨料表面干燥，内部孔隙全部吸水饱和。水利工程常采用饱和面干状态计量骨料用量。

湿润状态：骨料内部吸水饱和，表面还含有部分表面水。

一般情况下，在晴天天然砂处于湿润状态，碎石处于气干状态；在雨季或湿润空气中砂石都处于湿润状态。

547. 什么是骨料的含水率与吸水率?

在建筑工程中搅拌湿拌砂浆计量骨料用量时，如果处于骨料湿润状态，要测定骨料含水率，扣除骨料中的含水量；同样，计量水用量时，要扣除骨料中带入的水量。

所谓含水率是指骨料在自然堆积中从大气中吸附的水量（包括吸水量和表面含水量）与其全干质量比值。而吸水率则是指按规定方法测得的骨料饱和面干状态下的含水量（也称吸水量）与其全干质量比值。

骨料的吸水率是骨料的固有特性，不随环境的变化而变化，它取决于骨料的孔隙结构、大小和数量，并影响到湿拌砂浆的耐久性。

骨料的含水率不是骨料的固有特性，它随环境的变化而变化，因此在实际应用时需要经常测定，以便调整湿拌砂浆中的水和骨料用量。

548. 砂浆拌和用水中有害物质对砂浆性能的影响有哪些?

(1) 影响砂浆的和易性、可抹性、保塑时间及凝结时间；

(2) 有损砂浆强度发展；

(3) 降低砂浆的耐久性，加快钢筋腐蚀及导致预应力钢筋脆断；

(4) 污染砂浆表面，泛碱，起皮。

549. 石膏耐水性差原因有哪些？

（1）石膏有很大的溶解度（20℃时，每 1L 水溶解 2.05g$CaSO_4$），当受潮时，由于石膏的溶解，其晶体之间的结合力减弱，从而使强度降低。特别在动水作用下，当水通过或沿着石膏制品表面流动时使石膏溶解并分离，此时的强度降低是不可能恢复的。

（2）由于石膏体的微裂缝内表面吸湿，水膜产生楔入作用，因此各个结晶体结构的微单元被分开。

（3）石膏材料的高孔隙也会加重吸湿效果，因为硬化后的石膏体不仅在纯水中，而且在饱和及过饱和石膏溶液中加荷时也会失去强度。

550. 石膏复合胶凝材料主要改善了石膏的什么性质？

石膏的耐水性差，提高石膏的耐水性可采取如下方法：降低硫酸钙在水中的溶解度；提高石膏制品的密实度；制品外表面涂刷保护层和浸渍能防止水分渗透到石膏制品内部的物质。

石膏复合胶凝材料主要是在石膏材料内加入某些掺合料，以改善石膏的部分耐水性能，使之更好地发挥作用，适应不同条件、不同环境、不同用途的需要。

石膏复合胶凝材料主要改善了石膏的部分耐水性能。

551. 建筑石膏粉物理性能有何要求？

建筑石膏粉是石膏刮墙腻子的主要原料，是保证粘结强度和抗冲击强度的基础原料，故对其质量要求较严格。

物理性能应满足表 2-43 的要求。

表 2-43 建筑石膏粉的物理性能

细度	应全部通过	120 目筛
初凝时间	大于	6min
终凝时间	小于	30min
抗折强度 2h	大于	2.1MPa
抗压强度 2h	大于	4.9MPa
白度直接做装饰层腻子要求	大于	85
做涂料或粘贴壁纸基层腻子	大于	75
生产建筑石膏粉的石膏石中 $CaSO_4 \cdot 2H_2O$	大于	75%
Na_2O	小于等于	0.03%
K_2O	小于等于	0.03%
Cl^-	小于等于	10ppm
建筑石膏粉中 $CaSO_4 \cdot 2H_2O$	小于等于	1%
细度	应全部通过 325 筛	
Na_2O 含量	≤1.0%	
K_2O 含量	≤3.0%	

552. 沸石粉在砂浆中有哪些作用?

(1) 减少砂浆的泌水性，改善可泵性

由于沸石粉具有特殊的格架状结构，内部充满孔径大小不一的空腔和孔道，有较大的开放性和亲水性，故能减少砂浆、混凝土的泌水性。

(2) 提高砂浆强度

沸石粉中含有一定数量的活性硅及活性铝，能参与胶凝材料的水化及凝结硬化过程，且能与水泥水化生成的氢氧化钙反应生成水化硅酸钙及水化铝酸钙，进一步促进水泥的水化，增加水化产物，改善骨料与胶凝材料的胶结，因而提高砂浆的强度。

(3) 提高砂浆的密实性与抗渗性、抗冻性

由于沸石粉与氢氧化钙反应，砂浆中水化产物增加，砂浆的内部结构致密，故砂浆的抗渗性与抗冻性也明显改善。

(4) 抑制碱-骨料反应

天然沸石粉可通过离子交换及吸收，将 K^+、Na^+ 吸收进入沸石的空腔及孔道，因而能减少砂浆中的碱含量，从而抑制碱-骨料反应。

553. 为什么保水增稠材料应是非石灰类产品?

传统的保水增稠材料为石灰膏，它通过平面多层矿物结构的物理吸附水原理，在凝结硬化前使得砂浆水分不易从浆体析出，并且使砂浆拌合物形成膏状物，砂浆既可在外力作用下变形，又可在外力消失后本身能承受一定的荷载，硬化后石灰膏所保持的水分能使砂浆中水泥获得充足的水分进行水化。但是，石灰是一种气硬性胶凝材料，而水泥是一种水硬性胶凝材料，石灰在水泥石灰混合砂浆体系中所起的作用也仅局限于保水增稠作用，而砂浆硬化后，石灰产物将形成水泥石灰砂浆中的薄弱环节，它是水泥石灰混合砂浆易渗水和收缩大的主要因素。所以，预拌砂浆所用的保水增稠材料应当是非石灰类的。这样，才能保证预拌砂浆既能获得混合砂浆良好的可操作性及粘结性能，又能具有水泥砂浆优良的耐久性。

554. 水泥快凝、水泥闪凝、水泥假凝的定义是什么?

当水泥中活性 C_3A 含量高，而溶解进入水泥液相中的硫酸盐不能满足正常凝结的需要时，会很快形成单硫型水化硫铝酸钙和水化铝酸钙，使水泥浆体在 45min 内凝结，这种现象称为快凝。

当磨细的水泥熟料中石膏掺量很少或未掺时，C_3A 加水后很快水化，水泥瞬间凝结，同时产生大量的热，这种现象称为闪凝。这种情况下不加水，浆体不会恢复流动性，因此浆体强度很低。

当水泥中的 C_3A 因某种原因活性降低，而水泥中半水石膏又较多，浆体中液相所含铝酸盐浓度很低，钙离子和硫酸根离子浓度很快达到饱和，形成大量的二水石膏晶体，浆体失去流动性，这种现象称为假凝。假凝后的浆体，经过搅拌，又会恢复流动性，并正常凝结硬化。

555. 为什么要做水泥比对试验?

水泥胶砂强度检验受诸多因素的影响：操作人员、操作方法、试验环境温度、试验

仪器设备精度、胶砂试模精度、预养温湿度、养护水温度等。水泥胶砂强度将决定砂浆配合比设计及调整。为此有必要进行水泥比对试验。

556. 砂的表观密度是如何定义的?

砂的表观密度是指砂颗粒单位体积（包括内封闭孔隙）的质量。普通砂的表观密度一般不小于 2500kg/m^3。

557. 砂的吸水率对砂浆拌合物有哪些影响?

砂的吸水率试验用于测定砂的吸水率，指的是以烘干质量为基准的饱和面干吸水率。砂吸水率较大会提高砂浆的用水量，增加水泥、外加剂的用量，增加砂浆生产成本，也不利于预拌湿砂浆的延时保塑性。

558. 什么是砂的饱和面干状态?其对湿拌砂浆的性能和状态有哪些影响?

吸水率指的是测定以烘干质量为基准的饱和面干的吸水率。

砂在内部孔隙含水达到饱和，而表面干燥的状态就是砂的饱和面干状态。通俗地讲，砂长时间浸泡在水里，砂子再也吸不进水，然后从水里取出后用干布将表面的水分彻底擦干净，此时的状态就是砂的饱和面干状态。

在砂浆的生产过程中，若只考虑含水率来调整生产用水，忽略吸水率对拌合物用水量的影响，会造成湿拌砂浆的工作状态达不到预期，或者稠损严重；不同砂的吸水率对砂浆的强度、抗冻性和抗渗性等耐久性指标影响很大，试验结果表明，随着砂吸水率的减小，砂浆的抗压强度逐渐增大，抗氯离子渗透性、抗渗性能和抗冻融性增强。

559. 砂的筛分析试验检测砂的哪些指标?对砂浆的配制提供哪些参考?

通过砂的筛分析，可以测定砂浆用砂的颗粒级配和细度模数。

砂的颗粒级配是指不同粒径骨料之间的组成状况；一般用砂在各个筛孔上的通过率表示。良好的级配应当具有较小的孔隙率和较稳定的堆聚结构。砂的颗粒级配可以分为2 种：连续级配与间断级配（俗称断级配），一般配制砂浆宜采用连续级配，间断级配容易导致砂浆离析，保塑时间降低，保水率减小。

砂的细度模数是衡量砂的粗细程度的一个指标。在砂浆生产过程中，特别注意以下几点：

(1) 不同细度模数情况下砂浆的可抹性及强度的变化。

(2) 细度模数小，砂子的表观密度大，与水接触面多，在用水量一定时，导致砂浆的稠度、扩展度减小，同时胶凝材料与水反应不充分，影响砂浆强度。

(3) 细度模数偏大时，砂子的表观密度小，与水接触面少，水过剩，砂浆中自由水数量增加，导致砂浆离析、泌水、保水降低，保塑时间缩短。同时游离水会以蒸发的形式排出，使砂浆中留下微细孔，导致砂浆保水不足，降低砂浆保塑时间，降低砂浆强度。

560. 砂浆中存在哪些细菌及抗菌外加剂?

一些如细菌、真菌和昆虫等生物也会对混凝土、砂浆的性能产生显著影响，其机理可能是这些生物通过新陈代谢分泌一些腐蚀性物质，主要包括一些有机酸和无机酸，这些腐蚀性物质会与水化水泥浆体发生反应，在腐蚀初期水化水泥浆的碱性孔隙液会中和一部分酸性物质，随着腐蚀深度的增加，进而加速钢筋的腐蚀。

目前已证明通过掺入硫酸铜和五氯酚可以抑制硬化混凝土上藻类和苔藓的生长，但随着时间的延续，这种抑制作用会减弱。需要注意的是，不应使用有毒物质作为添加剂。

值得一提的是，科学家研究发现一些细菌可以通过沉积方解石的形式来修复裂缝，这些细菌是产芽孢厌氧菌，且是耐碱的。

561. 再生水、洗刷水作为砂浆用水的检验频次有哪些要求？

（1）再生水每3个月检验一次；在质量稳定一年后，可每6个月检验一次。

（2）混凝土企业设备洗刷水每3个月检验一次；在质量稳定一年后，可一年检验一次。

（3）当发现水受到污染和对砂浆性能有影响时，应立即检验。

562. 外加剂掺加方法分为哪几种？

外加剂掺加方法分为以下几种：

（1）外掺法：以外加剂质量占外加剂与胶凝材料总质量的百分比为计量单位。

（2）内掺法：以外加剂质量占胶凝材料质量的百分比为计量单位。

（3）先掺法：砂浆拌和时，外加剂先于拌合水加入的掺加方法。

（4）同掺法：砂浆拌和时，外加剂与水一起加入的掺加方法。

（5）后掺法：砂浆拌和时，外加剂滞后于水再加入的掺加方法。

（6）二次掺加法：根据砂浆拌合物性能需要或其不能满足施工要求时，现场再次添加外加剂的方法。

2.2.2 预拌砂浆知识

563. 再生水如何定义？

再生水，也称作“中水”，指对污水处理厂出水、工业排水、生活污水等非传统水源进行回收，经适当处理后达到一定水质标准，并在一定范围内重复利用的水资源。

564. 再生水作为砂浆拌和用水有哪些规定？

再生水的放射性应符合国家标准《生活饮用水卫生标准》（GB 5749—2022）的规定；放射性要求按饮用水标准从严控制，超标者不能使用。

565. 洗刷水作为湿拌砂浆拌和用水有哪些注意事项？

湿拌砂浆企业设备洗刷水用前需做拌合物试验，做湿拌砂浆保塑时间、砂浆容重、强度、砂浆可抹性等各指标性能试验，确保不影响砂浆各项指标性能的基础合理使用。

566. 水泥中掺加混合材料有哪些优缺点？

水泥中掺加混合材料有如下优点：

（1）改善水泥性能，生产不同品种水泥；

（2）调节水泥强度等级，合理使用水泥；

（3）节约熟料，降低能耗；

（4）综合利用工业废渣；

（5）增加水泥产量，降低生产成本。

水泥中掺加混合材料也有一些缺点，如使生产控制复杂化，早期强度有所降低，低温性能较差等。

567. 水泥的泌水性对湿拌砂浆有什么危害？

泌水性对湿拌砂浆匀质性、包裹保水、保塑时间是有害的。因为湿拌砂浆泌水，使砂浆保水效果降低，从而影响砂浆的整体技术性能，保水、保塑、保塑时间等砂浆的可抹性降低，砂浆易分层，达不到施工需求，砂浆强度也会严重下降。

568. 水泥砂浆的体积变化共分哪几种？

水泥砂浆在水化硬化和使用过程中，其体积变化共有如下几种：

（1）自身收缩。水泥和水后，水泥与水的绝对体积由于水化原因而减小，这种因水泥水化时绝对体积减缩而引起的收缩称为自身收缩。

（2）干燥收缩。因硬化水泥浆体中水分的蒸发而引起的收缩称为干燥收缩，主要由于较小的毛细管的凝胶水失去而形成。

（3）碳化收缩。在一定的相对湿度下，空气中的 CO_2 会使水泥硬化浆体的水化产物如 $Ca(OH)_2$、水化硅酸钙、水化铝酸钙和水化硫铝酸钙分解，并释放出水分而导致砂浆的收缩。因上述原因引起的收缩称为碳化收缩。

（4）湿胀。当水泥砂浆保持在水中时，硬化水泥浆体中的凝胶粒子会因吸水饱和而分开，从而使砂浆产生一定量的膨胀，这种膨胀称为湿胀。

（5）因化学反应而引起的膨胀。这类膨胀可分为两大类，一类是水泥砂浆使用过程中因硫酸盐侵蚀或碱-骨料反应等原因而产生膨胀；另一类是在配制混凝土时使用膨胀水泥、自应力水泥或膨胀剂而使水泥砂浆产生的膨胀。

569. 水泥凝结时间不正常的因素有哪些？

（1）熟料中铝酸三钙和碱含量过高时，石膏的掺入量又未随之变化，可引起水泥的凝结时间不正常。水泥孰料中的硫碱比为 0.8～0.9 时合适。

（2）石膏的掺入量不足，或掺加不均匀，会导致水泥中的 SO_3 分布不均，使局部水泥凝结时间不正常。

（3）水泥磨内温度波动较大。当磨内温度过高时，可引起二水石膏脱水，生成溶解度很低的半水石膏，导致水泥假凝。

（4）熟料中生烧料较多。生烧料中含有较多的 f-CaO，这种料水化时速度较快，且放热量和吸水量较大，易引起水泥凝结时间不正常。

（5）水泥粉磨细度过粗或过细时，对水泥凝结时间也有较大影响。

570. 作为砂浆掺合料，该如何选择各等级粉煤灰？

应选择Ⅰ级灰和Ⅱ级灰。当粉煤灰替代水泥时尽量不选择Ⅲ级灰，Ⅲ级灰细度粗，需水量大，烧失量高，吸附砂浆外加剂明显，严重影响湿拌砂浆的保塑性能和施工性能；粉煤灰替代砂，根据实际情况选择使用Ⅲ级灰，使用时多做拌合物试验找出最佳掺量使用。

571. 粉煤灰取代水泥率有什么要求?

（1）砂浆中的粉煤灰取代水泥率可根据其设计强度等级及使用要求参照表 2-44 推荐值选用。

表 2-44　砂浆中粉煤灰取代水泥率及超量系数

<table>
<tr><th colspan="2" rowspan="2">砂浆品种</th><th colspan="5">砂浆强度等级</th></tr>
<tr><th>M1.0</th><th>M2.5</th><th>M5</th><th>M7.5</th><th>M10</th></tr>
<tr><td rowspan="2">水泥砂浆</td><td>β_m（%）</td><td colspan="3">15～40</td><td colspan="2">10～25</td></tr>
<tr><td>δ_m</td><td colspan="3">1.2～1.7</td><td colspan="2">1.1～1.5</td></tr>
<tr><td rowspan="2">水泥石灰砂浆</td><td>β_m（%）</td><td>—</td><td>25～40</td><td>20～30</td><td>15～25</td><td>10～20</td></tr>
<tr><td>δ_m</td><td>—</td><td colspan="2">1.3～2.0</td><td colspan="2">1.2～1.7</td></tr>
</table>

注：表中 β_m 为粉煤灰取代水泥率，δ_m 为粉煤灰超量系数。

（2）砂浆中，粉煤灰取代石灰膏率可通过试验确定，但最大不宜超过 50%。

572. 什么叫砂的坚固性？砂的坚固性用什么方法进行试验?

砂的坚固性是指砂在气候环境变化和其他外界物理化学因素作用下抵抗破裂的能力。

通过测定硫酸钠饱和溶液渗入砂中形成结晶时胀裂力对砂的破坏程度来间接地判断其坚固性。

573. 干混界面砂浆有何应用?

界面处理砂浆主要用于干混砂浆、加气干混砂浆、灰砂砖及粉煤灰砖等表面的处理，解决由于这些表面吸水特性或光滑引起界面不易粘结，抹灰层空鼓、开裂、剥落等问题，可大大提高新旧干混砂浆之间或干混砂浆与砂浆之间的粘结力，从而提高建筑工程质量，加快施工进度。在很多不易被砂浆粘结的致密材料上，界面处理剂作为必不可少的辅助材料，有广泛的市场。

界面处理剂主要用于混凝土基层抹灰的界面处理和大型砌块等表面处理，以及可用于混凝土结构的修补工程，还可用于膨胀聚苯板（EPS 板）、挤塑聚苯板（XPS 板）的表面处理。

574. 水泥基干混饰面砂浆的特点有哪些?

（1）水泥基干混饰面砂浆具有比涂料（包含粘结剂层）或瓷砖更低的成本，色彩丰富，可制造多种纹理的饰面效果，装饰效果多样化，质感自然。

近年来还发展了仿瓷砖的装饰效果，这主要是由于国内外保温系统的大量应用。使本来设计贴瓷砖的建筑陷入了尴尬的境地，贴瓷砖可能不安全，不贴又不能获得设计效果。仿瓷砖的干混饰面砂浆施工方法的出现解决了这一问题。

（2）干混饰面砂浆具有良好的透气性，墙面干爽。通过选择合适的添加剂，还可以获得良好的防水效果。

（3）保水性能好，施工时可不润湿或适当润湿墙面。粘结强度高，收缩小，耐久性能好。

（4）表面颜色的一致性和抗泛碱性较难控制。水泥基干混饰面砂浆最大的缺点就是表面容易有色差和泛碱问题。部分商业产品配套有罩面清漆以减轻泛碱。另外也有专业的抑制泛碱添加剂可以增加干混饰面砂浆自身的抗泛碱能力。

575. 什么是一般抹灰？

在建筑物的墙、顶、地、柱等表面上，直接抹灰做成饰面层的装饰工程，称为一般抹灰工程。根据建筑工程对装饰工程质量的不同要求，按照《建筑装饰装修工程质量验收工程》（GB 50210—2018）的规定，一般抹灰分高级抹灰和普通抹灰。高级抹灰：要求一层底层、数层中层和一层面层，多遍成活。普通抹灰：要求一层底层、一层中层和一层面层，三遍成活。

576. 抹灰砂浆的技术要求有哪些？

抹灰砂浆是一种功能材料而不是结构材料，其作用除找平墙面外，主要起保护墙体的作用。抹灰砂浆的质量最终反映在其工程质量上，目前石灰砂浆存在的主要问题是开裂、空鼓、脱落，其中的一个主要原因是砂浆的粘结强度低。所以对于抹灰砂浆来说，粘结强度是一个重要的指标。抹灰砂浆除要求具有良好的和易性，容易抹成均匀平整的薄层，便于施工，还要求具有较高的粘结力，砂浆层要能与基底粘结牢固，长期使用不致开裂或脱落。

抹灰砂浆的组成材料与砌筑砂浆基本是相同的。但为了防止砂浆层开裂，有时需加入一些纤维材料；有时为了使其具有某些功能，例如防水或保温等功能，需要选用特殊骨料或掺合料。

577. 干混地面砂浆有哪些品种？

干混地面砂浆按产品形式可分为普通干混地面砂浆、自流平地面砂浆和耐磨地面砂浆。

（1）普通地面砂浆主要用于找平层和普通地面面层施工，施工工艺与传统砂浆相类似，验收标准是不起壳，表面应密实，不得有起砂、蜂窝和裂缝等缺陷。

（2）自流平砂浆主要用于室内的工厂、停车场和仓库等地面的找平，也可用于室内地面的找平。它既可直接使用，也可在上面铺设如地毯、地板等装饰层。自流平砂浆具有以下特点：可泵送、施工效率高，可节约人工和时间，能自行流平，可节约抹平人工操作，减少人工操作的误差，硬化速度快，施工后 8h 可上人，7d 后可使用，硬化后地面平整度好、颜色均匀一致、无色差。

（3）如果工厂地面耐磨要求高，就应选用硬质耐磨地面砂浆，它主要含有硬质耐磨骨料，赋予砂浆面层良好的耐磨损性。

578. 常见的水泥基干混陶瓷砖粘结砂浆分为哪些种类？

水泥基干混陶瓷砖粘结砂浆是由水泥、骨料、聚合物、添加剂、填料等组成的粉状混合物，使用时需与水或其他液体拌和。

若使用时只需加水拌和，则称为单组分干混水泥基瓷砖粘结砂浆；若使用时需加入配套的液体组分拌和，则称为双组分水泥基干混陶瓷砖粘结砂浆。

单组分干混陶瓷砖粘结砂浆，价格低、质量稍差一些，特别是没有加聚合物的砂浆，粘结力低，收缩大，主要用于内外墙瓷砖的粘结。双组分干混陶瓷砖粘结砂浆，弹性好，粘结力强，用于保温系统等很适合，其柔性和粘结力是单组分所不能比的，可用于内外墙瓷砖的粘结、石材粘结，以及一些特殊基面、弹性基面的粘结。单组分膏状干混陶瓷砖粘结砂浆的成本高，粘结力好，弹性好，可以适应木板、塑料板的变形，但不耐水，用于特种基材粘结饰材，如在木板、铁板、塑料板上粘贴饰材。

579. 水泥基干混瓷砖粘结砂浆的材料组成是什么？

瓷砖粘结砂浆的材料组成一般包括：(1) 水泥：无机胶凝材料；(2) 可再分散乳胶粉：增强对所有基材的粘结强度（尤其是无孔基材，大尺寸瓷砖，或在光滑表面、不稳定的基材上粘贴）、增加拉伸强度、降低弹性模量、增加保水性、改善工作性、减少水的渗透性等；(3) 砂：作为骨料并调节粘结砂浆的稠度，所以其粒径尺寸非常重要；(4) 甲基纤维素醚：作为增稠剂并保持粘结砂浆中的水分，赋予粘结砂浆良好的工作性（薄层施工工艺中砂浆较薄，在水泥与水反应前极易失去水分，如蒸发、被基材和瓷砖吸收）；(5) 其他功能助剂。

580. 干混界面砂浆有哪些特点？

(1) 能封闭基材的孔隙，减少墙体的吸收性，达到阻缓、降低轻质砌体抽吸抹面砂浆内水分，保证抹面砂浆材料在更佳条件下胶凝硬化。

(2) 提高基材表面强度，保证砂浆的粘结力。

(3) 在砌体与抹面砂浆间起粘结搭桥作用，保证上墙砂浆与砌体表面更易结合成一个牢固的整体。

(4) 免除抹灰前的二次浇水工序，避免墙体干燥收缩，尤其适用于干法抹灰施工前的界面处理。

581. 干法施工有何优点？

砂浆的干法施工有以下一些优点：

(1) 优异的保水性，能保证砂浆在更好的条件下胶凝，从而提高砂浆的粘结力和强度；

(2) 良好的流动性，可使砂浆更容易渗入粘结基面，增大接触面积，从而提高砂浆的粘结力；

(3) 较好的初粘结力，有利于较大规格的砌块墙体竖向灰缝饱浆，保证墙体的整体性；

(4) 较好的提浆能力，可保证抹面层密实、表面平整及内外均质一致。

因此，采用砂浆的干法施工能显著提高砂浆的保水性、初粘结力及施工操作性能，使施工更容易搓抹，砂浆密实和平整，保证砂浆在最佳条件下胶凝硬化，有效抑制裂缝的新生和发展，可显著提高抹面层整体性、稳定性及耐久性。不仅如此，干法施工还可以广泛应用于内、外墙装修，有效地避免墙体开裂、空鼓、渗漏水现象，还可以大大降低工人的劳动强度，提高工作效率，缩短施工工期，比传统施工方法节省 2/3 的用水量，还可达到文明施工和环保要求，带来的经济效益和社会效益十分可观，具有广阔的市场前景。

582. 什么是轻骨料？轻骨料是如何分类的？

堆积密度不大于1200kg/m^{3}的粗细骨料的总称。轻骨料的细度模数宜在2.3～4.0范围内。按形成方式分为：

（1）人造轻骨料：轻粗骨料（陶粒等）和轻细骨料（陶砂等）；

（2）天然轻骨料：浮石、火山渣等；

（3）工业废渣轻骨料：自燃煤矸石、煤渣等。

583. 用于砂浆中的人工砂（机制砂、混合砂）石粉含量有什么技术要求？

机制砂的石粉含量、泥块含量及压碎指标应符合表2-45规定。

表2-45 机制砂的石粉含量、泥块含量及压碎指标

MB值≤1.4时或快速法试验合格			
类别	Ⅰ	Ⅱ	Ⅲ
MB值	≤0.5	≤1.0	≤1.4或合格
石粉含量（以质量计，%）	≤15.0		
泥块含量（以质量计，%）	≤0	≤1.0	≤2.0
此指标根据使用地区和用途，经试验验定，可由供需双方协商确定			
MB值>1.4时或快速法试验不合格			
类别	Ⅰ	Ⅱ	Ⅲ
石粉含量（以质量计，%）	≤1.0	≤3.0	≤5.0
泥块含量（以质量计，%）	≤0	≤1.0	≤2.0
机制砂压碎指标			
类别	Ⅰ	Ⅱ	Ⅲ
机制砂压碎指标（%）	≤20	≤25	≤30

584. 什么是砂的堆积密度、紧密密度和表观密度？

（1）堆积密度

松散堆积密度包括颗粒内外孔及颗粒间隙的松散颗粒堆积体的平均密度，用处于自然堆积状态的未经振实的颗粒物料的总质量除以堆积物料（容量桶）的总体积求得。

（2）紧密密度

紧密密度也称振实堆积密度，它是经振实后的砂颗粒堆积体的平均密度。

（3）表观密度

表观密度是指材料在自然状态下单位体积的质量，该体积包括材料内部封闭孔隙的体积（饱和面干密度是指砂石表面干燥，而内部孔隙中含水达到饱和这个状态下单位体积的质量）。

585. 优质的机制砂应具有哪些特点？

目前市场上的很多机制砂具有以下特点：级配不合理，细度模数偏高，粒型不好，针片状过多，石粉（或泥）含量高，需水量大；与天然砂相比，机制砂颗粒级配较差，且多棱角、粒型差，采用其配制的砂浆保水性较差，稠度损失大，新拌砂浆还易泌水。同时，机制砂中小于0.075mm的石粉（含泥）含量较多时，对砂浆外加剂的吸附量较大，再加上石粉（含泥）较多，不利于砂浆工作性能和施工性能等综合性能的控制。优质机制砂具有以下特点：

（1）颗粒形状圆润，可以与天然砂相媲美。

（2）级配相对合理、稳定：每层颗粒含量的粒度得到有效控制，且级配完美地落在国标Ⅱ区。

（3）细度模数稳定、颗粒连续性好，可调：根据细度模数与能耗的曲线关系，调整产品的粒度大小，从而改变产品的细度模数，稳定度非常好。

（4）石粉含量可控：成品机制砂使用“干筛法”实现国家标准对不同类别机制砂石粉含量要求的灵活控制，机制砂中的石粉含量最好控制在10%～13%。

（5）生产工艺对环境友好：无粉尘（全封闭式设计，负压状态），低噪声、轻振动。

（6）生产工艺采用自动智能控制系统：我国大部分的机制砂生产线基本上还停留在粗放式的生产方式，没有系统、完整地对原生石材、固废垃圾的破碎机理进行研究，没有机制砂生产过程控制模型，对机制砂生产工艺参数的调整认识较少。先进的制砂成套技术装备正向着绿色化、智能化、无人操作、服务化方向发展。

586. 防水剂的作用机理是什么？

砂浆吸水是因为水化水泥浆内毛细孔的表面张力，从而产生毛细吸力而“引入”水，而防水剂的作用是阻止水浸入。防水剂的性能很大程度上取决于下雨时（不是吹风）的水压是否较低，或者毛细管水上升高度，或挡水结构是否有静水压。防水剂有几种形式，但其主要作用是使砂浆疏水，这意味着水因毛细管壁和水之间的接触角增加而被排出。常用防水剂包括硬脂酸和一些植物、动物脂肪。

防水剂与憎水剂不同，后者是有机硅类，主要应用于表面，防水膜是乳化沥青基涂料，产生有弹性的坚硬漆膜。

587. 减缩剂的作用机理是什么？

减缩剂是使砂浆早期干缩减小，从而减少甚至消除裂缝产生的外加剂。减缩剂的主要作用机理是：一方面在强碱性的环境中大幅度降低水的表面张力，从而减小毛细孔失水时产生的收缩应力；另一方面是增大砂浆孔隙水的黏度，增强水在凝聚体中的吸附作用，减小砂浆收缩值。

减缩剂主要成分是聚醚或聚醇及其衍生物，已被国内外研究和开发的用于减缩剂合成组分的原材料主要有丙三醇、聚丙烯醇、新戊二醇、二丙基乙二醇等。

588. 外加剂的主要功能有哪些？

（1）改善砂浆拌合物施工时的和易性；

（2）提高砂浆的强度及其他物理力学性能；

（3）节约水泥或代替特种水泥、石膏；

（4）加速砂浆的早期强度发展；

（5）调节砂浆的凝结硬化速度；
（6）调节砂浆的含气量；
（7）降低水泥初期水化热或延缓水化放热；
（8）改善拌合物的泌水性；
（9）提高砂浆耐受各种侵蚀性盐类腐蚀的能力；
（10）减弱碱-骨料反应；
（11）改善砂浆的毛细孔结构；
（12）改善砂浆的可泵性；
（13）提高钢筋的抗锈蚀能力；
（14）提高骨料与砂浆界面的粘结力，提高与基层的粘结内聚力；
（15）延长砂浆的保塑期；
（16）提高砂浆的柔韧性，减少收缩。

589. 砂浆用速凝剂有哪些种类？

按产品形态：粉体（固体）速凝剂和液体速凝剂，掺量一般为胶材用量的4%～6%。

按碱含量：有碱速凝剂和无碱速凝剂（将 Na_2O 当量＜1%的速凝剂称无碱速凝剂）。

按主要促凝成分：铝氧熟料（工业铝酸盐）型、碱金属碳酸盐型、水玻璃（硅酸盐）型、硫酸铝型和无硫无碱无氯型。

590. 外加剂选用有什么注意事项？

（1）严禁使用对人体产生危害、对环境产生污染的外加剂。如六价铬盐、亚硝酸盐等成分严禁用于饮水工程。

（2）含有硝铵、尿素等释放氨气的外加剂，不得用于办公、居住等建筑工程。

（3）普通木质素类减水剂、缓凝型外加剂、引气型外加剂不宜用于蒸养混凝土。

（4）用于钢筋混凝土外加剂中氯离子的含量不得大于外加剂折固质量的0.2%，用于预应力钢筋混凝土的外加剂中的氯离子含量不得大于外加剂折固质量的0.1%，由外加剂引入混凝土的氯离子质量不得大于0.02kg/m^3。

（5）用于先张法预应力钢筋混凝土的外加剂中的硝酸根、碳酸根离子含量均不得大于折固外加剂质量的0.1%。

（6）当使用碱活性骨料时，由外加剂带入的碱含量（以 Na_2O eq 计）不宜超过1kg/m^3。

591. 地表水如何定义？

在我国，通常所说的地表水属于狭义的地表水的概念，并不包括海洋水，主要包括河流水、湖泊水、冰川水和沼泽水，并把大气降水视为地表水体的主要补给源。通常把分别存在于河流、湖库、沼泽、冰川和冰盖等水体中水分的总称定义为地表水。

592. 地表水如何分类？

依据地表水水域环境功能和保护目标，按功能高低依次划分为五类：

Ⅰ类：主要适用于源头水、国家自然保护区；

Ⅱ类：主要适用于集中式生活饮用水地表水源地一级保护区、珍稀水生生物栖息地、鱼虾类产卵场、仔稚幼鱼的索饵场等；

Ⅲ类：主要适用于集中式生活饮用水地表水源地二级保护区、鱼虾类越冬场、洄游通道、水产养殖区等渔业水域及游泳区；

Ⅳ类：主要适用于工业用水区及人体非直接接触的娱乐用水区；

Ⅴ类：主要适用于农业用水区及一般景观要求水域。

593. 砌筑砂浆原材料有何要求?

砌筑砂浆的原材料主要有：胶凝材料、骨料、掺合料及外加剂等。

(1) 胶凝材料

水泥是砌筑砂浆的主要胶凝材料，目前使用较多的是普通硅酸盐水泥、矿渣硅酸盐水泥等，但矿渣硅酸盐水泥易泌水，使用时要加以注意。工厂化砂浆生产，建议采用42.5水泥，再掺加粉煤灰、矿渣粉等掺合料，可配制各强度等级的砂浆。

(2) 细骨料

砌筑砂浆用砂宜选用中砂。天然砂的含泥量对砂浆性能有一定的影响，若砂的含泥量过大，不但会增加水泥用量，还会加大砂浆的收缩，降低粘结强度，影响砌筑质量。人工砂中的石粉含量较高，一定量的石粉含量可改善砂浆的和易性，人工砂的颗粒形状和表面状况对砂浆性能产生影响。

砌筑砂浆也可以采用轻质骨料，如膨胀珍珠岩、破碎聚苯颗粒等生产保温砌筑砂浆，减少灰缝的冷热桥影响。

(3) 掺合料

掺加料是为改善砂浆和易性而加入的无机材料，如磨细生石灰、粉煤灰、沸石粉、矿渣粉等。

(4) 外加剂

为了改善水泥砂浆的和易性，砌筑砂浆中常常掺入保水增稠材料、有机塑化剂等。由于有机塑化剂具有引气作用，对砌体的力学性能有一定影响。

594. 砂浆中常用的填充料有哪些?

特种干混砂浆中通常都掺加一些填料，如重质碳酸钙、轻质碳酸钙、石英粉、滑石粉等，这些惰性材料没有活性，不产生强度。其作用主要是减少胶凝材料用量，降低材料脆性。

595. 砂浆中常用的填充料有何特点?

(1) 重质碳酸钙简称重钙，是以方解石为主要成分的碳酸盐，采用机械方法直接粉碎天然的方解石、石灰石等制得的。其质地粗糙，密度较大，难溶于水。根据粒径的大小，可以将重质碳酸钙分为单飞粉（95%通过0.074mm筛)、双飞粉（99%通过0.045mm筛)、三飞粉（99.9%通过0.045mm筛)、四飞粉（99.95%通过0.037mm筛）和重质微细碳酸钙（过0.018mm筛)。

(2) 轻质碳酸钙简称轻钙，是由天然石灰石经过化学加工而成，颗粒细，不溶于水，有微碱性。

（3）滑石粉是将天然滑石矿石经挑选后，剥去表面的氧化铁研磨而成，主要成分为硅酸镁。它具有滑腻感，主要用于腻子和涂料行业，可改善施工性和流动性。

596. 不同块材砌体对砌筑砂浆稠度、分层度有何要求？

砌筑砂浆应根据块材性能而定，逐步向薄层砌筑砂浆发展。

烧结砖对砂浆的黏聚性和保水性要求较低，稠度应控制在70～90mm，分层度应不大于25mm。

蒸压粉煤灰砖、蒸压灰砂砖属压制成型的硅酸盐制品，吸水率大，表面光滑，砂浆稠度应控制在70～80mm，分层度应不大于15mm。

混凝土小型空心砌块属振动成型的水泥制品，块体质量大，吸水率低，砂浆稠度应控制在50～70mm，分层度应不大于20mm，而且砂浆应有优异的黏聚性，确保竖缝的饱满度。

蒸压加气混凝土砌块属蒸压切割的多孔硅酸盐制品，材料密度轻，封闭小孔多，吸水速度慢，吸水率大，砂浆稠度应控制在80～90mm，分层度应不大于15mm。

597. 干混砌筑砂浆、干混抹灰砂浆、干混地面砂浆和干混普通防水砂浆的性能指标如何要求？

干混砌筑砂浆、干混抹灰砂浆、干混地面砂浆和干混普通防水砂浆的性能指标见表2-46。

表2-46　部分干混砂浆性能指标

项目		干混砌筑砂浆		干混抹灰砂浆			干混地面砂浆	干混普通防水砂浆
		普通砌筑砂浆	薄层砌筑砂浆	普通抹灰砂浆	薄层抹灰砂浆	机喷抹灰砂浆		
保水率（%）		≥88.0	≥99.0	≥88.0	≥99.0	≥92.0	≥88.0	≥88.0
凝结时间（h）		3～12	—	3～12	—	—	3～9	3～12
2h稠度损失率（%）		≤30	—	≤30	—	≤30	≤30	≤30
压力泌水率（%）		—	—	—	—	<40	—	—
14d拉伸粘结强度（MPa）		—	—	M5：≥0.15；>M5：≥0.20	≥0.30	≥0.20	—	≥0.20
抗冻性[a]	强度损失率（%）	≤25						
	质量损失率（%）	≤5						

a 有抗冻性能要求时，应进行抗冻性试验。

598. 干混陶瓷砖粘结砂浆的特点有哪些？

干混陶瓷砖粘结砂浆具有以下特点：

（1）具有良好的保水性能，瓷砖粘贴前无须浸水处理，可长时间施工、大面积涂抹；粘附效果好、抗垂流性强，可以自上而下施工。

（2）由于具有良好的施工性能、抗下滑性能、足够长的开放时间，从而使薄层施工成为可能，大大提高了瓷砖的粘贴效率。

（3）使瓷砖的粘贴更为安全。由于可再分散乳胶粉和纤维素醚的改性作用，使用这种瓷砖粘结砂浆，对不同类型的基层以及包括吸水率极低的全玻化砖等均具有良好的粘结性能，而且在浸水、冻融条件下仍具有足够的粘结强度。

（4）耐热性及耐候性良好，不会因为外部环境温度的变化而影响粘结性能。

（5）具有良好的柔韧性，较低的弹性模量，对基层的适应能力强，可以吸收由于温差等因素引起的应力，收缩小、不空鼓、不开裂。

599. 干混界面砂浆的原材料有哪些技术要求？

干混界面砂浆一般是水泥基的聚合物改性砂浆，原材料中的水泥属于无机胶凝材料，聚合物属于有机胶凝材料，一般选用能适用于碱性环境的可再分散乳胶粉，两者相互协调发挥功能。砂应采用细砂，最大粒径一般不应超过 0.5mm，主要起增加粘结强度和增加砂浆的体积稳定性作用。保水剂等其他外加剂可改善砂浆的均匀性和工作性。干混界面砂浆可以根据工程要求进行原材料的调整。

600. 自流平地坪砂浆有哪些种类？

自流平砂浆可分为水泥基和石膏基两类。

601. 水泥基自流平砂浆有哪些用途？

水泥基自流平砂浆主要用于干燥的、室内准备铺设地毯、PVC、聚乙烯地板、天然石材等区域的地面找平，也可用于干混砂浆表面施工树脂涂层材料的找平层，还可以在仓库、地下停车场、工业厂房、学校、医院和展览厅等需要高耐久性及平滑性的地方，直接作为地面的最终饰面材料。自流平砂浆可以泵送，施工时自动找平，施工效率高，质量稳定。

602. 水泥基自流平砂浆有哪些种类？

水泥基自流平砂浆可分为：

（1）高强型，表面硬度高，耐磨损，用于高耐磨地坪，重负荷交通地面，也可作为干混砂浆表面拟施工树脂涂层材料前的找平层；还可以在工厂、地下停车场、仓库等需要高耐久性及平整性的地方，直接作地面的最终饰面材料，还用于大面积起砂地坪的修复，如码头起砂或磨损后的蜂窝麻面修补，铺设其他材料的基底找平。

（2）防水型，用于建筑防水地面。

（3）彩色型，可做成多种颜色，增加装饰效果，用于有装饰要求的自流平地面。

603. 自流平砂浆的主要优点有哪些？

（1）可泵送，因而施工效率高，可节省时间及人工。

（2）自动流平，可避免昂贵的找平及抹光工作。

（3）快硬，施工 3～4h 后即可上人。

（4）表面美观，固化后的地面光洁、平整，是地面装饰材料的理想基层，不需要再抹光。自流平砂浆是在水泥基砂浆中加入聚合物及各种外加剂，完工后表面光滑平整，且具有较高的抗压强度。

（5）绿色环保，无任何辐射及气体污染。

604. 水泥基自流平地坪砂浆的特点有哪些？

（1）自流动性能，以获得光滑的表面，从而使终饰地板面层可直接铺设于其上；

（2）快速硬化，以尽快达到上人行走施工的目的，典型的高质量产品，2h 后即可上人，过夜干燥后即可铺设终饰地板面层；

（3）具有较高的抗压和抗折强度，与基层良好的粘结性和耐磨性。

605. 无机修补砂浆的特点有哪些？

采用普通水泥或特种水泥与级配骨料配制的水泥基砂浆是最常用的修补材料，具有耐久性好、耐水性好、价廉、环保等优点，但对于细小裂纹，因水泥基材料与骨料颗粒尺寸较大难以进入裂缝而无法实施对裂缝的修复与修补，同时，砂浆与基底旧砂浆的粘结性能较差。

例如，在混凝土路面维修中，若采用水泥基砂浆作为修补材料，应先进行基层的缺陷修补，然后再进行面层板块的修补。采用高强水泥砂浆压力灌浆对基层的缺陷进行修补，以加固路面板块基础。面层板块则采用早强、高强、微膨胀、粘结性良好的砂浆进行修补。为此，在配合比中采用“早强剂＋高效减水剂＋膨胀剂”。试验表明：水泥砂浆的 2d 抗压强度在 27.8～41.3MPa，抗折强度在 5.05～8.0MPa；28d 抗压强度在 42.0～71.5MPa，抗折强度在 7.47～11.43MPa，早期强度与 28d 强度均较高，对路面混凝土基础，压力灌浆水泥砂浆足够满足强度要求。掺加粉煤灰的砂浆早期强度略低，2d 抗压强度在 15.2～26.3MPa，抗折强度在 3.10～5.47MPa；28d 抗压强度在 45.2～54.1MPa，抗折强度在 7.57～8.80MPa。对压力灌浆加固的路面混凝土基础，在经过 2d 的养护后，亦可满足支撑面层混凝土的强度要求。

606. 干混填缝砂浆的主要原材料是什么？

（1）水泥：无机胶凝材料。

（2）石英砂：作为填料并调节其稠度。

（3）重钙：细填料。

（4）纤维素醚：作为增稠剂并保持填缝剂中的水分稳定，确保薄层施工工艺中砂浆中的水分不会很快蒸发或被基材和瓷砖吸收，从而能在最佳状态下凝结硬化。

（5）可再分散乳胶粉：增强对所有基材的粘结强度，增加拉伸强度，降低弹性模量，改善工作性，减少碳化，减少水的渗透性。

（6）其他功能性外加剂等。

607. 水泥基灌浆砂浆的特点是什么？

水泥基灌浆砂浆，也称作无收缩灌浆料，是由优质水泥、各种级配的骨料，辅以高流态、防离析、微膨胀等物质，经工厂化配制生产而成的预混料，加水拌和均匀即成流动性很好的灰浆。常用于干缩补偿、早强、高强灌浆、修补等。其特点如下：

（1）使用方便。加水搅拌后即可使用，无离析，质量稳定。

（2）具有膨胀特性。在塑性阶段和硬化期均产生微膨胀以补偿收缩，体积稳定，防水、防裂、抗渗、抗冻融。

（3）高流动性。一般在低水灰比下即具有良好的流动性，便于施工浇筑，保证工程质量。

（4）快硬高强。可用于紧急抢修，节省工期。

（5）适用面广，耐久性好。可用于地脚螺栓锚固、设备基础的二次灌浆、混凝土结构改造和加固、后张预应力混凝土结构预留孔道的灌浆及封锚。

（6）安全环保。无毒无味，使用安全。

608. 水泥基灌浆砂浆的主要原材料是什么?

（1）胶凝材料：硅酸盐水泥；

（2）矿物掺合料：粉煤灰、硅灰等；

（3）骨料：不同规格的天然砂、破碎砂、重钙等；

（4）外加剂：为改善或提高砂浆的某些性能，如无收缩性、粘结性、早期强度等，满足施工条件及使用功能，可在砂浆中掺入一些外加剂，如膨胀剂、可再分散乳胶粉、减水剂、早强剂等。

609. 管道压浆剂有何特点?

（1）流动性好，流动度能够满足 10～17.5s 等要求，满足不同管道管径预应力结构的压浆需求；

（2）充盈度好，材料在配制中产生的气泡少，压浆工序之后保证浆体具有良好的充盈度，管道发生空鼓现象的次数减少；

（3）微膨胀，在材料配制中使用了高品质膨胀剂（塑性膨胀剂），浆液膨胀率小，浆体体积在压浆之后能够保持不收缩的状态，预应力损失大为降低；

（4）强度高，抗折强度与抗压能力符合相应的建筑工程施工要求标准，对施工中使用的其他设备、工具材料不会造成腐蚀；

（5）与水泥相容性好，普通硅酸盐水泥与高品质压浆剂相比，高品质压浆剂具有良好的相容性，材料配制过程操作简单，能够降低更换水泥的概率，能够提高材料的使用率，节约工程造价；

（6）耐久性好，耐腐蚀、老化；环保性能好，无毒无害，不会对周围环境造成污染。

610. 什么是干混饰面砂浆？常见的种类有哪些？有何用途?

（1）干混饰面砂浆是以无机胶凝材料、填料、添加剂和/或骨料、颜料等所组成的用于建筑墙体表面及顶棚装饰性抹灰的材料。

（2）根据所使用的粘结材料不同可分为三大类：水泥基干混饰面砂浆、石膏基干混饰面砂浆和纯聚合物基干混饰面砂浆，其中石膏基干混饰面砂浆只能用于室内场合。

（3）可代替涂料而用作建筑外墙装饰。不需要光滑的基层，是建筑物立面涂层材料，可以作为最终装饰，使用厚度不大于 6mm。适用于各种墙面的装饰，如内外墙保温墙体装饰面、内外干混砂浆墙体装饰面、内外砂浆墙体装饰面，可以手工施工，也可以机械喷涂施工，并且基于施工方式的不同而得到不同的装饰效果。

611. 湿拌砂浆施工应用需符合哪些规定?

（1）湿拌砂浆的品种选用应根据设计、施工等的要求确定。

（2）不同品种、规格的湿拌砂浆不应混合使用。

（3）湿拌砂浆施工前，施工单位应根据设计和工程要求及湿拌砂浆产品说明书等编制施工方案，并应按施工方案进行施工。

（4）湿拌砂浆施工时，施工环境温度宜为5℃～35℃。当温度低于5℃或高于35℃施工时，应采取保证工程质量的措施。五级风及以上、雨天和雪天的露天环境条件下，不应进行湿拌砂浆施工。

（5）施工单位应建立各道工序的自检、互检和专职人员检验制度，并应有完整的施工检查记录。

（6）湿拌砂浆抗压强度、实体拉伸粘结强度应按验收批进行评定。

612. 石膏罩面腻子应符合哪些性能要求？

石膏刮墙腻子的优良性能已成为建筑物室内装修不可缺少的材料之一，其市场越来越大，致使不少生产厂家由于利益驱动，掺杂使假，有些甚至将大白粉、滑石粉加入劣质纤维素出售，使建筑市场处于混乱无序状态。石膏罩面腻子应符合《建筑室内用腻子》（JG/T 298—2010）中的要求。

613. 石膏罩面腻子的原材料有哪些？

（1）建筑石膏粉。

（2）滑石粉在石膏腻子中主要是提高料浆的施工性，易于刮涂，增加表面光滑度。

（3）保水剂。腻子料浆的刮涂性能主要由保水剂做保证。保证腻子料浆的和易性，并使腻子层中的水分不会被墙面过快地吸收，致使石膏水化所需水量不足，而出现掉粉脱落现象。保水剂以纤维素的衍生物为主，如：甲基纤维素（MC）、羟乙基纤维素（HEC）、羟丙基甲基纤维素（HPMC）和梭甲基纤维素（CMC）等。

（4）粘结剂。在石膏刮墙腻子配料中CMC虽然有一定黏度，但会对石膏的强度有不同程度的破坏作用，尤其是表面强度，因此需掺加少量粘结剂，使其在石膏刮墙腻子干燥过程中迁移至表面，增加石膏刮墙腻子表面强度，否则刮到墙上的石膏刮墙腻子因长时间不喷刷涂料而出现表面掉粉现象。但采用MC、HPMC或HEC则可不掺粘结剂，它们与CMC不同，其可以作粉状粘结剂用，对石膏强度不会降低或降低甚少。

石膏腻子常用的粘结剂有：糊化淀粉、淀粉、氧化淀粉、常温水溶性聚乙烯醇、再分散聚合物粉末。

（5）缓凝剂。尽管某些纤维素醚和粘结剂对石膏有缓凝作用，但缓凝效果达不到石膏刮墙腻子的使用时间要求，因此还要加入一定量缓凝剂。

（6）渗透剂。为了使石膏刮墙腻子能与基底结合得更好，应在石膏刮墙腻子中掺入极少量渗透剂。常用的渗透剂有阴离子型和非离子型。

（7）柔韧剂。石膏硬化体本身软脆，一旦刮墙腻子层过厚，极易从两腻子层之间剥离，因此加入一定量柔韧剂和渗透剂可以提高腻子柔韧程度，并可进一步提高腻子料浆的操作性能。常用的柔韧剂有各种磺酸盐、木质素纤维等。

614. 嵌缝石膏粉的原材料有哪些？

嵌缝石膏粉是一种由建筑石膏、缓凝剂、胶粘剂、保水剂、增稠剂、表面活性剂等多种材料组成，经一定的生产工艺加工而成的预混合粉状材料。其主要组成材料是以具有遇水能迅速发挥其应有作用的粉状材料。

（1）建筑石膏

建筑石膏是以β半水石膏（$\beta CaSO_4 \cdot 1/2H_2O$）为主要成分，含有少量Ⅲ型无水石膏和二水石膏，具有凝结快、可塑性好、硬化体不收缩，有良好的粘结性和强度，是一种适合石膏板板间嵌缝的理想胶凝材料。

其主要技术性能满足下列要求：细度为120目，全部通过0.2mm标准筛，其他性能符合《建筑石膏》（GB/T 9776—2022）标准中的规定，强度达到合格品标准即可。

（2）缓凝剂

缓凝剂的作用是延长石膏的凝结时间，使嵌缝石膏有足够的可使用时间。通常单独采用一种缓凝剂，为了达到足够的凝结时间，就需加大掺量。某些无机盐类在加大掺量时，产生泌水，石膏强度明显下降，以至于发生粉化、表面涂层脱离、空鼓、脱皮、剥落等现象。因此，需选用适当的缓凝剂复合使用。

其主要技术性能满足下列要求：易溶于水，掺少量即能使石膏腻子初凝时间延长至30min以上，并使石膏腻子的强度试验和腐败试验符合标准要求。

（3）胶粘剂（可分散乳胶粉）

胶粘剂的作用是改善石膏的粘结性能，提高嵌缝腻子对纸面石膏板的面纸及接缝带等被粘物的粘结性。

嵌缝石膏粉用的胶粘剂应该是水溶性或水溶胀型的粉状胶粘剂，其种类有动、植物胶（可溶性淀粉、骨胶等）和有机高分子化合物（聚醋酸乙烯类、可再分散胶粉料）以及两者共混或改性的产品。一般动植物类胶粘剂容易霉变，影响腻子性能，而有机高分子类胶粘剂一般价格昂贵，单独使用成本高。根据聚合物共混原理，将两种以上的胶粘剂共混，增大水溶性和粘结性，遇水溶解快，搅拌不易结团，提高石膏的塑性，改善脆性和抗裂性，使嵌缝腻子有足够的粘结强度。

其主要技术性能满足下列要求：在水中能分散、不结团的粘结材料，使石膏腻子与接缝带的粘结试验符合标准要求。

（4）保水剂（增稠剂）

保水剂（增稠剂）与水形成胶体溶液，使水不易挥发以及避免水被基层吸收，保证了石膏水化所需的水分，起到保水的作用。同时调整石膏腻子的黏稠度，使腻子在嵌填板间缝隙时不会因下垂而嵌填不饱满，不易产生裂缝。但这类产品的掺入有可能会降低石膏的强度和延缓石膏的水化过程，为了保持腻子综合性能良好，保水剂（增稠剂）的选择及掺量必须合适。常用的有水溶性纤维素衍生物、改性淀粉等。

其主要技术性能满足下列要求：适量掺加使石膏腻子不下垂，保水率（滤纸法测定）达95％以上，并使石膏腻子的强度试验和腐败试验符合标准要求。

（5）表面活性剂

表面活性剂能降低水的表面张力，对嵌缝腻子的各组分之间起到浸润、分散作用。

615. 粘结石膏有哪些原材料?

（1）建筑石膏

建筑石膏是粘结石膏保证粘结强度的主要原料，应符合国家标准《建筑石膏》

(GB/T 9776—2008)的要求。

(2)缓凝剂

建筑石膏的凝结时间标准要求初凝大于6min,终凝小于30min,单靠这个凝结时间是无法进行施工操作的。而粘结石膏按被粘结的材料和部位的不同,分快凝型和慢凝型,因此在配制时就需要加入适当的缓凝剂。与粉刷石膏和石膏腻子不同,粘结石膏所要求的凝结时间无须很长,一般快凝型的要求初凝时间不小于5min,终凝时间不大于20min;普通型的要求初凝时间不小于25min,终凝时间不大于120min。

(3)保水剂、增稠剂

与前述的其他石膏建筑材料相同,粘结石膏如保水性差,料浆中的水分很快被基底材料吸走,不仅增加施工操作的难度,同时因失去了水化所需的水分而降低粘结力,严重时会丧失全部的粘结强度,因此保水剂是配制粘结石膏的重要外加剂。

(4)粘结剂

粘结剂是作为增强粘结石膏粘结力的原材料,一般用于特殊粘结(例如在砖墙或混凝土墙上粘结聚苯保温板)的粘结石膏内。常用的有聚乙烯醇和乙烯醋酸乙烯二元共聚、氯乙烯-乙烯-月桂酸乙烯酯三元共聚等可再分散聚合物粉末。虽然聚乙烯醇的粘结强度会随时间的增长而衰减,但作为室内应用的粘结石膏,它的大部分粘结强度来自石膏胶凝材料,因此用于粘结补强,聚乙烯醇仍是目前首选的粘结剂。从长远的和特殊应用的效果看,仍以使用可再分散乳胶粉最为理想。

616. 轻质抹灰石膏有何发展前景?

我国新建建筑墙体抹灰层空鼓、开裂的现象非常普遍,是有损建筑行业质量的第一“顽疾”,随着精装修房的增多及客户对产品质量的要求,市场急需能够解决空鼓、开裂的有效方案。

轻质抹灰石膏是一类以工业副产石膏为胶凝材料,以玻化微珠或膨胀珍珠岩为轻质骨料,添加多种外加剂配制而成的单组分抹灰找平材料,具有早强快硬、粘结力好、质轻、微膨胀等特点,可用于替代传统水泥砂浆,解决墙面空鼓、开裂难题,提高建筑施工效率,同时大量消纳工业副产石膏废渣。

轻质抹灰石膏产品技术优势及市场前景如下:

(1)轻质抹灰石膏的技术优势

① 粘结强度是传统水泥砂浆的6倍,线性收缩率是其1/10,用其作为墙体找平材料,墙面不会产生空鼓、开裂现象,一劳永逸地解决了建筑建材业建筑质量通病问题。

② 导热系数是水泥砂浆的1/6,两侧各15mm的抹灰厚度即可满足夏热冬冷地区节能设计规范要求,提高居住建筑节能效率3%~5%。

③ 体积重量轻50%,不仅可以减少汽车运输量80%,还可以减少建筑物重量72kg/m^2。

④ 可采用机器喷涂施工,效率是手工抹灰的3倍,可大幅减少对熟练抹灰工的依赖,缓解用工难问题。

⑤ A级防火,是钢结构的优良防火材料。

⑥ 具有调湿、吸音、阻热等功能,可提高居住舒适性,是“会呼吸的墙、知冷暖

的家”。

⑦ 采用工业废渣为原料，可大量消纳副产石膏，提高副产石膏利用率38%。

⑧ 材料成本相当，经济上可行。

(2) 轻质抹灰石膏的市场前景

① 作为一种新型抹灰材料，轻质抹灰石膏将最终代替传统水泥砂浆，这从国外轻质抹灰石膏在室内墙面找平中占主导地位窥豹一斑。在法国、西班牙、土耳其，轻质抹灰石膏占90%份额，水泥砂浆不到10%；在英国，轻质抹灰石膏占96%份额，石膏板3%，水泥砂浆1%。

② 在我国，墙面找平材料还是传统水泥砂浆，包括工业化生产的商品砂浆。根据国家统计局数据，2015年全国新建房屋面积20亿m^2，如采用轻质抹灰石膏作为室内抹灰材料，需求量约为8000万t，市场前景广阔。

(3) 轻质抹灰石膏的经济和社会效益

利用轻质抹灰石膏，不仅克服了采用传统抹灰方法加气混凝土墙体空鼓和开裂的问题，而且具有显著的经济和社会效益。

① 轻质抹灰石膏施工和易性好，粘结力强，并有微膨胀，故抹灰层厚度可以更薄且落地灰少，节约了成本，做到了现场文明施工。

② 浆料密度小，可减轻建筑物的自重。

③ 早强快硬，缩短了工期，可以在环境温度−5℃以上施工，节省了大量的冬期施工费用。

④ 属A级防火材料，且具有良好的隔声、保温性能，是安全、节能居住环境的优选材料。

⑤ 抹灰层致密光洁，碱度低，为表面装修提供了优良的基层，可减少表面装饰、装修材料的用量，涂料减少30%。

⑥ 轻质抹灰石膏永化硬化后，内部形成网络结构，多孔结构具有良好的保温隔热的效果。

617. 影响湿拌砂浆含气量的因素有哪些？

(1) 水泥

水泥品种，硅酸盐水泥的引气量依次大于普通水泥、矿渣水泥、火山灰水泥。对于同品种水泥，提高水泥的细度或碱含量，增大水泥用量，都可导致引气量的减少。

(2) 砂

含气量一般随粒径、砂率的减少而降低。此外，砂的颗粒形状、级配、细颗粒含量、炭质含量等对湿拌砂浆拌合物含气量也有影响。天然砂的引气量大于机制砂，且粒径为0.15～0.6mm的细颗粒越多，引气量越大。

(3) 矿物掺合料

掺加矿物掺合料，一般降低含气量，原因是矿物掺合料中含有的多孔炭质颗粒或沸石结构对气体有显著的吸附作用。

(4) 外加剂

引气剂的使用是增加湿拌砂浆拌合物含气量的最有效手段，掺量越高，含气量越大。某些减水剂与引气剂复合使用，会降低湿拌砂浆的含气量，因此外加剂复配应经过试验确定。

（5）水胶比

水胶比太小，则拌合物过于黏稠，不利于气泡的产生；水胶比过大，则气泡易于合并长大，并上浮逸出。

（6）搅拌和密实工艺

机械搅拌比人工搅拌引气量大，适当的搅拌速度和适当的搅拌时间，可提高含气量。机械振捣以及振捣时间会引起气泡的逸出，降低含气量。

（7）环境温度

温度越高，含气量越小。

2.2.3 预拌砂浆生产应用

618. 湿拌砂浆生产企业备案时对于人员的基本要求是什么？（仅供参考）

（1）企业经理具有 3 年以上从事相关管理工作经历；

（2）技术负责人具有 3 年以上从事相关生产工作经历并具有相关专业中级以上职称；

（3）技术人员（大专以上学历、工作两年以上、建筑材料、工业与民用建筑、混凝土及混凝土制品专业）不得少于 8 人，有技术职称人员不少于 4 人，并形成科研、工程服务专业团队。

（4）试验、质检人员有培训证明，有技术职称。

619. 湿拌砂浆生产企业备案生产设施设备应符合什么要求？

（1）有符合要求的湿拌砂浆专用生产线，设计产能不得少于 10 万 m^3/年。不得兼用混凝土搅拌生产。其设备和工艺参数必须满足预拌湿砂浆的生产要求，能够保证产品质量。

（2）生产工艺应包括机制砂生产或天然砂清洗及筛分设备，确保砂粒径不大于 4.75mm。

（3）分级砂的储存必须分仓，至少具有 3 个储存仓。水泥、掺合料等每种粉料至少配备 1 个储存仓。每种外加剂、添加剂至少配备 1 个储存仓。

（4）预拌湿砂浆专用生产线必须整体封闭式管理，生产工艺流程测控点必须具有自动取样装置或取样口，并符合相关标准要求。

（5）砂浆搅拌机必须为固定式，必须为双轴式或立轴行星式搅拌机或新型砂浆搅拌机，搅拌叶片与机壁间隙不大于 5mm。

（6）湿拌砂浆生产企业应配备砂浆专用运输车 2 辆。工地现场湿拌砂浆储存设备不得少于 20 套，并且具有搅拌功能，能够确保储存期间产品性能不变。

（7）场内应有专用封闭砂料堆场、停车场，厂区占地总面积不得小于 20 亩。

620. 湿拌砂浆搅拌时间有何要求？

湿拌砂浆搅拌时间应略长于混凝土搅拌时间，因为砂浆不含粗骨料，可搅拌性低于混凝土，砂浆各组分混合均匀程度较混凝土低，砂浆搅拌时间不应小于 90s，一般为 120s。

621. 湿拌砂浆生产企业备案对实验室有什么要求？(仅供参考)

（1）具有专用湿拌砂浆检测的实验室。

（2）实验室负责人具备（建筑材料、工业与民用建筑、混凝土及混凝土制品）工程师及以上职称，并从事本试验工作 3 年以上。

（3）试验质检人员不得少于 8 人，其中实验室检测不得少于 4 人，工地现场交货检验与工地抽检不得少于 4 人。

（4）具有从事本类试验工作 3 年以上，有技术职称的不少于 4 人。

（5）试验人员必须持有上岗操作证。

（6）具有水泥、砂、粉煤灰、外加剂等原材料主要性能试验设备。

（7）具有标准养护室，养护室有效使用面积不得小于 $20m^2$，养护架以及养护设施满足 10 万 m^3 湿拌砂浆检验标准要求。

（8）必须配备工地现场检测车 1 辆。

（9）原始记录和台账齐全、规范。

（10）管理制度、岗位责任制齐全。

（11）仪器设备档案齐全，计量器具按期检定或校准。

（12）湿拌砂浆出厂检验、交货检验项目必须满足《预拌砂浆》（GB/T 25181—2019）等标准要求。

622. 湿拌砂浆生产企业备案对生产过程质量控制有什么要求？

（1）企业必须建立完善的全面质量管理体系，建立过程质量控制网络，规范控制点、抽样位置、抽样数量、检测参数、检验频次等，并且符合《预拌砂浆》（GB/T 25181—2019）等标准要求。

（2）企业在正式投产前，应完成计划生产的各种品种、各强度等级砂浆产品的配合比设计研究工作，并建立湿拌砂浆配合比的试验台账及配合比汇总表，严格按照实验室的配合比通知单组织生产。

（3）企业所用水泥、掺合料、砂、外加剂、添加剂等原材料必须经过复验合格后方可使用，提供复验报告，并形成完善的企业使用技术，同时必须满足《预拌砂浆》（GB/T 25181—2019）等标准要求。

（4）湿拌砂浆搅拌工艺必须配备计算机自动控制系统，必须具备连续计量不同配合比砂浆的各种原材料功能，计算机应具备实际计量结果逐盘记录功能和一年以上储存功能。

（5）原材料计量控制偏差必须满足《预拌砂浆》（GB/T 25181—2019）等标准要求（现场查验企业各种台账，计算每月平均值）。液体外加剂按体积计量时，应检测其密度。

（6）搅拌设备必须满足《建筑施工机械与设备　干混砂浆搅拌机》（JB/T 11185—2011）等标准的相关条款要求。搅拌时间不得少于 90s。

（7）湿拌砂浆出厂检验频次必须满足《预拌砂浆》（GB/T 25181—2019）等标准要求。

（8）质量控制情况考核：原始配合比结果、出厂检验结果、交货检验结果、工程抽检结果应相一致，不允许有较大偏差。

（9）出厂产品必须配发出厂检验报告，28d检验结果必须补发。必须建立出厂质量问题产品追回、善后、赔偿制度。

（10）运输过程及工程现场不允许现场添加水及其他外加剂、掺合料等材料，确保砂浆施工性能。

（11）企业必须按标准规定留存封存样。

623. 湿拌砂浆生产企业备案对产品质量控制指标有什么要求？

（1）企业所生产的每一类、每个等级产品的质量控制偏差σ应满足国家砂浆设计规程之规定，同时其强度应满足《预拌砂浆》（GB/T 25181—2019）等标准要求。

（2）产品质量必须满足《预拌砂浆》（GB/T 25181—2019）等标准要求。全年产品出厂合格率必须达到100%。

624. 湿拌砂浆生产企业备案对环境保护、安全生产有什么规定？

（1）环境保护

① 生产现场管理有序，厂容厂貌整洁。

② 湿拌砂浆生产过程中应避免周围环境的污染，所有输送、计量、搅拌等工序应在密闭状态下进行，并应有有效的收尘装置，砂堆场必须在室内，并有防扬尘措施。

③ 应严格控制生产用水，冲洗搅拌机、储存罐、输送车等设备产生的废水、废渣应有集中回收处理设备设施，充分回收利用，废水应达标排放。

（2）安全生产

① 企业应根据国家法律法规制定安全生产制度并实施。生产设施设备的危险部位应有安全防护装置。

② 消防、安全生产规章制度健全，无消防、安全隐患。企业应对员工进行安全生产和劳动防护培训，并为员工提供必要的劳动防护。

625. 湿拌砂浆的搅拌对砂浆有什么重要性？

砂浆搅拌影响着砂浆内部物料的扩散融合性，尤其是保塑剂的溶解性。砂浆保塑剂的溶解性是纯物理的扩散过程，受扩散动力学的控制。扩散的动力主要来自浓度梯度，保塑剂在水泥水化的碱性多相体系中具有足够的化学梯度，它的溶解及扩散受到多重因素的干扰，该反应体系在砂浆体系内随时间不断变化，大部分的保塑剂溶解时间较长。湿拌砂浆经二次运输、二次储存等各个环节循环，保塑剂在湿拌砂浆中能有足够时间均匀分布溶解并有效发挥作用，它的物料状态对比干拌砂浆，较接近理想溶液。这是干混砂浆不能具备的特点。干混砂浆从加水搅拌到砂浆使用完时间较短，可能没等保塑剂分散完全就使用完，优质的可抹性无法保证。

626. 湿拌砂浆要经过哪些搅拌？

砂浆搅拌的均匀性对湿拌砂浆的性能十分重要，搅拌的均匀性直接影响着砂浆施工质量，砂浆从生产到施工要经过多重搅拌。

（1）生产搅拌设备

采用混凝土设备生产，改造后的搅拌臂和搅拌刀尺寸可加大对砂浆的搅拌效率。搅拌时间根据砂浆指标性能确定，从投料时间算起不得少于180s。

（2）专业运输罐车

采用混凝土或砂浆搅拌运输车运输，保持匀速转罐。避免运输途中的强转颠簸、振动使砂浆中的物料分散过快、保塑时间缩短。如果终止转罐导致砂浆骨料下沉，水分上浮，产生离析现象，则到工地卸料前，快速转罐1～2min再卸料，以保证砂浆均匀性。

（3）滞留罐内搅拌

湿拌砂浆运输到工地，一般卸料在储存滞留罐内或储料池内。搅拌功能多在取料时使用，成品砂浆切勿反复循环搅拌，以免影响保塑时间。

（4）周转输送的翻拌

工人将湿拌砂浆输送到各施工点的来回循环周转装、卸料的过程是对砂浆的一个间接翻拌过程。此过程虽不是直接拌和，但会因操作环境、操作方法等原因加快物料分散和水分挥发而改变砂浆的性能，特别是砂浆的稠度变化，此过程需要工人严格规范施工操作。

（5）施工搅拌

砂浆用前工人会进行简易拌和，人工的简易搅拌是工人对湿拌砂浆的初始感测，砂浆可抹性是否满足个人施工使用，此过程便可感知一二。湿拌砂浆用前拌和需注意不用不拌、现用现拌，人工拌和过的砂浆和工人使用过的砂浆必须一次性用完，防止砂浆保塑时间变短产生早凝。

627. 什么是湿拌砂浆的离析、泌水？

湿拌砂浆离析是指湿拌砂浆混合料各组分分离，造成不均匀和失去连续性的现象。

湿拌砂浆的离析通常有两种形式：一种是粗骨料从混合料中分离，因为它们比细骨料更易于沿着斜面下滑或在模内下沉；另一种是稀水泥浆从混合料中淌出，这主要发生在流动性大的混合料中。

湿拌砂浆储存过程及施工时，固体颗粒下沉，水上升，并在湿拌砂浆表面析出水的现象称为泌水。

628. 生产管理、现场施工对湿拌砂浆泌水、离析影响原因是什么？

（1）湿拌砂浆生产管理方面的原因，如湿拌砂浆运输车交接班时，未检查车辆罐体冲洗水是否倒净就接料，罐体内存水，造成湿拌砂浆离析。

（2）施工对湿拌砂浆泌水和离析的影响。施工中湿拌砂浆储存池被雨水浸泡，将砂浆直接倒入水（施工润墙积水）中。湿拌砂浆中的自由水在压力作用下，很容易在拌合物中形成通道泌出，特别是在抹灰施工时。泵送、机械喷涂湿拌砂浆在泵送、机喷过程中的压力作用会使湿拌砂浆中气泡受到破坏，导致泌水增大，湿拌砂浆难施工。

629. 湿拌砂浆泌水、离析有什么危害？

施工期间，为防止湿拌砂浆同混凝土墙基层施工表面起泡，便于表面涂抹作业，砂浆保塑时间正常，并阻止缓凝、塑性开裂的发生，适量的未受扰动的泌水现象是有益的。但泌水量过大、保水率过小，对湿拌砂浆质量将产生影响，特别是可抹性及保塑性受到极大影响。

（1）湿拌砂浆泌水，使湿拌砂浆保水性差，砂浆分层，导致砂浆施工时可抹性差，砂浆上墙后水分损失快，黏度低，导致砂浆搓压抹灰易胀裂，影响湿拌砂浆施工质量均匀性和使用效果。随泌水过程，砂浆水分流失，导致砂浆稠损快，砂浆保塑时间缩短，砂浆早凝，无法满足施工需求。泌水的砂浆部分水泥颗粒上升并堆积在湿拌砂浆表面，称为浮浆，最终形成疏松层，湿拌砂浆表面易形成“粉尘”，影响湿拌砂浆表面强度。

（2）泌水停留在砂的下方可形成水囊，将严重削弱砂浆和基层之间的粘结强度，导致砂浆基层粘结力不足，致使砂浆空鼓等质量问题产生。

（3）泌水上升所形成的连通孔道，导致水分蒸发快，使湿拌砂浆保塑时间缩短。水分蒸发后变为湿拌砂浆结构内部的连通孔隙，致抹灰面层观感差。

（4）离析导致湿拌砂浆不均匀，影响湿拌砂浆的密实度，造成湿拌砂浆局部强度降低。

（5）离析可导致湿拌砂浆砂子外露或湿拌砂浆表面浮浆、粉化等现象，不仅影响湿拌砂浆抹面的外观，而且所产生的微裂缝等结构缺陷也将影响湿拌砂浆的物理力学性能。

（6）湿拌砂浆离析，导致在机喷施工或泵送过程的压力作用下，浆体与砂易分离，容易造成堵管现象。

（7）湿拌砂浆离析，导致施工困难，工人停工。

630. 如何预防湿拌砂浆的离析、泌水？

（1）原材料方面，使用级配良好的砂，控制砂的最大粒径，保证细砂中微粒成分的适当含量，控制机制砂、天然砂的掺加比例。掺加优质粉煤灰、石灰石粉等掺合料。

（2）外加剂方面，掺加高品质的外加剂，选用保水好、保塑强的外加剂，在满足标准和使用要求的情况下，选用合适的外加剂掺量，避免外加剂掺量过低或过高不适应造成泌水和离析。

（3）湿拌砂浆配合比方面，水胶比不宜过大，适当增加胶凝材料用量，合理确定用砂量，适当提高湿拌砂浆外加剂掺量，在不影响其他性能的前提下，使湿拌砂浆适量引气、保水。在保证施工性能的前提下尽量减少湿拌砂浆单位用水量。

（4）施工方面，严格控制湿拌砂浆的稠度、容重，湿拌砂浆不得随意加水。储存过程中应避免砂浆水分损失。严格控制砂浆储存管控。

631. 生产过程中砂浆稠度波动的原因是什么？

（1）砂子质量。如砂的含泥量、泥块含量波动较大，导致砂浆可抹性、稠度、容重的波动。

（2）砂含水率。如生产用砂的含水率波动较大，如果生产过程中未能及时根据砂含水率情况调整生产配比用水量，导致砂的可抹性、稠度的波动。

（3）水泥质量。水泥质量波动，水泥与外加剂的适应产生波动，导致稠度的波动。

(4) 矿物掺合料质量。矿物掺合料质量波动，矿物掺合料与外加剂的适应产生波动，导致稠度的波动。

(5) 外加剂质量。外加剂生产质量波动，外加剂与水泥、矿物掺合料的适应性产生波动，导致砂浆稠度的波动。

(6) 计量设备出现计量误差，导致砂浆质量的波动。

632. 冬期湿拌砂浆中水的重要性是什么？

当温度升高时，水泥水化作用加快，砂浆强度增长也较快；而当温度降低到0℃时，砂浆中的水，有一部分开始结冰，由液相变为固相。这时参与水泥水化作用的水减少，故水化作用减慢，强度增长相应较慢；温度继续下降，砂浆中的水完全变成冰，由液相变为固相时，水泥水化作用基本停止，此时强度就不再增长。水变成冰后，体积约增大9%，同时产生较大的冰胀应力。这个应力值常常大于水泥石内部形成的初期强度值，使砂浆受到不同程度的破坏而降低强度（即早期受冻破坏）。此外，当水变成冰后，还会在基层表面上产生颗粒较大的冰凌，减弱水泥浆与基层的粘结力，从而影响砂浆强度，易使砂浆形成空鼓、起粉。当冰凌融化后，又会在内部形成各种各样的空隙，而降低砂浆的密实性及耐久性。

633. 湿拌砂浆拌合物稠度损失的影响因素有哪些？

(1) 水泥。水泥用量、水泥中矿物成分的种类及其含量、水泥的细度、水泥中的碱含量、水泥温度、水泥的存放时间、水泥中石膏的形态及掺加量等，影响水泥的水化速度因素，水泥对减水剂的吸附等，使砂浆拌合物稠度经时损失大。

(2) 砂。砂质量差、级配差、颗粒形状差、含泥量或泥块含量高，对外加剂吸附大。

(3) 矿物掺合料。矿物掺合料质量差，掺加比例大，对外加剂的吸附大，稠度损失增大。

(4) 外加剂的种类。使用不同品种的砂浆外加剂，稠度损失也不同。适应性好的外加剂，砂浆稠度经时损失小。

(5) 环境条件，如时间、温度、湿度和风速。

(6) 搅拌时间，搅拌均匀性，运输、等待时间等。

(7) 砂浆储存方式、储存条件等。

634. 湿拌砂浆稠度损失防治措施有哪些？

(1) 应尽量避免选用 C_3A 及 C_4AF 含量高和细度大的水泥。选择水泥混合材对外加剂的吸附作用小的水泥，合理控制水泥使用温度。

(2) 加强骨料质量验收管理，控制骨料质量和级配。严格控制检测骨料含水率，保证湿拌砂浆用水量的稳定性。

(3) 配合比尽可能合理使用砂率，改善砂（特别是机制砂）的级配，有利于提高湿拌砂浆的和易性、可抹性，减小用水量。

(4) 湿拌砂浆中掺加优质粉煤灰、石灰石粉等掺合料，一方面可取代部分水泥，有效降低湿拌砂浆水泥用量，另一方面，掺合料的形态效应、微骨料效应等，可增加湿拌砂浆的包裹性、流动性，减少稠度损失。

（5）合理选用砂浆外加剂，优质的砂浆外加剂可以有效改善湿拌砂浆的和易性、可抹性，减少稠度损失。

（6）加强湿拌砂浆运输管理，合理安排调度车辆，减少湿拌砂浆运输时间和等待时间。

（7）施工中减少湿拌砂浆储存时间，加强储存管理，全过程做好保湿、防风、控温等防护，按要求储存湿拌砂浆，加快施工速度。

635. 如何检测新拌砂浆密度？

本方法适用于测定砂浆拌合物捣实后的单位体积质量，以确定每立方米砂浆拌合物中各组成材料的实际用量。

1. 试验步骤

（1）应按照本标准的规定测定砂浆拌合物的稠度；

（2）应先采用湿布擦净容量筒的内表面，再称量容量筒质量 m_1，精确至 5g；

（3）捣实可采用手工或机械方法。当砂浆稠度大于 50mm 时，宜采用人工插捣法，当砂浆稠度不大于 50mm 时，宜采用机械振动法。

采用人工插捣时，将砂桨拌合物一次装满容量筒，使稍有富余，用捣棒由边缘向中心均匀地插捣 25 次。当插捣过程中砂浆沉落到低于筒口时，应随时添加砂浆，再用木槌沿容器外壁敲击 5～6 下。

采用振动法时，将砂桨拌合物一次装满容量筒连同漏斗在振动台上振 10s，当振动过程中砂浆沉入到低于筒口时，应随时添加砂浆。

（4）捣实或振动后，应将筒口多余的砂桨拌合物刮去，使砂浆表面平整，然后将容量筒外壁擦净，称出砂浆与容量筒总质量 m_2，精确至 5g。

2. 试验数据处理

（1）砂浆的表观密度 ρ（以 kg/m^3 计）按下式计算：

$$\rho=\frac{m_2-m_1}{V}\times 100\%$$

式中 ρ——砂浆拌合物的表观密度（kg/m^3）；

m_1——容量筒质量（kg）；

m_2——容量筒及试样质量（kg）；

V——容量筒容积（L）。

（2）表观密度取两次试验结果的算术平均值作为测定值，精确至 10kg/m^3。

注：容量筒的容积可按下列步骤进行校正：选择一块能覆盖住容量筒顶面的玻璃板，称出玻璃板和容量筒质量；向容量筒中灌入温度为（20±5）℃的饮用水，灌到接近上口时，一边不断加水，一边把玻璃板沿筒口徐徐推入盖严。玻璃板下不得存在气泡；擦净玻璃板面及筒壁外的水分，称量容量筒、水和玻璃板质量（精确至 5g）。两次质量之差（以 kg 计）即为容量筒的容积（L）。

636. 对干混砌筑砂浆用砂有何要求？

（1）砂含泥量。若砂中含泥量过大，就会增加砂浆的水泥用量，还可能使砂浆的收缩增大，耐水性降低，同时降低砂浆的粘结强度和抗拉强度，严重时还会影响砌体的强度和耐久性，因此对砂的含泥量作出如下规定：

① 对水泥砂浆和强度等级不小于 M5 的水泥混合砂浆，含泥量不应超过 5%。

② 对人工砂、山砂及特细砂，如经试配在能满足砌筑砂浆技术条件的情况下，含泥量可适当放宽。

③ 对 M5 及以上的水泥混合砂浆，砂含泥量过大，会对强度有较明显的影响。

所以，对于人工砂、山砂及特细砂，由于其所含有的泥量较多，如规定较严格，则一些地区施工用砂要从外地调运，不仅影响施工，还会增加工程成本，故对其含泥量予以放宽，以合理利用地方资源。

（2）干混砌筑砂浆用砂宜选用中砂，并过筛，且不得含有草根等杂物。因用中砂拌制的砂浆，既能满足和易性的要求，又节约水泥，宜优先采用。而毛石砌体因表面粗糙不平，宜选用粗砂。另外，砂中不得含有害物质。

637. 普通干混砂浆用水泥有何要求？

（1）进场水泥应有质量证明文件，使用前应分批对其强度、安定性进行复验。检验批应以同一生产厂家、同品种、同等级、同一编号为一批。经复试水泥各项技术指标合格，方可使用。

（2）水泥受潮结块、出厂期超过 3 个月（快硬硅酸盐水泥超过 1 个月）或对水泥质量有怀疑时，应经试验检测，按实际强度等级使用。

（3）不同品种、等级的水泥不得混合使用。因不同品种的水泥其成分、特性及用途不同，若混用，将会改变砂浆配合比和砂浆性能，导致砂浆强度等级和使用功能达不到设计要求，严重时还会发生质量事故。

（4）应加强现场水泥质量管理，按水泥的不同品种、强度等级、出厂日期、批号等分别储存，并设置明显标记。

638. 原材料贮存有何要求？

（1）各种原材料应分仓贮存，并应有明显标识。

（2）水泥应按生产厂家、水泥品种及强度等级，分别标识和贮存，并应有防潮、防污染措施。不应采用结块的水泥。

（3）细骨料应按品种、规格分别贮存。必要时，宜进行分级处理。细骨料贮存过程中应保证其均匀性，不应混入杂物，贮存地面应为能排水的硬质地面。

（4）矿物掺合料应按厂家、品种、质量等级分别标识和贮存，不应与水泥等其他粉状材料混杂。

（5）外加剂、添加剂等应按生产厂家、品种分别标识和贮存，并应具有防止质量发生变化的措施。

639. 干混砂浆生产计量设备有何要求？

（1）计量设备应定期进行校验。

（2）计量设备应满足计量精度要求。计量设备应能连续计量不同配合比砂浆的各种原材料，并应具有实际计量结果逐盘记录和存储功能。

（3）各种原材料的计量均应按质量计。

640. 干混砂浆原材料的计量允许偏差有何要求？

干混砂浆原材料的计量允许偏差应符合表 2-47、表 2-48 规定。

表 2-47 干混砂浆主要原材料计量允许偏差 单位：kg

单次计量值 W		普通砂浆生产线		特种砂浆生产线		
		$W \leqslant 500$	$W > 500$	$W < 100$	$100\text{kg} \leqslant W \leqslant 1000$	$W > 1000$
允许偏差	单一胶凝材料、填料	±5	±1	±2	±3	±4
	单级骨料	±10	±2	±3	±4	±5

注：普通砂浆是指砌筑砂浆、抹灰砂浆、地面砂浆和普通防水砂浆；特种砂浆是指普通砂浆之外的预拌砂浆。

表 2-48 干混砂浆外加剂和添加剂计量允许偏差

单次计量值 W（kg）	$W < 1$	$1 \leqslant W \leqslant 10$	$W > 10$
允许偏差（g）	±30	±50	±200

641. 干混砂浆生产有哪些基本要求和注意事项？

（1）干混砂浆应采用计算机控制的干混砂浆混合机混合，混合机应符合《水泥制品工业用离心成型机技术条件》（JC/T 822—2017）的规定。

（2）混合时间应根据干混砂浆品种及混合机型号等通过试验确定，并应保证干混砂浆混合均匀。

（3）生产中应测定干燥骨料的含水率，每一工作班不应小于 1 次。

（4）应定期检查混合机的混合效果以及进料口、出料口的封闭情况。

（5）干混砂浆品种更换时，混合及输送设备等应清理干净。

（6）干混砂浆生产过程中的粉尘排放和噪声等应符合环保要求，不得对周围环境造成污染，所有原材料的输送及计量工序均应在封闭状态下进行，并应有收尘装置。骨料料场应有防扬尘措施。

642. 干混砂浆的检验规则如何要求？

（1）干混砂浆产品检验分为出厂检验、交货检验和型式检验。

（2）干混砂浆出厂前应进行出厂检验。

（3）干混砂浆交货时的质量验收可抽取实物试样，以其检验结果为依据，亦可以同批号干混砂浆的型式检验报告为依据。采取的验收方法由供需双方商定并在合同中注明。

（4）交货检验的结果应在试验结束后 7d 内通知供方。

643. 干混砂浆在什么情况下应进行型式检验？

（1）新产品投产或产品定型鉴定时；

（2）正常生产时，每一年至少进行一次；

（3）主要原材料、配合比或生产工艺有较大改变时；

（4）出厂检验结果与上次型式检验结果有较大差异时；

（5）停产 6 个月以上恢复生产时；

（6）国家质量监督检验机构提出型式检验要求时。

644. 干混砂浆取样品频率与组批如何要求？

根据生产厂产量和生产设备条件，干混砂浆按同品种、同规格型号的分批应符合下列要求：

年产量 10×10^4t 以上，不超过 800t 或 1d 产量为一批；

年产量 $4\times10^4\sim10\times10^4$t，不超过 600t 或 1d 产量为一批；

年产量 $1\times10^4\sim4\times10^4$t，不超过 400t 或 1d 产量为一批；

年产量 1×10^4t 以下，不超过 200t 或 1d 产量为一批。

每批为一取样单位，取样应随机进行。

出厂检验试样应在出料口随机取样，试样应混合均匀。试样总量不宜少于试样用量的 3 倍。

645. 机制砂对砂浆性能有哪些影响？

（1）机制砂是由机械破碎、筛分而成的，颗粒形状粗糙尖锐、多棱角。并且机制砂颗粒内部微裂纹多、空隙率大、开口相互贯通的空隙多、比表面积大，加上石粉含量高等特点，用机制砂配制的砂浆与河砂砂浆有较大的差异。

（2）机制砂与河砂相比，由于有一定数量的石粉，使得机制砂砂浆的和易性得到改善，在一定程度上可改善砂浆的保水性、泌水性、黏聚性，还可以提高砂浆强度。机制砂表面粗糙、棱角多，有助于提高界面的粘结。

（3）机制砂用于砂浆中石粉含量控制应经试验确定。

646. 不同机制砂生产工艺对质量有何影响？

（1）机制砂的质量在很大程度上取决于加工机制砂的机械设备，此外还与原材料和制造工艺等密不可分。

（2）制砂机按照破碎原理分为颚式、圆锥式、旋回式、锤式、旋盘式、反击式、对辊式和冲击式等，根据最终产品颗粒形状的优劣排序为：棒磨式、锤式和冲击式等优于反击式、圆锥式和旋盘式，颚式、辊式和旋回式最差，但前者制造成本较高。

647. 干混砌筑砂浆有什么技术要求？

（1）可操作性

①干混砌筑砂浆的操作性能对砌体的质量影响较大，它不仅影响砌体的抗压强度，而且对砌体抗剪和抗拉强度影响显著。

②砂浆硬化前应具有良好的可操作性，分层度不宜大于 25mm。砂浆保水性、黏聚性和触变性良好。砂浆硬化后具有良好的粘结力。

（2）强度

干混砌筑砂浆强度等级分为 M2.5、M5.0、M7.5、M10、M15、M20、M25、M30 八个等级。

648. 干混砌筑砂浆用外加剂有何要求？

（1）干混砌筑砂浆中可掺入有机塑化剂、早强剂、缓凝剂、防冻剂、减水剂等外加剂，用以改善砂浆的一些性能。

（2）外加剂在使用前应经检验和试配，符合要求后方可使用。

（3）砌筑砂浆中掺入有机塑化剂，会对砌体的性能产生一定的影响。使用有机塑化剂时应具有法定检测机构出具的该产品砌体强度型式检验报告，根据其结果确定砌体强度，并经砂浆性能检验合格后，才能使用。

649. 砌筑砂浆施工有何要求？

（1）砌筑砂浆的水平灰缝厚度宜为10mm，允许误差宜为±2mm，采用薄层砂浆施工法时，水平灰缝厚度不应大于5mm。

（2）采用铺浆法砌筑砌体时，一次铺浆长度不得超过750mm；当施工期间环境温度超过30℃时，一次铺浆长度不得超过500mm。

（3）对砖砌体、小块砌体，每日砌筑高度宜控制在1.5m以下或一步脚手架高度内；对石砌体，每日砌筑高度不应超过1.2m。

（4）砌体的灰缝应横平竖直、厚薄均匀、密实饱满。砖砌体的水平灰缝砂浆饱满度不得小于80%；砖柱水平灰缝和竖向灰缝的砂浆饱满度不得小于90%，填充墙砌体灰缝的砂浆饱满度，按净面积计算不得低于80%。竖向灰缝不应出现瞎缝和假缝。

（5）竖向灰缝应采用加浆法或挤浆法使其饱满，不应先干砌后灌缝。

（6）当砌体上的砖或砌块被撞动或移动时，应将原有砂浆清除再铺浆砌筑。

650. 地面铺设砂浆时应提前做好哪些工作？

（1）铺设整体面层时，当基层为水泥类材料时，其抗压强度不得小于1.2MPa，且表面应粗糙、洁净、湿润，并不得有积水，以保证上下层粘结牢固。

（2）为了提高水泥砂浆与基层的粘结性能，可先在基层上涂刷一层界面处理剂，然后铺设水泥砂浆。

（3）也可在基层上涂刷一层水泥浆，但不能涂刷过早，以免因水泥浆风干硬化形成一道隔离层，反而影响砂浆与基层的粘结。应随涂刷随施工，且涂刷均匀，不漏涂。若涂刷的水泥浆已风干硬化，应先铲除，再重新刷一遍。

（4）铺设功浆面层前，应将基层处理干净，以免影响面层与基层的粘结。对基层表面过于光滑的部位应进行凿毛处理，对高出基层的部位应凿掉，使基层表面平整，这样才能保证所铺设的砂浆层厚薄均匀。

（5）施工前应对基层进行洒水湿润。

651. 压浆剂储存及包装有何要求？

（1）包装。压浆剂（料）为内塑外编织袋密封包装。

（2）质量。每件压浆剂（料）净重为50（或25）kg±0.2kg。

（3）出厂合格证注明生产日期和批号。

（4）保质期。出厂产品在常温标准保存条件下，压浆料保质期180天，压浆剂保质期为180天。

（5）保存条件。存于阴凉干燥的仓库保储，防水防潮、防破损、防高温（45℃以上）。

（6）运输。防雨淋、暴晒，保持包装完好无损。

652. 建筑外墙外保温系统对抹面砂浆有哪些要求?

建筑外墙外保温技术是提高建筑物围护结构的保温隔热性能最重要的措施。该技术将保温层置于建筑围护结构的外表面，能使建筑物的保温性能和隔热性能均得到保证，又能对建筑物起到保护作用，使建筑物避免直接暴露于大气环境中，使之免受大气环境中的各种腐蚀和破坏作用。因而，建筑外墙外保温技术的应用与发展越来越受到人们的重视。对抹面砂浆的要求如下：

(1) 系统的整体性、耐久性和有效性的要求

外墙外保温工程应能适应基层的正常变形而不产生裂缝或者空鼓，长期承受自重而不产生有害的变形，承受风载荷的作用而不产生破坏，耐受室外气候的长期反复作用而不产生破坏，在发生罕遇地震时不应从基层上脱落。

(2) 防火性的要求

外墙外保温工程的防火性能应符合国家有关法规规定，高层建筑外墙外保温工程应采取防火构造措施。

(3) 防水性的要求

外墙外保温系统应具有防水渗透性能、防雨水和地表水渗透性能，雨水不能透过保护层，不得渗透至任何可能对外保温复合墙体造成破坏的部位。

(4) 物理、化学稳定性的要求

外墙外保温工程各组成部分应具有物理、化学稳定性。所有组成材料应彼此相容并具有防腐性。在可能受到生物侵害（鼠害、虫害）时，外墙外保温工程还应具有抗生物侵害性能。

(5) 外墙外保温系统其他性能的要求

抗风荷载性能、抗冲击性能、耐冻融性能等均应符合国家相关标准的要求。

653. 如何做好后张预应力管道压浆?

(1) 水泥浆体原材料的选择

水泥浆体原材料的选择就是对水与水泥的选择，水要满足于饮用水标准，水泥的类型为P. O42.5，严格按照技术条件要求选择化学成分符合要求的水和水泥。对配合比、流动度与泌水率等指标进行检测，通过分析严格控制好各项指标。建议根据不同的季节，夏季使用减水剂，冬季使用防冻剂与膨胀剂。

(2) 管道压浆不密实的预控方法

配合比对于压浆剂的使用效果具有重要作用，对浆体的制备进行优化配比，能够保证强度，对膨胀现象与泌水现象的发生都有很好的控制作用。此外，慎重选择膨胀剂，主要以塑性膨胀剂为主。适当提供稳压持荷压力，运用二次压浆方法，控制好间隔时间，使管道内能够完全被水泥浆充满，促进压浆更加密实。

654. 什么是消泡剂？有哪些种类?

消泡剂是一种抑制或消除泡沫的表面活性剂，具有良好的化学稳定性；其表面张力要比被消泡介质低，与被消泡介质有一定的亲和性，分散性好。有效的消泡剂不仅能迅速使泡沫破灭，而且能在相当长的时间内防止泡沫的再生。

消泡剂的种类很多，如有机硅、聚酰、脂肪酸、磷酸酯等，但每种消泡剂各有其自身的适应性。

655. 某些干混砂浆中为何要使用消泡剂？

由于干混砂浆中掺有纤维素醚、可再分散乳胶粉以及引气剂等，在砂浆中引入了一定的气泡；另外，干粉料与水搅拌时也会产生气泡。这就影响了砂浆的抗压、抗折及粘结强度，降低了弹性模量，并对砂浆表面产生了一定影响。

有些干混砂浆产品，对其外观有较高的要求，如自流平砂浆，通常要求其表面光滑、平整，而自流平砂浆施工时，表面形成的气孔会影响最终产品的表面质量和美观性，这时需使用消泡剂消除表面的气孔；又如防水砂浆，产生的气泡会影响到砂浆的抗渗性能等。

因此，在某些干混砂浆中，可使用消泡剂来消除砂浆中引入的气泡，使砂浆表面光滑、平整，提高砂浆的抗渗性能并增加强度。

干混砂浆是一种强碱性环境，应选用粉状、适合碱性介质的消泡剂。

656. 纤维在砂浆中有什么作用？

纤维在砂浆中的主要作用是阻裂、防渗、抗冻融、抗疲劳、抗冲击等。

（1）阻裂：阻止砂浆基体原有缺陷裂缝的扩展，并有效阻止和延缓新裂缝的出现。

（2）防渗：提高砂浆基体的密实性，阻止外界水分侵入，提高砂浆的耐水性和抗渗性。

（3）耐久：改善砂浆基体的抗冻、抗疲劳性能，提高耐久性。

（4）抗冲击：改善砂浆基体的刚性，增加韧性，减少脆性，提高变形能力和抗冲击性。

657. 膨润土在砂浆中的作用机理是什么？

膨润土为类似蒙脱石的硅酸盐，主要具有柱状结构，因而其水解以后，在砂浆中增大砂浆的稳定性，同时其特有的滑动效应，在一定程度上提高砂浆的滑动性能和施工性能，增大可泵性。膨润土为溶胀材料，其溶胀过程将吸收大量的水，掺量高时使砂浆中的自由水减少，导致砂浆流动性降低，流动性损失加快。

658. 干混抹灰砂浆与传统抹灰砂浆的强度等级是如何划分的？

（1）传统抹灰砂浆是按照材料的体积比例进行设计的，传统抹灰砂浆包括 1∶1∶6 混合砂浆、1∶1∶4 混合砂浆、1∶3 水泥砂浆、1∶2 水泥砂浆、1∶2.5 水泥砂浆、1∶1∶2 混合砂浆。

（2）预拌干混抹灰砂浆是按照抗压强度等级划分的，包括 DP M5、DP M7.5、DP M10、DP M15、DP M20。

（3）预拌干混抹灰砂浆与传统抹灰砂浆的强度对应关系参照《预拌砂浆应用技术规程》（JGJ/T 223—2010）执行。

659. 为什么规定干混抹灰砂浆的粘结强度指标？

（1）抹灰砂浆涂抹在建筑物的表面，除了可获得平整的表面外，还起到保护墙体的作用。抹灰砂浆容易出现的质量问题是开裂、空鼓、脱落，其原因除了与砂浆的保水性低有关外，还与砂浆的粘结强度低有很大关系。

粘结强度是抹灰砂浆的一个重要性能。只有砂浆具有一定的粘结力，砂浆层才能与基底粘结牢固，长期使用不致于开裂或脱落。

（2）对于预拌普通干混砂浆，M5 砂浆 14d 拉伸粘结强度标准要求不小于 0.15MPa，大于 M5 砂浆 14d 拉伸粘结强度标准要求不小于 0.20MPa。

660. 水泥基自流平地坪砂浆的主要原材料有哪些？

水泥基自流平砂浆是最复杂的砂浆配方，通常由 10 种以上的组分构成。

胶凝材料系统一般由普通硅酸盐水泥、高铝水泥和石膏混合而成，以提供足够的钙、铝和硫来形成钙钒石。石膏使用 α 型半水石膏或硬石膏 $CaSO_4$，它们能以足够快的速度释放硫酸根而无需增加用水量。添加缓凝剂防止凝结太快。添加促凝剂来获得早期强度。理想的颗粒级配需要将较粗的填料（如石英砂）和磨得更细的填料（如磨细石灰石粉）配合使用。超塑化剂（干酪素或合成超塑化剂）起到减水作用，因而提供流动和找平性能。消泡剂可以减少含气量，最终提高抗压强度。少量的稳定剂（如纤维素醚）可以防止砂浆的离析和表皮的形成，从而防止对最终表面性能产生负面影响。聚合物一般采用丙烯酸分散体、乙烯-乙酸乙烯酯共聚物等，由于价格的因素，一般仅在面层结构中使用高含量的聚合物，垫层则使用较低含量的聚合物材料。可再分散乳胶粉是自流平砂浆的关键成分，它可以提高流动性、表面耐磨性、拉拔强度和抗折强度；此外，它还可以降低弹性模量，从而减小系统的内部应力。可再分散乳胶粉必须能够形成坚固的聚合物膜，不能太软，否则可能使抗压强度下降。

661. 砌筑砂浆用砂质量验收应符合什么要求？

砂中草根等杂物，含泥量、泥块含量、石粉含量过大，不但会降低砌筑砂浆的强度和均匀性，还导致砂浆的收缩值增大，耐久性降低，影响砌体质量。砂中氯离子超标，配制的砌筑砂浆、混凝土会对其中钢筋的耐久性产生不良影响。砂含泥量、泥块含量、石粉含量及云母、轻物质、有机物、硫化物、硫酸盐、氯盐含量应符合表 2-49 的规定。

表 2-49　砂杂质含量　　单位：%

项目	指标	项目	指标
泥	＜5.0	有机物（用比色法试验）	合格
泥块	≤2.0	硫化物及硫酸盐（折算成 SO_3）	≤1.0
云母	≤2.0	氯化物（以氯离子计）	≤0.06
轻物质	≤1.0	—	—

注：含量按质量计。

662. 如何加强砂浆生产任务单管理？

（1）砂浆生产任务单是预拌砂浆生产的主要依据，预拌砂浆生产前的组织准备工作和预拌砂浆的生产是依据生产任务单而进行的。

（2）生产任务单由经营部门依据预拌砂浆供销合同等向生产、试验、材料等部门发放。

(3) 签发生产任务单时应填写正确、清楚，项目齐全。生产任务单内容应包括需方单位、工程名称、工程部位、砂浆品种、交货地点、供应日期和时间、供应数量和供应速度以及其他特殊要求。

(4) 生产任务单的各项内容已被生产、试验等部门正确理解，并做好签收记录。

663. 生产过程中湿拌砂浆配合比调整应注意哪些事项?

(1) 用水量调整，根据砂含水量及时调整生产用水量，控制在一定范围之内。

(2) 砂率调整，根据砂中的颗粒粗细含量变化、砂含粉量变化，砂浆可抹性及时调整。

(3) 外加剂掺量调整，根据砂质量、胶凝材料需水量、水泥温度、环境气温、运输时间、施工部位等，做出合理调整。

664. 怎样根据观察搅拌电流大小，合理调整砂浆拌合物出机稠度?

砂浆在搅拌过程中，稠度小，搅拌阻力大，搅拌电流值高。反之，稠度大，流动性好，搅拌阻力小，搅拌电流值低。每盘搅拌量相同时，不同强度等级、不同技术要求的砂浆，搅拌均匀时搅拌机电流波动区间相对稳定。

搅拌过程中根据搅拌机电流值，质检员可对砂浆拌合物稠度做出预判，在权限范围内可对生产配合比做出调整。当电流小于该区间时可相应减少用水量或降低外加剂用量，当电流大于该区间时可相应增加用水量或增加外加剂用量，调整至稠度合格并做好记录。

665. 搅拌应保证预拌砂浆拌合物质量均匀，应如何加强搅拌机的保养与维护?

(1) 工作一定周期后，应清除搅拌机内壁残余砂浆;

(2) 使用一定时间后，应定期检查搅拌机的搅拌叶片、衬板的磨损情况，定期更换搅拌叶片、衬板，确保搅拌机搅拌性能。

(3) 搅拌叶片必须定期调整，保证与衬板最高点之间的间距为不大于5mm。

(4) 搅拌过程中，搅拌机不得漏浆、漏料。

(5) 冬期施工，应做好主机的供热保温工作，检查供热保温线路，及时排除故障及隐患，确保冬期施工主机系统正常运转。

666. 如何加强粉料计量设备的维护与保养?

(1) 根据搅拌站的使用频率，经常清理各粉料称出口与料管的软连接处，防止有残料堆积。外层防尘帆布应经常清洗更换，保持柔软，防止板结。

(2) 经常清理各粉料称的排气软管，防止残料在内堆积板结，影响称量精度。

(3) 经常检查振动器外部的各处紧固螺钉是否松动及损坏。

(4) 振动器每工作半年到一年，应进行一次例行的检修。

667. 如何加强液体计量设备的维护与保养?

(1) 水的计量

日常应注意观察粗计量、微计量的动作是否正常，微计量的量是否适当，如使用回收水应注意检查水管是否堵塞。

（2）外加剂计量

①应经常检查微计量动作是否正常，一段时间不用或使用频率较小时，管道是否堵塞。北方地区的冬季，气候寒冷时注意液体外加剂管道的保温措施，防止管道冻结。

②定时检查液体外加剂计量罐放料口蝶阀开关的运行及磨损（腐蚀）状况（外加剂腐蚀破坏）

③计量超过时（间），外加剂超出最大计量或对超过计量的材料状况无法确认时，必须采取相应的技术措施（必要时作废）。

668. 为保证砂浆运输质量，如何加强预拌砂浆运输管理？

（1）搅拌运输车应符合国家标准《混凝土搅拌运输车》（GB/T 26408—2020）的规定。翻斗车应仅限用于运送稠度小于 80mm 的砂浆拌合物。

（2）搅拌运输车在装料前应将搅拌罐内积水排尽，装料后严禁向搅拌罐内的砂浆拌合物中加水。

（3）运输车驾驶员依据《湿拌砂浆发货单》送货，驾驶员应明确所送砂浆工程地点、强度等级、运送地点、现场情况、运输路线、施工方式等。

（4）砂浆的运送应及时、连续、快捷。车队要合理地选择运输路线，并协调好各方面的关系，避免因运输或等待时间过长导致混凝土质量下降。

（5）搅拌运输车在运输及等待卸料过程中，应保持罐体正常转速，不得停转。保证砂浆拌合物均匀，不产生分层、离析。砂浆卸料前应快速旋转罐体。

（6）当卸料前需要在混凝土拌合物中掺入外加剂时，应在外加剂掺入后采取快档旋转搅拌罐进行搅拌；外加剂掺量和搅拌时间应有经试验确定的方案。

（7）预拌砂浆土从搅拌机卸入搅拌运输车至卸料时，无缓凝外加剂掺加，保塑时间短的砂浆的运输时间不宜大于 90min。当最高气温低于 25℃时，运送时间可延长 0.5h。如需延长运送时间，则应采取相应的有效技术措施，并应通过试验验证；当采用翻斗车时，运输时间不应大于 45min。缓凝湿拌砂浆可适当延长。

（8）搅拌车到达施工现场，驾驶员应记录砂浆到达时间、卸料时间、卸料完毕时间，并将发货单交施工方签字认可。遇到施工时间超长，应做好记录，并向质检部门汇报。

（9）公司调度要随时了解现场施工进度情况，合理安排发货速度和数量，既要保证砂浆的及时连续供应，又要避免现场压车。

（10）对于寒冷、严寒或炎热的天气情况，搅拌运输车的搅拌罐应有保温或隔热措施。

（11）搅拌运输车在运送过程中应采取措施，避免遗洒，影响市容环卫工作。

669. 为保证砂浆运输质量，如何加强搅拌运输车的保养和维护？

（1）在日常保养和维护方面，砂浆搅拌运输车除应按常规对汽车发动机、底盘等部位进行维护外，搅拌运输车应采取车况日检制度，做好搅拌运输车技术状况日检记录。

（2）装料后冲洗进料口、卸料溜槽，保持进料口、卸料溜槽无残留砂浆。

（3）搅拌运输车卸料结束，冲洗卸料溜槽，转动罐体并向混凝土搅拌罐内加 30～40L 清洗用水。

（4）搅拌运输车装料前应放干净混凝土搅拌罐内的泥浆水。

（5）每天交接班时应彻底清洗砂浆搅拌罐，进、出料口及卸料溜槽，保证不粘有水泥、砂浆结块。

（6）应定期检查罐体内搅拌叶片的磨损情况，及时更换磨损严重的搅拌叶片。

670. 搅拌运输车向泵车卸料时，应注意哪些影响质量的问题？

（1）砂浆泵送施工前应检查砂浆发货单，检查砂浆稠度，必要时还应测定砂浆稠度、流动度，在确认无误后方可进行砂浆泵送。

（2）为了使砂浆拌和均匀，卸料前应高速旋转拌筒。

（3）应配合泵送过程均匀反向旋转拌筒向料斗内卸料；料斗内的砂浆应满足最小料量的要求。

（4）搅拌运输车中断卸料阶段，应保持拌筒低速转动。

（5）泵送砂浆卸料作业应由具备相应能力的专职人员操作。

671. 如何评价砂浆的匀质性？

同一盘砂浆搅拌匀质性可采用保塑时间法、保水性对湿拌砂浆和易性、黏聚性、可抹性评价：

（1）符合从生产到施工完成，砂浆规定的保塑时间内，砂浆密度、稠度变化测值，保水率持续稳定＞88％，符合施工需求和标准要求；

（2）当湿拌砂浆在相对应等级的保塑时间时的稠度变化率≤30％，表观密度变化率≤5％、相对泌水率 v≤3％，相应等级的力学性能（14d 拉伸粘结强度、28d 抗压强度）不低于对应强度等级的标准要求，判定为保塑时间合格，有任一条件不符合则判定为不合格。

672. 交货检验的取样和试验工作有何规定？

交货检验的取样和试验工作应由需方承担，当需方不具备试验和人员的技术资质时，供需双方可协商确定并委托具有相应资质的检测机构承担，并应在合同中予以明确。

673. 如何加强预拌砂浆交货检验？

（1）预拌湿拌砂浆到达交货地点，需方应及时组织工程监理或建设相关单位、供方等相关人员按国家相关标准、合同约定的要求取样，检测湿拌砂浆稠度、密度、保水等拌合物性能，制作、养护砂浆试件，完成预拌湿拌砂浆交货检验，并填写预拌湿拌砂浆交货检验记录表。

（2）交货检验需方现场试验人员应具备相应资格。

（3）交货检验应在工程监理或建设单位见证下，交货检验的湿拌砂浆试样应在交货地点随机取样。当从运输车中取样时，湿拌砂浆试样应在卸料过程中按卸料量的 1/4～3/4 采取，且应从同一运输车中采取。

（4）交货检验的湿拌砂浆试样应及时取样，稠度、保水率、压力泌水率试验应在湿拌砂浆运到交货地点时开始算起 20min 内完成，其他性能检验用试件的制作应在 30min 内完成。

（5）试验取样的总量不宜少于试验用量的 3 倍。

（6）施工现场应具备湿拌砂浆标准试件制作条件，并应设置标准养护室或养护箱。

（7）标准试件带模及脱模后的养护应符合国家现行标准的规定。

（8）交货检验记录表由需方、供方、监理（建设）单位、第三方检测机构负责人在预拌混凝土交货检验记录表上签字确认。

674. 供需双方判断砂浆质量是否符合要求的依据是什么？

（1）强度、稠度、保水率及含气量应以交货检验结果为依据；氯离子总含量以供方提供的资料为依据。

（2）其他检验项目应按合同规定执行。

（3）交货检验的试验结果应在试验结束后10d内通知供方，抗压强度和拉伸强度值可以后补。

675. 预拌砂浆供货量如何确定？

（1）湿拌砂浆供货量应以体积计，计量单位为m^3。

（2）湿拌砂浆体积应由运输车实际装载的湿拌砂浆拌合物质量除以湿拌砂拌合物的表观密度求得（一辆运输车实际装载量可由用于该车砂浆全部原材料的质量之和求得，或可由运输车卸料前后的重量差求得）。

（3）预拌湿拌砂浆供货量应以运输车的发货总量计算。供货量以体积计算。

676. 砂浆合格证应包括哪些内容？

（1）供方应按分部工程向需方提供同一配合比湿拌砂浆的出厂合格证。

（2）出厂合格证应至少包括以下内容：出厂合格证编号、合同编号、工程名称、需方、供方、供货日期、施工部位、湿拌砂浆标记、标记内容以外的技术要求、供货量、原材料品种、规格、级别及检验报告编号、湿拌砂浆配合比编号、湿拌砂浆质量评定等。

677. 湿拌砂浆现场二次掺加外加剂有何要求？

（1）如砂浆可抹性差，需要现场二次掺加外加剂调整砂浆的可抹性，掺加的外加剂应只掺加与原湿拌砂浆配合比相同组分的外加剂，需要由专业技术人员指导，在保证砂浆质量的基础上，根据实际情况添加，添加后需搅拌均匀后再使用，调整后的湿拌砂浆需一次性用完，不得长时间放置后再使用，保证无异常问题发生。

（2）外加剂二次掺加应有技术依据，不能随意掺加。

678. 冬期砂浆施工如何选择使用防冻剂？

（1）在日最低气温为0℃～－5℃，混凝土采用塑料薄膜和保温材料覆盖养护时，可采用早强剂（含早强组分的外加剂或含有早强减水组分的外加剂）。

（2）防冻剂的品种、掺量应以砂浆施工后5d内的预计日最低气温选用。

（3）在日最低气温为－5℃～－10℃、－10℃～－15℃、－15℃～－20℃，采用第（1）条保温措施时，宜分别采用规定温度为－5℃、－10℃、－15℃的防冻剂。

（4）防冻剂的规定温度为按《混凝土防冻剂》（JC/T 475—2004）规定的试验条件成型的试件，在恒负温条件下养护的温度。施工使用的最低气温可比规定温度低5℃。

（5）防冻剂应由减水组分、早强组分、引气组分和防冻组分复合而成，以发挥更好的效果，单一组分防冻剂效果并不好。

（6）注意使用的防冻剂不得对钢筋产生锈蚀作用，不得对使用环境产生破坏，如氨释放量，不得对砂浆后期强度产生明显影响，尽量不要使用无机盐类防冻剂，以免墙体泛碱。

679. 湿拌砂浆储存放置稠度损失大的原因是什么？

（1）砂吸水率高、含泥高、砂颗粒不均匀不保水，运至工地储存放置待施工阶段，吸附大量游离水和外加剂。

（2）掺合料质量差，需水量高，尤其是粉煤灰烧失量高，含大量未完全燃烧的碳，或存在有使用劣质粉煤灰的情况。

（3）砂浆内含有大量不稳定气泡，经储置后破裂。

（4）砂浆配比不合理，容重、保水、保塑时间不适应施工需求。

（5）砂浆储存、使用不合理，砂浆池、砂浆施工点无防护，砂浆池不规范，不保水、吸水大，砂浆施工时直接将砂浆放置在易吸水的干燥地面、在通风口施工导致稠度损失大。

680. 导致裂缝的原材料、配合比影响因素有哪些？

（1）原材料

① 水泥细度越大，含碱量越高，C_3A 含量高，其收缩越大。

② 细骨料的影响，尤其是细骨料细度越大，需水量越大，导致收缩也越大。细骨料中含泥量增大，也会增大砂浆收缩。

（2）配合比

① 水胶比。水胶比是直接影响砂浆收缩的重要因素，水胶比增大，砂浆收缩也随之增大，裂缝必然产生。

② 砂率。砂浆中砂是抵抗收缩的主要材料。在水胶比和水泥用量相同的情况下，砂浆收缩率随砂率的增大而增大。因此，在满足砂浆使用性前提下，适宜调整砂率。

③ 水泥用量。应控制水泥用量，合理掺加矿物掺合料，以减少砂浆的收缩。

④ 外加剂掺量。外加剂超量使用时，会造成砂浆保水率大，砂浆缓凝时间超长，从而导致裂纹产生。

681. 什么是塑性裂缝？防止塑性裂缝的措施有哪些？

塑性开裂是指砂浆在硬化前或硬化过程中产生开裂，它一般发生在砂浆硬化初期，塑性开裂裂纹一般都比较粗，裂缝长度短。主要与砂浆本身的材料性质和所处的环境温度、湿度以及风速等有关系：水泥用量高，砂子细度模数越小，含泥量越高，用水量大，砂浆就越容易发生塑性开裂；所处的环境温度越高、湿度越小、风速越高，砂浆也就越容易发生塑性开裂。砂浆塑形阶段，由于未按设计规范进行设计、施工，工人施工经验不足，砌体强度未达到设计要求；抹灰砂浆质量有问题，砂浆用砂过细，施工基层墙垂直平整误差大，一次性抹灰过厚，砂浆层厚度不均匀局部太厚，无加设玻纤网等造成。

防止塑性裂缝的措施有：提高抹灰砂浆质量，保水率、灰砂比、颗粒级配；基层打底抹灰后垂直平整找平，再抹面层灰，抹灰层满挂玻纤网，硬化砂浆处理，对空鼓、裂缝砂浆割缝，重新甩浆抹灰修补。

682. 什么是干缩开裂？防止措施有哪些？

干缩开裂是指砂浆在硬化后产生开裂，它一般发生在砂浆硬化后期，干缩开裂裂纹其特点是细而长。产生干缩开裂的主要原因有：砂浆中水泥用量大，强度太高导致体积收缩；砂浆施工后期养护不到位；砂浆中掺入的掺合料或外加剂材料本身的干燥收缩值大；墙体本身应力开裂，界面处理不当；砂浆等级乱用或用错，基材与砂浆弹性模量相差太大。

应适当减少水泥用量，掺加合适的掺合料，施工企业加强对相关人员业务知识的业务指导，加强管理，从各方面严格要求，并按照预拌砂浆施工方法进行施工。施工基层需润水、做界面处理以及铺网格布，严格控制砂子含泥，选用良好级配的砂，禁用过期灰，砂浆使用时禁止不节制乱加水，及时养护。

683. 施工现场砂浆拌合物的取样原则、检验砂浆强度的试件的留置原则如何规定？

砂浆拌合物抽样检测时，对同一配合比的砂浆，取样应符合下述规定：

（1）对同品种、同强度等级的砌筑砂浆，湿拌砌筑砂浆应以 $50m^3$ 为一个检验批。

（2）每检验批应至少留置 1 组抗压强度试块。

（3）湿拌砌筑砂浆宜从运输车出料口或储存容器随机取样。砌筑砂浆抗压强度试块的制作、养护、试压等应符合行业标准《建筑砂浆基本性能试验方法标准》（JGJ/T 70—2009）的规定，龄期应为 28d。

684. 砌筑砂浆抗压强度应按验收批进行评定，其合格条件应符合哪些规定？

（1）同一验收批砌筑砂浆试块抗压强度平均值应大于或等于设计强度等级所对应的立方体抗压强度的 1.10 倍，且最小值应大于或等于设计强度等级所对应的立方体抗压强度的 0.85 倍；

（2）当同一验收批砌筑砂浆抗压强度试块少于 3 组时，每组试块抗压强度值应大于或等于设计强度等级所对应的立方体抗压强度的 1.10 倍。

检验方法：检查砂浆试块抗压强度检验报告单。

685. 控制好湿拌砂浆质量，需注意砂浆中的哪些水？

（1）生产用水：生产用水不得过少或过多，过少稠度不足物料分散慢，搅拌混合均匀度差，过多无法保证砂浆质量，导致砂浆易离析，工人无法正常施工等。

（2）运输罐车中的洗车水：罐车装料前提前清理干净罐钵体，灌钵内部应湿润无积水，保证不影响砂浆稠度性能变化。

（3）砂浆润墙水：基体部位保持润湿，抹灰甩浆时保证表面无明水。

（4）砂浆池中的水：砂浆储存池保持湿润，保证不影响砂浆综合指标和施工性能的湿润度。

（5）施工楼层储存点的水：施工楼层点的积水及时清理，保证不影响砂浆综合指标和施工性能的湿润度。

（6）施工过程稠度损失后加入的水：在保塑期和有塑性状态的时间内砂浆稠度无法满足正常施工时加入的水，规范施工下在砂浆处在保塑期和有塑性状态时间内加入适量水分达到标准稠度范围。

（7）提浆压光用水：提浆不得过晚，防止表面干燥，也不得洒水过多，防止表面起酥、掉沙。提浆压光用水不得过多，易引起表面硬度不足、脱粉、泛白。

（8）养护用水：湿拌砂浆终凝可进行养护，未凝结不得洒水养护。养护用水需干净充足。

686. 生产前对生产设备进行哪些检查？

（1）每班开机前，操作人员要对搅拌主机减速箱油量、卸料闸门油压泵油量、搅拌轴轴头油量（应多于1/2）、润滑油量是否充足、压力是否正常、各油管及接头有无断裂和脱落，皮带输送机、螺旋输送机等部位的润滑点进行检查，并加注润滑油脂。

（2）检查搅拌机内是否有金属物，叶片、衬板等固定螺栓有无松动现象。

（3）检查供水系统，液态外加剂系统，运转正常，管路畅通，且无渗漏。水池和液态外加剂罐液量充足。

（4）启动空压机，检查运转是否正常，气路有无漏气，气路压力应保持在0.55～0.7MPa，破拱气压应0.02MPa。

（5）合上总电源开关→合上控制电源开关→合上净化电源开关→合上PLC电源开关→合上工控电源开关→启动监控程序，检查监控箱各监测指示灯有无异常（油量，油温，润滑马达工作状态）。

（6）空载启动搅拌主机皮带输送机运转10min怠温并检查运转是否正常，有无异响，输送皮带有无走偏和断裂（如发现异常立即通知机修班进行排除）。

（7）检查各处卸料门、电磁阀，气缸启闭是否正常，各行程开关、信号线路工作是否正常。

（8）用手动方式点动螺旋输送机，检查运转是否正常。加注润滑脂。

687. 生产运转过程中停机再开机有哪些注意事项？

生产运转过程中若遇待命而停机，再次启动皮带输送机时，必须使其空载运转2～3min后再投料生产，严禁启动、投料同时进行，防止皮带冲击过载损伤拉断输送皮带。

688. 为什么要严格按照砂浆生产任务单组织生产供应？

（1）砂浆生产任务单是砂浆生产的主要依据，砂浆生产前的组织准备工作和砂浆的生产是依据生产任务单而进行的。

（2）生产任务单由经营部门依据砂浆供销合同等向生产、试验、材料等部门发放。

（3）签发生产任务单内容应包括需方单位、工程名称、工程部位、砂浆品种、交货地点、供应日期和时间、供应数量和供货发车频率、砂浆保塑时间以及其他特殊要求。

（4）生产任务单的各项内容已被生产、试验等部门正确理解，并做好签收记录。

689. 生产过程中技术部门如何调整配合比？

（1）用水量调整。根据砂含水量及时调整生产用水量，控制在一定范围之内。

（2）砂率调整。根据砂中的颗粒粗细含量变化、砂子含粉量变化、砂浆可抹性及时调整。

（3）外加剂掺量调整。根据砂质量、胶凝材料需水量、水泥温度、环境气温、运输时间、施工部位等，做出合理调整。

690. 搅拌车装料有哪些注意事项?

操作员应监督好运输车辆装料，确认搅拌车装料口对准搅拌设备放料口，确认搅拌罐旋转方向正确，防止砂浆洒落造成浪费。确认搅拌车每天首次装料或刷车后首次装料应反转罐后放净水再装料，防止车内有积水造成砂浆质量问题。

691. 为什么根据生产任务通知单核对配比?

操作员接到生产计划后，及时对生产任务的工程名称、施工方法、施工部位、砂浆标记、生产时间等工程信息查看，依据试验室下达的配合比调整通知单按照相应的工程及时地录入配合比数据系统，完成后进行相关核对，确保数据的准确性及生产的正常运行。配合比数据库应进行严格管理，不得随意删减和更改，对输入的配合比进行调整必须经技术人员的同意，有具体要求的施工要做好标记，做到生产有计划性，生产前当班在岗人员要及时检查、巡查机械设备，确保生产正常运行，为生产提前做好准备。

692. 保塑剂的使用有哪些注意事项?

保塑剂主要是调整湿拌砂浆的和易性、施工性能，调整砂浆的保存时间，预拌砂浆企业主要使用液体保塑剂，液体保塑剂使用添加方便，但缺点是储存时间长了容易变质失效，根据经验夏天储存 7d 后效果就会变差，具体时间通过试验得出或者咨询保塑剂供货商。施工企业砂浆储存时间一般都会要求在 24h 以上，一旦保塑剂储存时间过长，效能降低，会使湿拌砂浆施工性能变差甚至砂浆提前凝固，造成严重浪费和资金损失、信誉损失。所以在保塑剂使用时要做到先进的先用、后进的后用，超出保质期的要告知技术人员通过试验确认。

693. 生产过程中如何做好质量控制?

在生产过程中，除质检人员随机抽样检测外，当班操作员也应该在出机时通过监控目测砂浆的工作性能，如稠度及和易性，如发现异常情况，应及时上报有关技术人员，查明原因并采取措施，发现稠度及和易性不合格的砂浆不准出厂。砂浆质量检验应做到：做好事前控制，预防质量事故。通过原材料和砂浆的质量检验及生产全过程的质量监督，及时掌握砂浆的质量动态，及时发现问题，及时采取措施处理，确保砂浆质量稳定运行。

694. 如何根据施工现场反馈调整湿拌砂浆工作性?

湿拌砂浆在使用过程中会出现各种状态，通过服务客户，总结了一些抹灰工人形容砂浆的词，用这些词初步判定砂浆的工作性，通过形容词来意会砂浆配方是否需要调整，调整什么，湿拌砂浆工作性状态，名词解析见表 2-50。

轻拢：轻拢随抓攥浆出，流动、保水性；

慢捻：拿捏慢捻浆糊指，黏性、包裹、均匀性；

戳挑：戳进翘挑辅杆挂，顺滑、黏性；

扒拉：深拔轻拉顺底动，爽滑度，流变性、触变性；

延抹：慢刮匀涂不粘抹，黏度适中，出浆效果、延展性；

踩提：踏踩即提不费力，黏度好；

搅看：翻搅起旋柔似绸，塑性、柔和性。

表 2-50 湿拌砂浆工作性调整方法

<table>
<tr><th rowspan="2">序号</th><th colspan="4">砂浆使用性状态差的形容</th><th rowspan="2" colspan="2">砂浆使用性状态优良的形容</th></tr>
<tr><th>状态</th><th>主要现象</th><th>原因</th><th>调整措施</th></tr>
<tr><td>1</td><td>发板</td><td>砂浆使用时较死板，不活泛</td><td>保塑性差</td><td rowspan="8">湿拌砂浆是多元素组成物质，其使用性是多因多果造成的，调整某单个因素解决不了问题，需要综合性调整。正确找出问题所在，根据实际情况、标准规范、天气温湿度、原材料特性及施工需求等合理调整。注意砂的颗粒形状、每层颗粒粗细含量、级配、含粉量、比例；保证胶材的掺量，有足够浆料悬浮支托骨料；调整砂浆的透气性，要有合理的沙子
选用品质优良的原材料；合理控制砂浆技术指标，特别是砂浆容重、稠度、保塑时间</td><td>软和的</td><td>容重</td></tr>
<tr><td>2</td><td>沉底</td><td>砂浆放置时顶层底层稠度差大，变化快</td><td>产生了分层</td><td>活泛的</td><td>顺滑</td></tr>
<tr><td>3</td><td>鞣（肉）蔫</td><td>砂浆抹灰时粘腻离抹费劲</td><td>流变性差</td><td>沙棱的</td><td>透气</td></tr>
<tr><td>4</td><td>发散</td><td>砂浆浆是浆砂是砂，散落不黏乎</td><td>浆骨料包裹性差</td><td>滑溜的</td><td>延展</td></tr>
<tr><td>5</td><td>搓涩</td><td>砂浆上墙抹灰时搓压不顺抹费力</td><td>顺滑度差，抹灰阻力大</td><td>黏糊的</td><td>包裹</td></tr>
<tr><td>6</td><td>甄黏</td><td>砂浆粘抹刀、粘刮板等施工工具，影响施工</td><td>透气性不足，太黏</td><td>—</td><td>—</td></tr>
<tr><td>7</td><td>发沉</td><td>砂浆抹灰费力，一个工作墙面下来很吃力</td><td>容重太重，不易施工</td><td>—</td><td>—</td></tr>
<tr><td>8</td><td>光涨</td><td>砂浆上墙后搓压过程涨裂、掉落</td><td>级配差，综合性能差</td><td>—</td><td>—</td></tr>
</table>

695. 湿拌砂浆干缩、湿胀有哪些影响因素？

（1）水泥品种和用量

砂浆中发生干缩的主要成分是水泥石，因此，减少水泥石的相对含量可以减少砂浆的收缩。水泥的性能，如细度、化学组成、矿物组成等对水泥的干缩虽有影响，但由于砂浆中水泥石含量较少及砂和外加剂的限制作用，水泥性能的变化对湿拌砂浆的收缩影响不大。

（2）单位用水量或水灰比

湿拌砂浆收缩随单位用水量的增加而增大。

（3）砂种类及含量

湿拌砂浆中砂的存在对湿拌砂浆的收缩起限制作用，弹性模量大的骨料配制成的湿拌砂浆干缩小，砂越粗、含量越多，湿拌砂浆的收缩越小。砂越细，砂中黏土、石粉和泥块等杂质可增大砂浆的收缩。机制砂掺加对比天然砂收缩大。

（4）外加剂与矿物掺合料

掺加外加剂不适应、保塑性差，保水不足，含气过大、过小，矿物掺合料吸附性越强，越增大砂浆的干缩。

（5）保塑期

保塑期过短、砂浆储存时间过长、二次加水拌和使用等会增大砂浆的干缩。

（6）养护方法及龄期

常温保湿养护及养护时间对砂浆最终的干缩值影响不大。蒸汽养护和蒸压养护可减少干缩值。

（7）环境条件

周围介质的相对湿度对砂浆的收缩影响很大。空气相对湿度越低，砂浆收缩值越大，而在空气相对湿度为100%或水中，砂浆干缩值为负值，即湿胀，缓凝性砂浆易引起长时间缓凝，甚至不凝。

（8）施工

抗裂网质量及抗裂网的加设直接影响砂浆干缩，选用优质抗裂网可有效控制砂浆收缩、干缩。工人施工方法，不规范施工易引起砂浆干缩，如施工前基层不润水、抹灰干搓压玻纤网、湿搓压玻纤网等.

696. 班后有哪些保养和检查？

（1）断开总电源开关，锁好配电柜门（指派专人看守）后，清理搅拌机内壁，清除搅拌装置、卸料门周围及其他方位的残料，并检查搅拌叶轮、衬板等搅拌装置的联结固定螺栓。

（2）清洗外加剂计量斗，清扫骨料斗和粉料计量斗卸料门。

（3）清扫主机外表，清洗主机下卸料斗。

（4）放尽空压机贮气罐内积水（冬季排尽空压机及罐内气体）。

（5）启动粉仓除尘器，抖落黏附在过滤器上的粉料。

（6）冬季必须放尽水管和外加剂管路内的液体。

（7）给各润滑点加注润滑油。

（8）停机后必须关闭控制系统电源，关闭总电源。

（9）在主机停机后1h左右，最长不超过2h，完成主机内和料门轴部位的清理作业。

（10）清理主机要认真、彻底，不留死角，特别是主机卸料门及轴等部位。防止灰浆凝固、干结，使料门开关受阻，损坏料门、轴及轴承。

（11）在清理作业时，严禁使用风镐击打衬板、搅拌臂及拌叶，防止因操作不当损坏衬板、拌臂及拌叶。

（12）在清理机坑泥土和漏料时，反装到输送皮带上的泥土、漏料不能过多，一次不超过200kg，分批输送，防止皮带过载启动损坏滚筒电机和输送带。

697. 每周有哪些检查、保养？

（1）关闭总电源，并派专人看守，检查并清除搅拌机内外混凝土残留污垢。

（2）检查所有搅拌刀、叶片臂的缩紧螺栓有无松动，检查搅拌刀、叶片与衬板的间隙（2mm），大于4mm时必须进行调整。

（3）检查、加添。检查减速箱、卸料闸门油泵、搅拌轴轴头油位，监视镜内的油位要多于1/2。给各部位加注润滑脂。

（4）检查气路系统，空压机机油、安全阀、压力表。排放气水分离器积水，检查气路系统应无漏气漏油现象。

（5）检查调整皮带输送机各部位联接紧固螺栓、托辊，检查清扫器工作是否正常、皮带有无蛇形和跑偏现象。

（6）检查水路、外加剂管路有无渗漏现象，检查电机及泵工作是否正常。

（7）检查螺旋输送机工作状况，加添齿轮油、润滑脂。

（8）检查骨料计量秤电磁阀、气缸及出料门工作是否正常，加注润滑脂。

698. 每月有哪些检查保养项目？

（1）检查各螺旋输送机工作状况，加添齿轮油和润滑油，观察联接部位螺栓有无松动和漏灰现象。

（2）检查皮带机系统，调整皮带松紧度，检查滚筒有无漏油，补充润滑油。

（3）检查并扭紧各部位螺栓，检查托辊、导向轮运转是否正常，导料槽、清扫器位置是否正确，皮带有无蛇形和跑偏。

（4）检查保养空压机，清扫空压机空气滤清器，检查润滑油、气路管线有无漏气，检查限压阀工作是否正常、卸料门开关是否灵活。加注润滑脂。

（5）检查保养供水泵、外加剂泵及电机，检查管路有无渗漏现象。

（6）检查保养各卸料门、电磁阀、气缸，确保启闭灵活、工作正常，检查各行程开关及信号线路工作是否正常。

（7）检查保养搅拌机。

（8）检查测量衬板磨损程度（大于3mm需更换）。

（9）检查测量搅拌刀、搅拌臂的磨损程度（超过原尺寸50%需更换）。

（10）检查卸料门转轴及轴承座锁紧螺丝有无松动。

（11）检查马达座锁紧螺丝有无松动。

（12）检查其他紧固螺丝有无松动。

（13）检查保养主机上骨料斗液体计量秤阀门开关是否灵活、传感器工作是否正常。

（14）检查保养主机给水泵及电机、气缸、气动阀。

（15）检查、加添各部位润滑油脂。

699. 粉料进料缓慢有什么原因？应该如何处理？

故障现象：

螺旋机送料很慢，送料时间超过2min，而正常送料在20s以下。

原因分析：

影响因素主要是粉料罐下料不畅和螺旋输送机损坏等。粉料下料不畅的表现形式有粉料起拱、粉料罐出料口处物料结块、出料蝶阀开度过小、粉料罐内物料不足等。而螺旋输送机损坏主要是螺旋叶片变形，不能正常输送。

处理过程：

（1）开启气吹破拱装置。

（2）检查粉料罐卸料碟阀的开度，并使碟阀处于全开的位置。

（3）检查粉料罐出口处物料是否结块。

（4）检查螺旋机叶片是否变形，如变形则拆除校正或更换。

700. 皮带跑偏是什么原因造成的？怎么处理？

故障现象：

皮带输送机在空载或负载运行过程中，出现往一边跑偏，或一会儿左边跑一会儿右边跑的现象，引起漏料、设备的非正常磨损与损坏、降低生产率，而且影响整套设备的正常工作。

原因分析：

胶带所受的外力在胶带宽度方向上的合力不为零或垂直于胶带宽度方向上的拉应力不均匀引起该故障。由于导致胶带跑偏的因素很多，故应从输送机的设计、制造、安装调试、使用及维护等方面来着手解决胶带的跑偏，如胶带两侧的松紧度不一样、胶带两侧的高低不一样、托辊支架等装置没有安装与胶带运行方向的垂直截面上等都会引起皮带跑偏。

处理过程：

（1）调整张紧机构法。胶带运行时，若在空载与重载的情况下都向同一侧跑偏，说明胶带两侧的松紧度不一样，则根据“跑紧不跑松”规律调整张紧机构的丝杆；如果胶带左右跑偏且无固定方向，则说明胶带松弛，应调整张紧机构。

（2）调整滚筒法。如果胶带在滚筒处跑偏，说明滚筒的安装欠水平，滚筒轴向窜动，或滚筒的一端在前一端在后，此时，应校正滚筒的水平度和平行度等。

（3）调整托辊支架（或机架）法。如果胶带在空载时总向一侧跑偏，则应将跑偏侧的托辊支架沿胶带运行方向前移 1～2cm，或将另一侧托辊支架（或机架）适当地加高。

（4）清除粘物法。如果滚筒、托辊的局部上粘有物料，将使该处的直径增大，导致该处的胶带拉力增加，从而产生跑偏，应及时清理粘附的物料。

（5）调整重力法。如果胶带在空载时不跑偏，而重载时总向一侧跑偏，说明胶带已出现偏载。应调整接料斗或胶带机的位置，使胶带均载，以防止跑偏。

（6）调整胶带法。如果胶带边缘磨损严重或胶带接缝不平行，导致胶带的两侧拉力不一致，应重新修整或更换胶带。

（7）安装调偏托辊法。若在输送机上安装几组自动调心托辊（平辊或槽辊），即能自动纠正胶带的跑偏现象。例如：当胶带跑偏与某一侧小挡辊出现摩擦时，应使该侧的支架沿胶带的运行方向前移，另一侧即相对地向后移动，此时胶带就会朝向后移动的挡辊一侧移动，直至回到正常的位置。

（8）安装限位托辊法。如果胶带总向一侧跑偏，可在跑偏侧的机架上安装限位立辊，一方面可使胶带强制复位，另一方面立辊可减少跑偏侧胶带的拉力，使胶带向另一侧移动。

701. 骨料进料门卡料是什么原因造成的？如何处理？

故障现象：

配料站石子进料气动门被石子卡住打不开。

原因分析：

配料站气动门有大间隙门和小间隙门，大间隙门其间隙大于一般石子粒径，因而不会出现卡料。小间隙门其间隙一般在 5～10mm，当 10mm 以下的石子卡入间隙时，难以把气动门卡住。配料站使用一段时间后，骨料出料口磨损，当间隙磨损到 20～30mm 时，此时卡入较大的石子进入间隙，在开门的过程中，石子很容易卡住（楔形力），使气动门不能打开。

处理过程：

检查气动门间隙并调整到合适值，如因磨损过大不能调整到合适值，则需在料口处加焊钢板或圆钢，使间隙达到合理值。

702. 输送粉料到罐里时，罐顶冒灰是什么原因造成的？

故障现象：

散装水泥车向粉料罐泵灰的过程中，水泥罐顶有粉料冒出。

原因分析：

粉料输送到粉料罐是通过压缩空气输送，压缩空气把粉料送到粉料罐后，通过罐顶除尘机滤芯排到空气中，如除尘机滤芯堵塞，则压缩空气不能及时排出而产生“憋压”，当压力达到罐顶安全阀开启压力时，安全阀打开，压缩空气与粉料通过安全阀排到大气中，产生冒灰现象。另因料位计失效，粉料装满后继续送料，也会出现罐顶冒灰现象。

处理过程：

检查罐顶除尘机滤芯情况并清理。一旦出现冒灰现象，必须清理安全阀周围的粉料，避免粉料被雨水淋湿结块堵塞安全阀。如因粉料装得过满而冒灰，则必须检查料位计及料满报警装置的可靠性。

703. 皮带雨天打滑应该如何应对？

故障现象：

在下雨天，斜皮带带负载运转时打滑。

原因分析：

下雨天，骨料中的水分及皮带外露部分容易潮湿，皮带潮湿特别是内圈潮湿，减小了皮带与传动滚筒之间的摩擦系数，使滚筒传递给皮带的扭矩减小，该力矩小于皮带物料输送所需力矩时，皮带就出现打滑。

处理过程：

（1）增加皮带张紧装置配重或拉紧皮带调节丝杆，增加皮带与滚筒之间的正压力，从而达到传动滚筒与皮带之间的摩擦力。

（2）调整传动滚筒附近的张紧滚筒，增大皮带在传动滚筒上的包角，增大摩擦力。

（3）在传动滚筒包胶层上割直槽，增大摩擦系数。

（4）如前 3 种方法不能解决，则需更换防滑滚筒。

704. 外加剂泵不上料如何处理？

故障现象：

外加剂泵工作时泵不上外加剂。

原因分析：

（1）外加剂泵里有气泡。

（2）外加剂罐体里物料不足。

（3）外加剂泵叶轮损坏。

处理过程：

（1）拆开外加剂排气孔螺钉，排出外加剂里的气泡。

（2）向外加剂罐体里添加外加剂。

（3）检查外加剂叶轮情况，视情况更换零配件。

705. 皮带损伤什么造成的？如何处理？

故障现象：

使用一段时间后，皮带表面出现脱胶、开裂、划伤等现象。

原因分析：

金属皮带清扫器如不及时调整，容易损伤皮带，造成皮带表面橡胶脱落。清扫器安装不正确，比较尖的碎石卡在清扫器之间会损伤皮带。皮带本身质量不好，也容易出现上述缺陷。

处理过程：

皮带一旦出现脱胶、开裂、划伤等缺陷，应及时修补。当皮带出现损伤时，首先要解决造成皮带损伤的问题，如清扫器损坏，则需立即调整或更换清扫器，然后及时修补皮带。皮带损伤很小时，可用皮带修补胶现场修补。当皮带损伤面较大或局部损坏严重时，可把局部损伤的皮带切除掉，更换一段皮带，用硫化机进行胶结。如皮带损伤不及时处理，损伤蔓延到整条皮带时，则没有修复价值，只能整条更换。

706. 气源三联件中减压阀压力不能调整怎么调整？

故障现象：

旋转减压阀调节手轮，但压力不能调整。

原因分析：

（1）减压阀进出口方向装反。

（2）阀芯上嵌入异物或阀芯上的滑动部位有异物卡住。

（3）调压弹簧、复位弹簧、膜片、阀芯上的橡胶垫等损坏。

处理过程：

（1）检查减压阀进出口安装方向是否正确。

（2）拆散检查阀芯及相关零件，并清理零件上的杂物。

（3）如有零件损坏，则更换减压阀。

707. 气源三联件中油雾器不滴油或滴油量太小怎么处理？

故障现象：

压缩空气流动，但油雾器不滴油或滴油很小。

原因分析：

（1）油雾器进出口方向装反。

（2）油道堵塞。

（3）注油塞垫圈损坏或油杯密封垫圈损坏，使油杯上腔不能加压。

（4）气通道堵塞，油杯上腔未加压。

(5) 节流阀未开启或开度不够。
(6) 油的黏度太大。
处理过程:
(1) 检查油雾器进出口安装方向。
(2) 停气,拆散,清洗油道;更换垫圈和密封;清理气通道。
(3) 调节节流阀的开度。
(4) 更换为黏度较小的润滑油。

708. 空压机启动频繁什么原因造成的?

故障现象:
在工作过程中,空压机频繁启动。
原因分析:
(1) 空压机压差过小。
(2) 气路系统漏气严重。
处理过程:
(1) 检查空压机的压差并调整,一般为0.2MPa。
(2) 检查气路系统的气密性是否符合要求,并对漏气部位进行处理。

709. 气缸上磁性开关不能闭合或有时不能闭合怎么处理?

故障现象:
当气缸关闭或打开到位时,磁钢接近磁性开关,但磁性开关不闭合或有时不能闭合。
原因分析:
(1) 电源故障。
(2) 接线不良。
(3) 磁性开关安装位置发生偏移。
(4) 气缸周围有强磁场。
(5) 缸内温度过高或磁性开关部位温度高于70℃。
(6) 磁性开关受到冲击,灵敏度降低。
(7) 磁性开关瞬时通过了大电流而断线。
处理过程:
(1) 检查电源是否正常。
(2) 检查接线部位是否松动。
(3) 调整磁性开关安装位置。
(4) 加隔磁板。
(5) 降温。
(6) 更换磁性开关。

710. 搅拌机主电机不启动是什么原因造成的?怎么处理?

故障现象:
按下操作台上搅拌机启动按钮,搅拌机不启动。

原因分析：

（1）空压机未启动或供气系统压力未达到。

（2）搅拌主机检修保护开关及主机上的带钥匙紧停开关未接通。

（3）操作台上的紧停开关未复位。

（4）主机电源开关未接通。

（5）主机停止信号开关未复位。

处理过程：

（1）检查压缩空气检测信号（大于 0.4MPa 的气压信号）是否送到 PLC，即 I8.0 是否有信号。如 I8.0 没信号，则检查空压机压力是否大于 0.4MPa，当压力达到 0.4MPa 以上时，I8.0 还没有信号，则检查电接点压力表调整是否正常或损坏，直到 I8.0 有信号。

（2）检查搅拌主机检修保护开关接通信号是否送到 PLC。

（3）检查操作台上的紧停开关是否复位。

（4）检查主机电源开关是否接通。

（5）检查主机停止按钮是否复位。

711. 在自动生产过程中，配料站骨料称好后不卸料是什么原因？

故障现象：

在自动生产过程中，一种或多种骨料称好在计量斗内，不卸料，系统停止运行。

原因分析：

（1）待料斗关门不到位。

（2）称量仪表没有卸料输出信号。

（3）皮带机未启动。

（4）骨料称的精称门未关到位。

（5）骨料必须定义卸料顺序。

处理过程：

（1）检查待料斗阀门是否卡料或关门不到位。

（2）检查骨料称量仪表是否有卸料输出信号。

（3）检查皮带机是否启动。

（4）检查骨料的精称门是否关门到位。

（5）检查计算机界面，骨料卸料顺序是否定义。

712. 斜皮带不正常启动是什么原因？

故障现象：

搅拌机正常启动后，按下操作台上斜皮带启动按钮，斜皮带不启动。

原因分析：

（1）搅拌机未启动。

（2）斜皮带检修停止开关未复位。

（3）斜皮带机电源开关未接通。

（4）斜皮带机停止按钮开关未复位。

713. 称量仪表静态时数字漂移是什么原因？

故障现象：

在自然状态下，仪表显示数据连续不断地变化。

原因分析：

称重仪表显示质量数据来源于传感器接线盒传送过来的电流信号，仪表显示质量波动大，说明存在传感器接线盒传输过来的电流波动。传感器内部电桥损坏或传感器接线盒接线头松动都会造成电流波动。

处理过程：

拆除某个传感器在接线盒上的所有接线，看仪表数据是否继续漂移。如仪表数据停止漂移，则可判断该传感器接线松动或传感器损坏。把拆下的传感器所有接线重新接到接线盒上，如仪表数据停止漂移，则说明原因是接线松动所致，如仪表数据继续飘移，则传感器损坏，更换传感器即可解决。如拆掉某个传感器后，仪表数据继续漂移，则拆另一个传感器（已拆传感器的接线先不要接），按类似方法处理。

714. 搅拌机到搅拌时间后不卸料是什么原因？

故障现象：

在自动生产过程中，搅拌时间变为零后，搅拌机不卸料。

原因分析：

正常情况下，搅拌时间变为零后，搅拌机会自动卸料，但在生产过程中按下了操作台上的暂停按钮或用鼠标点击了计算机监控界面上的禁止出料控件，则搅拌时间到后，搅拌机不会卸料。另外，卸料门电磁阀损坏，卸料门不能打开，搅拌机也不会卸料。

处理过程：

（1）检查操作台上暂停按钮是否按下，如按下则复位。

（2）检查计算机监控界面上的禁止出料控件是否被激活，如激活则取消。

（3）检查卸料电磁阀是否工作正常。

715. 搅拌机闷机跳闸是什么原因？

故障现象：

在投料搅拌过程中，搅拌主机因电流过大出现闷机跳闸。

原因分析：

（1）投料过多，引起搅拌机负荷过大。

（2）搅拌系统叶片与衬板之间的间隙过大，搅拌过程中，增大了阻力。

（3）三角传动皮带太松，使传动系统效率低。

（4）搅拌主机上盖安全检修开关被振松，引起停机。

处理过程：

（1）检查配料系统是否超标和是否有二次投料现象。

（2）检查搅拌机叶片与衬板之间的间隙是否在 3～8mm。

（3）检查传动系统三角皮带的松紧程度并调整。

（4）检查主机上盖安全开关是否松动。

716. 搅拌机卸料门关门无信号是什么原因？

故障现象：

搅拌机卸完料后，卸了料门关闭，但无关门信号，造成程序停止运行。

原因分析：

搅拌机卸料门接近开关与卸料门上的转柄指针接近距离不超过 5mm 才能感应信号。当卸料门因油泵压力未达到要求或卸料门在关闭时被搅拌机里的残料卡住时，接近开关接近不到转柄指针而没有信号，因接近开关或转柄指针松动，使接近距离超过 5mm 时，接近开关也感应不到信号。如接近开关损坏也没有信号输出。

处理过程：

（1）检查卸料门液压系统工作压力是否达到要求。

（2）切换到手动，把搅拌机卸料门打开，使卡住的残料掉落后再关上。

（3）检查接近开关和转柄指针是否松动。

（4）检查接近开关是否损坏。

717. 湿拌砂浆搅拌不均匀是什么原因？

故障现象：

搅拌机卸出的砂浆不均匀，一边干一边湿。

原因分析：

搅拌时间过短会搅拌不均匀，另外，如果搅拌机喷水管喷嘴安装不正确，则喷水不均匀，更容易使砂浆一边干一边湿。

处理过程：

（1）检查搅拌时间是否过短（一般为 30s），如搅拌时间过短可延长搅拌时间。

（2）检查喷水管喷嘴的安装排列顺序是否正确，正确的排列顺序是排水泵边的喷嘴最小，另一边的喷嘴最大，中间按从小到大的顺序均匀排列安装。

718. 骨料称量不准是什么原因？怎么处理？

故障现象：

（1）骨料称量总是偏多。

（2）骨料称量总是偏少。

（3）骨料称量一会儿多一会儿少。

原因分析：

骨料称量误差与细设定、落差及卸料的均匀性有密切的联系。细设定数据必须大于落差，否则，细设定信号尚未输出，落差信号已发出，停止卸料。

处理过程：

（1）骨料总是偏多，可通过调大落差的办法解决。落差调大后，需检查其数值是否小于细设定值，如落差大于细设定，则应相应调大细设定的数值。

（2）骨料总是偏少，可通过调小落差的办法解决。落差调小后，细设定值一般不需调整。

（3）骨料称量一会儿多一会儿少，首先检查卸料的均匀性，检查卸料口是否有杂物卡住等，然后再调整细设定和落差。

719. 粉料称量不准应该如何处理？

故障现象：

（1）粉料称量总是偏多。

（2）粉料称量总是偏少。

（3）粉料称量一会儿多一会儿少。

原因分析：

与粉料称量有关的因素有落差的设定、螺旋机的送料均匀性、主楼除尘负压的影响等。

处理过程：

总是偏多或总是偏少可通过调整落差来改正。当称量不稳定时，应检查螺旋机送料的均匀性（主要看粉料罐下料是否顺畅）并处理。另检查主楼除尘管路和除尘机滤芯是否堵塞。

720. 外加剂称量不准应该如何处理？

故障现象：

（1）外加剂称量总是偏多。

（2）外加剂称量总是偏少。

（3）外加剂称量一会儿多一会儿少。

原因分析：

主要是落差和手动球阀开度的影响。

处理过程：

先调整落差，如调整落差后称量仍有问题，则把外加剂管路中手动球阀关小，再调整落差。

721. 粉料秤计量准确后称量仪表读数渐渐变小是什么原因造成的？

故障现象：

在自动生产过程中，粉料计量斗内的物料称好后读数渐渐变小。

原因分析：

主要是卸料气动蝶阀关不严所引起。而气动蝶阀关不严的因素有：气动蝶阀组装时限位螺钉位置不合适造成蝶阀本身关不到位，另外，蝶阀出口处粘了物料，也会造成气动蝶阀关不到位。

处理过程：

（1）先拆开与气动蝶阀相连的红色胶管，检查是否有物料粘在蝶阀上，如有，则在蝶阀开启状态下，用钢刷把物料清理掉。

（2）检查蝶阀的限位顶丝位置是否合适，可通过调整顶丝来限制蝶阀的开度。

2.3 三级/高级工

2.3.1 原材料知识

722. 建筑砂浆有哪些分类？

建筑砂浆根据砂浆的生产特点分为施工现场拌制的砂浆和由专业生产厂生产的预拌砂浆。

建筑砂浆根据砂浆在建筑工程中的用途可分为砌筑类、抹灰类、地面类、粘结类、装饰类、保温类等砂浆。

723. 通用硅酸盐水泥的组分有何要求？

通用硅酸盐水泥的组分应符合表 2-51 的规定。

表 2-51 通用硅酸盐水泥的组分　　单位：%

品种	代号	组分（质量分数）				
		熟料＋石膏	粒化高炉矿渣粉	火山灰质混合材料	粉煤灰	石灰石
硅酸盐水泥	P·Ⅰ	100	—	—	—	—
	P·Ⅱ	≥95	≤5	—	—	—
		≥95	—	—	—	≤5
普通硅酸盐水泥	P·O	≥80 且≤95	>5 且≤20[a]			—
矿渣硅酸盐水泥	P·S·A	≥50 且≤80	>20 且≤50[b]	—	—	—
	P·S·B	≥30 且≤50	>20 且≤50[b]	—	—	—
粉煤灰硅酸盐水泥	P·F	≥60 且≤80	—	>20 且≤40[c]	—	—
火山灰质硅酸盐水泥	P·P	≥60 且≤80	—	—	>20 且≤40[d]	—
复合硅酸盐水泥	P·C	≥50 且≤80	>20 且≤50[e]			

a 本组分材料为符合《通用硅酸盐水泥》(GB 175—2007) 中第 5.2.3 条规定的活性混合材料，其中允许用不超过水泥质量的 8%且符合《通用硅酸盐水泥》(GB 175—2007) 中第 5.2.4 条的非活性混合材料，或不超过水泥质量的 5%且符合《通用硅酸盐水泥》(GB 175—2007) 中第 5.2.5 条的窑灰代替。

b 本组分材料为符合《用于水泥中的粒化高炉矿渣》(GB/T 203—2008) 或《用于水泥、砂浆和混凝土中的粒化高炉矿渣粉》(GB/T 18046—2017) 的活性混合材料，其中允许用不超过水泥质量的 8%且符合《通用硅酸盐水泥》(GB 175—2007) 中第 5.2.3 条的活性混合材料，或符合《通用硅酸盐水泥》(GB 175—2007) 中第 5.2.4 条的非活性混合材料，或符合《通用硅酸盐水泥》(GB 175—2007) 中第 5.2.5 条的窑灰中的任一种材料代替。

c 本组分材料为符合《用于水泥中的火山灰质混合材料》(GB/T 2847—2005) 规定的活性混合材料。

d 本组分材料为符合《用于水泥和混凝土中的粉煤灰》(GB/T 1596—2017) 规定的活性混合材料。

e 本组分材料有两种（含）以上符合《通用硅酸盐水泥》(GB 175—2007) 中第 5.2.3 条的活性混合材料或/和符合《通用硅酸盐水泥》(GB 175—2007) 中第 5.2.4 条的非活性混合材料组成，其中允许用不超过水泥质量的 8%且符合《通用硅酸盐水泥》(GB 175—2007) 中第 5.2.5 条的窑灰代替。掺矿渣时混合材料掺量不得与矿渣硅酸盐水泥重复。

724. 通用硅酸盐水泥有何技术要求？

(1) 化学指标

通用硅酸盐水泥的化学成分应符合表 2-52 的规定。

表 2-52 通用硅酸盐水泥的化学成分

品种	代号	不溶物（质量分数,%）	烧失量（质量分数,%）	三氧化硫（质量分数,%）	氧化镁（质量分数,%）	氯离子（质量分数,%）
硅酸盐水泥	P·Ⅰ	≤0.75	≤3.0	≤3.5	≤5.0[a]	≤0.06[c]
	P·Ⅱ	≤1.50	≤3.5			
普通硅酸盐水泥	P·O	—	≤5.0			
矿渣硅酸盐水泥	P·S·A	—	—	≤4.0	≤6.0[b]	
	P·S·B	—	—		—	
火山灰质硅酸盐水泥	P·P	—	—	≤3.5	≤6.0[b]	
粉煤灰硅酸盐水泥	P·F	—	—			
复合硅酸盐水泥	P·C	—	—			

a 如果水泥压蒸试验合格，则水泥中氧化镁的含量（质量分数）允许放宽至6.0%。
b 当水泥中氧化镁的含量（质量分数）大于6.0%时，需进行水泥压蒸安定性试验并合格。
c 当有更低要求时，该指标由买卖双方确定。

（2）碱含量

水泥中碱含量按 $Na_2O+0.658K_2O$ 计算值表示。若使用活性骨料，用户要求提供低碱水泥时，水泥中的碱含量应不大于0.60%或由买卖双方协商确定。

（3）物理指标

① 凝结时间

硅酸盐水泥的初凝时间不小于45min，终凝时间不大于390min。

普通硅酸盐水泥、矿渣硅酸盐水泥、粉煤灰硅酸盐水泥、火山灰硅酸盐水泥、复合硅酸盐水泥的初凝时间不小于45min，终凝时间不大于600min。

② 安定性

沸煮法检验合格。

③ 强度

通用硅酸盐水泥不同龄期强度应符合表2-53的规定。

表 2-53 通用硅酸盐水泥不同龄期强度要求

品种	强度等级	抗压强度（MPa）		抗折强度（MPa）	
		3d	28d	3d	28d
硅酸盐水泥	42.5	≥17.0	≥42.5	≥3.5	≥6.5
	42.5R	≥22.0		≥4.0	
	52.5	≥23.0	≥52.5	≥4.0	≥7.0
	52.5R	≥27.0		≥5.0	
	62.5	≥28.0	≥62.5	≥5.0	≥8.0
	62.5R	≥32.0		≥5.5	

续表

品种	强度等级	抗压强度（MPa）		抗折强度（MPa）	
		3d	28d	3d	28d
普通硅酸盐水泥	42.5	≥17.0	≥42.5	≥3.5	≥6.5
	42.5R	≥22.0		≥4.0	
	52.5	≥23.0	≥52.5	≥4.0	≥7.0
	52.5R	≥27.0		≥5.0	
矿渣硅酸盐水泥、粉煤灰硅酸盐水泥、火山灰质硅酸盐水泥	32.5	≥10.0	≥32.5	≥2.5	≥5.5
	32.5R	≥15.0		≥3.5	
	42.5	≥15.0	≥42.5	≥3.5	≥6.5
	42.5R	≥19.0		≥4.0	
	52.5	≥21.0	≥52.5	≥4.0	≥7.0
	52.5R	≥23.0		≥4.5	
复合硅酸盐水泥	42.5	≥15.0	≥42.5	≥3.5	≥6.5
	42.5R	≥19.0		≥4.0	
	52.5	≥21.0	≥52.5	≥4.0	≥7.0
	52.5R	≥23.0		≥4.5	

（4）细度（选择性指标）

硅酸盐水泥和普通硅酸盐水泥的细度以比表面积表示，不小于 300m²/kg。矿渣硅酸盐水泥、粉煤灰硅酸盐水泥、火山灰质硅酸盐水泥和复合硅酸盐水泥的细度以筛余表示，其 80μm 方孔筛筛余不大于 10%或 45μm 方孔筛筛余不大于 30%。

725. 干混砂浆中水泥有何质量要求？

作为干混砂浆最常用的胶凝材料，干混砂浆用水泥分为通用硅酸盐水泥、铝酸盐水泥、硫铝酸盐水泥、白水泥等。

通用硅酸盐水泥应符合《通用硅酸盐水泥》（GB 175—2007）的规定，铝酸盐水泥应符合《铝酸盐水泥》（GB/T 201—2015）的要求，硫铝酸盐水泥应符合《硫铝酸盐水泥》（GB/T 20472—2006）的要求，白水泥应符合《白色硅酸盐水泥》（GB/T 2015—2017）的要求。

干混砂浆中水泥宜采用散装水泥。

726. 建筑砂浆所用原材料都有哪些？

建筑砂浆是一种功能性材料，除了要求砂浆具有一定的强度外，还要求砂浆具有较好的保水性、粘结性等，有些砂浆还要满足抗裂、抗冻融、抗渗、抗冲击以及防水、耐高温、保温隔热等要求。为了满足这些性能要求，砂浆中除了含有普通原材料，如胶凝材料、细骨料、矿物掺合料外，通常还要掺入一些特殊材料，如保水增稠材料、增黏材料、外加剂、纤维、颜料等。砂浆组分少则四五种，多则可达十几种，这就使得砂浆的组成更加复杂和多样化。

727. 干混砂浆原材料的安全性有何要求?

干混砂浆的原材料包括水泥、骨料、矿物掺合料、外加剂和添加剂等。干混砂浆的原材料应具有使用安全性，不应对人体、生物、环境造成危害，其放射性指标应符合《建筑材料放射性核素限量》(GB 6566—2010) 的要求，氨释放限量应符合《混凝土外加剂中释放氨的限量》(GB 18588—2001) 的要求。

728. 什么是胶凝材料? 胶凝材料有哪些种类?

胶凝材料一般分为无机胶凝材料和有机胶凝材料两大类。通常建筑上所用的胶凝材料是指无机胶凝材料，它是指这样一类无机粉末材料，当其与水或水溶液拌和后所形成的浆体，经过一系列的物理、化学作用后，能逐渐硬化并形成具有强度的人造石。

无机胶凝材料一般分为气硬性胶凝材料和水硬性胶凝材料两大类。

气硬性胶凝材料只能在空气中硬化，而不能在水中硬化，如石灰、石膏、镁质胶凝材料等，这类材料一般只适用于地上或干燥环境，而不适宜潮湿环境，更不能用于水中。

水硬性胶凝材料既能在空气中硬化，又能在水中硬化，这类材料通常称为水泥，如通用硅酸盐水泥、铝酸盐水泥、硫铝酸盐水泥等。用于混凝土中的水泥都可用于砂浆中。对于某些干混砂浆，如自流平砂浆、灌浆砂浆、快速修补砂浆、堵漏剂等，因要求其具有早强快硬的特性，常常采用铝酸盐水泥、硫铝酸盐水泥、铁铝酸盐水泥等。

729. 通用硅酸盐水泥有哪些强度等级? 后缀的 R 是什么含义?

硅酸盐水泥的强度等级分为 42.5、42.5R、52.5、52.5R、62.5、62.5R 六个等级；普通硅酸盐水泥的强度等级分为 42.5、42.5R、52.5、52.5R 四个等级；矿渣硅酸盐水泥、火山灰质硅酸盐水泥、粉煤灰硅酸盐水泥的强度等级分为 32.5、32.5R、42.5、42.5R、52.5、52.5R 六个等级；复合硅酸盐水泥的强度等级分为 42.5、42.5R、52.5、52.5R 四个等级。代号后边数字表示该水泥产品的强度等级，R 表示该水泥是早强型水泥。如 P·O42.5R 含义是：早强型普通硅酸盐水泥。

730. 粉煤灰有哪些技术要求?

粉煤灰品质应符合《用于水泥和混凝土中的粉煤灰》(GB/T 1596—2017) 要求，拌制砂浆和混凝土用粉煤灰的理化性能要求应符合表 2-54 的规定。

表 2-54 拌制砂浆和混凝土用粉煤灰的理化性能要求

项目		理化性能要求		
		Ⅰ级	Ⅱ级	Ⅲ级
细度 (45μm 方孔筛筛余) (%)	F 类粉煤灰	≤12.0	≤30.0	≤45.0
	C 类粉煤灰			
需水量比 (%)	F 类粉煤灰	≤95	≤105	≤115
	C 类粉煤灰			
烧失量 (Loss) (%)	F 类粉煤灰	≤5.0	≤8.0	≤10.0
	C 类粉煤灰			

续表

项目		理化性能要求		
		Ⅰ级	Ⅱ级	Ⅲ级
含气量（%）	F类粉煤灰	≤1.0		
	C类粉煤灰			
三氧化硫（SO_3）（质量分数，%）	F类粉煤灰	≤3.0		
	C类粉煤灰			
游离氧化钙（f-CaO）（质量分数，%）	F类粉煤灰	≤1.0		
	C类粉煤灰	≤4.0		
二氧化硅（SiO_2）、三氧化二铝（Al_2O_3）和三氧化二铁（Fe_2O_3）（总质量分数，%）	F类粉煤灰	≥70.0		
	C类粉煤灰	≥50.0		
密度（g/cm^3）	F类粉煤灰	≤2.6		
	C类粉煤灰			
安定性（雷氏法）（mm）	C类粉煤灰	≤5.0		
强度活性指数（%）	F类粉煤灰	≥70.0		
	C类粉煤灰			

731. 矿渣粉有哪些技术要求？

根据《用于水泥、砂浆和混凝土中的粒化高炉矿渣粉》（GB/T 18046—2017）规定，矿渣粉技术要求见表2-55。

表2-55　矿渣粉的技术要求

项目		级别		
		S105	S95	S75
密度（g/cm^3）		≥2.8		
比表面积（m^2/kg）		≥500	≥400	≥300
活性指数（%）	7d	≥95	≥70	≥55
	28d	≥105	≥95	≥75
流动度比（%）		≥95		
初凝时间比（%）		≤200		
含水量（质量分数，%）		≤1.0		
三氧化硫（质量分数，%）		≤4.0		
氯离子（质量分数，%）		≤0.06		

732. 保水增稠材料有何作用？

保水增稠材料首先应有保持水分的能力，另外一个作用是改善砂浆的可操作性，它既与提高砂浆保水性相关，又有区别。增稠作用主要是提高砂浆的黏性、润滑性、可铺展性、触变性等，使砂浆在外力作用下易变形，外力消失后具有保持不变形的能力。砂浆与基层要求具有一定的黏附性，黏附性又不能太高，以免造成“粘刀”现象。

733. 可再分散乳胶粉有哪些品种?

目前市场上常见的可再分散乳胶粉品种有：醋酸乙烯酯与乙烯共聚乳胶粉（EVA)、乙烯与氯乙烯及月桂酸乙烯酯三元共聚乳胶粉（E/VC/VL)、醋酸乙烯酯与乙烯及高级脂肪酸乙烯酯三元共聚乳胶粉（VAC/E/VeoVa)、醋酸乙烯酯与高级脂肪酸乙烯酯共聚乳胶粉（VAc/VeoVa)、丙烯酸酯与苯乙烯共聚乳胶粉（A/S)，醋酸乙烯酯与丙烯酸酯及高级脂肪酸乙烯酯三元共聚乳胶粉（VAC/A/VeoVa)、醋酸乙烯酯均聚乳胶粉（PVAC)、苯乙烯与丁二烯共聚乳胶粉（SBR）等。

734. 沸石粉有哪些特性?

沸石粉的主要化学成分是 SiO_2 和 Al_2O_3，其中可溶性硅和铝的含量分别不低于10%和8%。沸石粉的密度为2.2～2.4g/cm^3，堆积密度为700～800kg/m^3，颜色为白色。

735. 为何硅酸盐水泥不适用于配制普通砂浆?

硅酸盐水泥不掺混合材或混合材掺量很少（≤5%)，水泥强度等级较高，因此硅酸盐水泥适用于配制高强混凝土和预应力混凝土等，而不适用于配制普通砂浆。因为配制普通砂浆时，为了满足砂浆工作性能要求，通常对水泥用量有最小值的限制，所以砂浆强度等级相对较低；如用硅酸盐水泥配制砂浆，这样所配制出的砂浆强度相对较高，势必造成水泥的浪费，而且砂浆的工作性能也不好。

736. 使用普通硅酸盐水泥配制砂浆应注意哪些问题?

普通硅酸盐水泥只掺用少量的混合材，水泥强度等级适中，是目前建筑工程中用量最大的一种水泥。当用普通硅酸盐水泥配制砂浆时，由于水泥强度较高，配制出的砂浆强度较高，造成水泥浪费，而当水泥用量少时，砂浆保水性较差，容易泌水。为了解决这一问题，通常在砂浆中掺入活性矿物掺合料，如粉煤灰等，这样既可以降低水泥的用量，又可以改善砂浆的和易性。

737. 使用矿渣硅酸盐水泥应注意哪些问题?

(1) 矿渣硅酸盐水泥中水泥熟料矿物的含量比硅酸盐水泥少得多，而且混合材在常温下水化反应比较缓慢，因此凝结硬化较慢。早期强度较低，但在硬化后期（28d以后)，由于水化产物增多，使水泥石强度不断增长。一般来说，矿渣掺入量越多，早期强度越低，但后期强度增长率越大。

(2) 矿渣水泥需要较长时间的潮湿养护，外界温度对硬化速度的影响比硅酸盐水泥敏感。低温时，硬化速度较慢，早期强度显著降低；而采用蒸汽养护等湿热处理，可有效加快其硬化速度，且后期强度仍再增长。

(3) 矿渣水泥中混合材掺量较多，需水量较大，保水性较差，泌水性较大，拌制砂浆时容易析出多余水分，在水泥石内部形成毛细管通道或粗大孔隙，降低均匀性。另外，矿渣水泥的干缩性较大，如养护不当，在未充分水化之前干燥，则易产生裂纹。因此矿渣水泥的抗冻性、抗渗性和抵抗干湿交替循环性能均不及普通水泥。

（4）矿渣水泥具有较好的化学稳定性，抗淡水、海水和硫酸盐侵蚀能力较强，这是因为矿渣水泥石中的游离氢氧化钙以及铝酸盐含量较少，宜用于水工和海港工程。另外，矿渣水泥的水化热较低，具有较好的耐热性，可用于大体积混凝土工程或耐热混凝土工程。

738. 火山灰质硅酸盐水泥有何特性?

（1）火山灰质硅酸盐水泥强度发展与矿渣水泥相似，早期发展慢，后期发展较快。后期强度增长是由于混合材中的活性氧化物与氢氧化钙作用形成比硅酸盐水泥更多的水化硅酸钙凝胶所致。环境条件对其强度发展影响显著，环境温度低，凝结、硬化显著变慢；在干燥环境中，强度停止增长，且容易出现干缩裂缝，所以不宜用于冬期施工。

（2）与矿渣硅酸盐水泥相似，火山灰质硅酸盐水泥石中游离氢氧化钙含量低，也具有较强的抗硫酸盐侵蚀的能力。在酸性水中，特别是碳酸水中，火山灰质硅酸盐水泥的抗蚀性较差，在大气中二氧化碳的长期作用下水化产物会分解，而使水泥石结构遭到破坏，因此这种水泥的抗大气稳定性较差。

（3）火山灰质硅酸盐水泥的需水量和泌水性与所掺混合材的种类有关，采用硬质混合材如凝灰岩时，则需水量与硅酸盐水泥相近，而采用软质混合材如硅藻土等时，则需水量较大、泌水性较小，但收缩变形较大。

739. 粉煤灰硅酸盐水泥有何特性?

（1）粉煤灰球形玻璃体颗粒表面比较致密且活性较低，不易水化，故粉煤灰硅酸盐水泥水化硬化较慢，早期强度较低，但后期强度可以增长。

由于粉煤灰颗粒的结构比较致密，内比表面积小，而且含有球状玻璃体颗粒，其需水量小，配制成的砂浆和易性好，因此该水泥的干缩性小，抗裂性较好。

（2）粉煤灰硅酸盐水泥水化热低，抗硫酸盐侵蚀能力较强，但次于矿渣硅酸盐水泥，适用于水工和海港工程。粉煤灰硅酸盐水泥抗碳化能力差，抗冻性较差。

（3）粉煤灰硅酸盐水泥泌水较快，易引起失水裂缝，因此在砂浆凝结期间宜适当增加抹面次数。在硬化早期还宜加强养护，以保证混凝土和砂浆强度的正常发展。

740. 复合硅酸盐水泥有何特性?

复合硅酸盐水泥的特性取决于其所掺混合材料的种类、掺量及相对比例，其特性与矿渣硅酸盐水泥、火山灰质硅酸盐水泥、粉煤灰硅酸盐水泥有不同程度的相似之处，其适用范围可根据其掺入的混合材种类，参照其他混合材水泥适用范围选用。

741. 铝酸盐水泥有何特性?

铝酸盐水泥是以矾土和石灰石作为主要原料，按适当比例配合后进行烧结或熔融，再经粉磨而成的，也称为高铝水泥或矾土水泥。

铝酸盐水泥具有硬化迅速、水泥石结构比较致密、强度发展很快、晶型转化会引起后期强度下降等特点。铝酸盐水泥的最大特点是早期强度增长速度极快，24h即可达到其极限强度的80%左右，Al_2O_3 含量越高，凝固速度越快，早期强度越高。但铝酸盐水泥硬化时放热量大、放热速度极快，1d放热量即可达到总量的70%～80%，而硅酸盐水泥要放出同样的热量则需 7d。因此，铝酸盐水泥不适用于大体积工程，但比较适合于低温环境和冬期施工。另外，铝酸盐水泥还具有较好的抗硫酸盐性能、耐高温的特性。

由于铝酸盐水泥具有这些特点，所以常被用来配制要求具有早强快硬的材料，如自流平砂浆、灌浆砂浆、快速修补砂浆、堵漏剂等。

742. 硫铝酸盐水泥有何特性？

硫铝酸盐水泥是以铝质原料（如矾土）、石灰质原料（如石灰石）和石膏，按适当比例配合后，煅烧成含有适量无水硫铝酸钙的熟料，再掺适量石膏，共同磨细而成的。

硫铝酸盐水泥凝结很快，水泥硬化也快，早期强度高，其抗硫酸盐侵蚀能力强，抗渗性好。但硫铝酸盐水泥水化放热量大，适宜于冬期施工。

743. 人工砂有哪些特性？

人工砂颗粒表面较粗糙且具有棱角，用其拌制的混凝土或砂浆和易性较差、泌水量较大，但人工砂中含有的石粉可以部分改善砂浆的工作性能。

人工砂是一种粒度、级配良好的砂，一个细度模数只对应一个级配，同时它的细度模数和单筛的筛余量呈线性关系。对于一种砂，先通过试验建立关系式后，只要测定一个单筛的筛余量即可快速求出细度模数。

人工砂中石粉含量的变化是随细度模数变化而发生变化的，细度模数越小，石粉含量就越高；反之，细度模数越大，石粉含量就越低。

从砂颗粒组成统计结果分析，当人工砂砂石粉含量在 20%左右时，砂各粒径的含量基本在中砂区，而 300μm 以下的颗粒在细砂区，这表明人工砂粗颗粒偏多，细颗粒偏少，特别是 600～300μm 一级的颗粒。

744. 轻骨料是如何分类的？

轻骨料按形成方式分为：

（1）人造轻骨料：轻粗骨料（陶粒等）和轻细骨料（陶砂等）；

（2）天然轻骨料：浮石、火山渣等；

（3）工业废渣轻骨料：自燃煤矸石、煤渣等。

745. 轻骨料有哪些性能？

轻骨料的主要性能包括颗粒密度、堆积密度、颗粒强度、级配、吸水率、抗冻性等，这些性能直接影响轻骨料混凝土及砂浆的和易性、强度、密度及保温性能等。

（1）颗粒密度，也称为表观密度或视密度，是指给定数量的骨料质量与颗粒所占体积之比，该体积包括骨料颗粒内部的孔隙，但不包括颗粒之间的空隙。

颗粒密度根据骨料的含水状态分为绝对干燥状态下的密度（即绝干颗粒密度）和内部吸水表面干燥状态下的密度（即饱和面干颗粒密度）两种情况。轻骨料的颗粒密度随吸水时间而变化，而且吸水速度与骨料的种类有关。因此，一般所指轻骨料的颗粒密度均为绝对干燥状态下的颗粒密度。

轻骨料的颗粒密度为普通骨料的 1/4～1/2，其大小受焙烧工艺、原材料种类和颗粒内部的孔隙含量，以及骨料粒径大小等因素的影响而有所不同。

(2) 堆积密度，是指自然堆积状态下每立方米轻骨料的质量，也叫松散密度，它包含了颗粒之间的空隙以及骨料颗粒内部的孔隙体积。堆积密度的大小与骨料的颗粒密度、尺寸、级配、形状和含水量密切相关。同时，其大小也与计量体积的方法有关。当骨料松散堆置、振动密实或手工捣实时，所测得的堆积密度也不同。

轻骨料的堆积密度主要取决于骨料的颗粒密度、级配及其粒径。

轻骨料的密度等级直接影响以其配制的混凝土和砂浆的密度和性能，一般而言，轻骨料的堆积密度越大，则以其配制的混凝土和砂浆的密度越大，强度也越高。

(3) 筒压强度，是表示轻骨料颗粒强度的一个相对指标，主要影响因素有堆积密度、粒型、颗粒级配以及孔隙率等。

轻骨料强度对混凝土及砂浆的强度有较大的影响。目前多采用筒压法测定轻骨料的筒压强度。

(4) 吸水率，由于轻骨料具有多孔结构，吸水能力比普通骨料强。不同种类的轻骨料由于其孔隙率及孔结构差别，吸水率往往相差较大，即使同一种轻骨料，由于烧制工艺不同，其吸水率也有较大差别。一般黏土陶粒的24h吸水率达到10%以上；火山渣、烧结粉煤灰、膨胀珍珠岩等24h吸水率超过25%，而其1h吸水率能达到其24h吸水率的62%～94%；页岩陶粒的吸水率较低，一般为5%～15%。

由于轻骨料在混凝土中伴随着吸水与放水过程，因此轻骨料的吸水率对混凝土的性能影响较大。对于新拌混凝土及砂浆，轻骨料在拌和与运输过程中继续吸水，会降低拌合物的工作性能。轻骨料的吸水率越高，预饱水程度越低，轻骨料对拌合物的工作性能的影响就越大。

轻骨料的吸水速率取决于颗粒表面的孔隙特征、骨料内部的孔隙连通程度及烧成程度等。吸收在骨料内部的水分，虽然不立即与水泥发生作用，但在拌合物硬化过程中，能不断供给水泥水化用。

(5) 抗冻性，轻骨料具有较高的吸水性，由于孔中的水结冰，体积产生膨胀，破坏轻骨料内部结构，使轻骨料自身的强度降低，因此轻骨料的抗冻性是影响轻骨料混凝土耐久性的一个关键参数。在严寒地区使用轻骨料拌合物时，轻骨料必须具有足够的抗冻性，才能保证所拌制的拌合物的耐久性。

746. 轻骨料的生产工艺有哪些?

轻骨料的生产工艺一般有两类：烧结法和免烧法。轻骨料的生产工艺和窑型是根据原料的种类、成分、产品性能而定的。烧结法主要是指烧胀型和烧结型，烧胀型用于页岩轻骨料和黏土轻骨料的生产，而烧结型主要指粉煤灰轻骨料的生产。免烧型是指那些原材料不需经过烧结过程，只需简单养护，就能达到所需强度要求的生产方法，主要是针对粉煤灰轻骨料而命名的。

目前国内外生产黏土轻骨料、页岩轻骨料均采用回转窑焙烧，可以生产出超轻轻骨料（堆积密度$<$500kg/m^3）、结构保温轻骨料（堆积密度为500～750kg/m^3）和高强轻骨料（堆积密度为750～1000kg/m^3）。

粉煤灰轻骨料的生产可分为焙烧型和养护型两类，可生产出超轻型、结构保温型和高强型粉煤灰轻骨料。焙烧型又分为烧结机法和回转窑法两种，养护型又分为自然养护、蒸压养护和发泡蒸气养护三种。根据现有的资料，蒸压养护、自然养护是目前研究最多的两种免烧工艺，包壳法生产粉煤灰轻骨料是一种特殊的免烧轻骨料的制备方法。此两类五法生产技术适应性强，综合优势显著，是黏土轻骨料、页岩轻骨料生产技术所无法比拟的。

747. 保水增稠材料有哪些品种？

保水增稠材料一般分为有机和无机两大类，主要起保水、增稠作用。它能调整砂浆的稠度、保水性、黏聚性和触变性。常用的有机保水增稠材料有甲基纤维素、羟丙基甲基纤维素、羟乙基甲基纤维素等；以无机材料为主的保水增稠材料有砂浆稠化粉等。预拌普通干混砂浆主要采用的保水增稠材料为砂浆稠化粉等，而特种干混砂浆主要采用纤维素醚等作为保水增稠材料。

748. 砂浆塑化剂有何特点？

砂浆塑化剂的主要成分是松香类或长碳链磺酸盐，其原理为通过在水泥砂浆中引入微小空气气泡使砂浆蓬松、柔软。但掺加引气剂后，砂浆砌体强度会降低10%以上，并且引气剂掺加量极少，一旦计量不准确将会大幅度降低砂浆强度或者和易性。同时，引气剂类产品还存在气泡稳定性问题。砂浆的含气量也与搅拌时间、方法、水泥品种和用水量等因素密切相关。

749. 纤维素醚有何特点？

纤维素醚是碱纤维素与醚化剂在一定条件下反应生成一系列产物的总称，是具有水溶性和胶质结构的化学改性多糖。纤维素醚主要有以下三个功能：

（1）可以使新拌砂浆增稠，从而防止离析并获得均匀一致的可塑体；

（2）本身具有引气作用，还可以稳定砂浆中引入的均匀细小气泡；

（3）作为保水剂，有助于保持薄层砂浆中的水分（自由水），从而在砂浆施工后水泥可以有更多的时间水化。

纤维素醚是一种水溶性聚合物，它在新拌砂浆中会随着水分的蒸发而迁移到砂浆接触空气的表面而形成富集，从而造成纤维素醚在新砂浆表面的结皮。结皮的结果使砂浆表面形成一层较为致密的膜，它会缩短砂浆的开放时间，从而使后期粘结强度下降。通过调节配方、选择适宜的纤维素醚和添加其他的添加剂等方法可以改善纤维素醚的结皮现象。

在使用纤维素醚时应该注意的是，当纤维素醚掺量过高或黏度过大时，会增加砂浆的需水量，工作性降低，不易施工（粘抹子）；纤维素醚会延缓水泥的凝结时间，特别是在掺量较高时缓凝作用更为显著。此外，纤维素醚也会影响砂浆的开放时间、抗垂流性能和粘结强度。

750. 砂浆稠化粉有何特点？

砂浆稠化粉是一种非石灰、非引气型粉状材料，主要成分是蒙脱石和有机聚合物改性剂以及其他矿物助剂，通过对水的物理吸附作用，使砂浆达到保水增稠的目的。

由于其保水增稠的作用是以无机材料为主，有机材料为辅，使水泥砂浆既具有一定的保水增稠作用，又避免了纤维素醚的结皮现象。它与各种水泥的相容性好。

掺稠化粉的建筑砂浆耐水，长期浸水强度稳定发展，在大气中强度也稳定发展。冻融循环后，强度损失和质量损失少。在等水泥用量条件下，掺稠化粉砂浆较水泥石灰混合砂浆粘结强度提高25%，收缩降35%，抗渗性提高25%。

751. 纤维素有哪些常见品种?

纤维素醚、纤维素衍生物是一大类添加剂，通常为粉状（或片状），少数为浆状（纤维素酯不溶解时形成的悬浮液）。尽管受到合成流变改性剂的竞争，纤维素衍生物仍然是增稠剂的主力，主要用于各类水性涂料的生产。其大致分类如下：羧甲基纤维素（CMC）；羟乙基纤维素（HEC）；疏水改性HEC（HMHEC）；甲基纤维素（MC）；甲基羟乙基纤维素（MHEC）；甲基羟丙基纤维素（MHPC）；乙基羟乙基纤维素（EHEC）；疏水改性的纤维素醚类EHEC（HM-EHEC）。

752. 不同纤维素各有何特点?

（1）羧甲基纤维素（CMC，羧甲基纤维素钠）是一种阴离子、亲水性纤维素。通常呈粉末状或絮状（易分散并避免成块），不需再处理就能实现增稠和特殊的流变性。20世纪40年代末期，羧甲基纤维素产品进入市场，更纯的CMC则应用于食品、化妆品和医药。和取代度一样，纯度越高则价格越高，得到的深加工产品能在搅拌下均匀分散增稠，提供优异的成膜性、黏合性。

（2）羟乙基纤维素（HEC）是广为人知的非离子型纤维素，目前在工业上应用最为广泛。与其他组分，尤其着色剂有高度兼容性，不受多价离子影响；易分散并溶于冷水或热水，中性时溶解缓慢，加入碱后能迅速溶解；高度增稠能力（依赖于分子量）、助悬浮、水分保持、较宽的pH范围能高度稳定；高度耐水性，易与极性溶剂混合。在冷水或热水中，溶液可以清澈无色。通常HEC能通过与水分子形成氢键桥而获得高黏度、假塑性（与其类型、引入基团和分子量有关）。

该类纤维素从黏度最低值到最高值范围内均能生产，对其进行表面处理（添加控制量的乙二醛），可避免分散在水中时成团。

（3）甲基羟乙基纤维素（MHEC）不仅具有羟乙基纤维素（HEC）产品的基本功能，同时还有较好的抗流挂性、良好的流平性和较高的黏度等。由于疏水基团加入HEC分子中，首先应考虑它与大部分商品化乳液（2/3的苯乙烯-丁二烯共聚物与1/3的丙烯酸树脂类作为活性剂）的反应性。原因是该反应能获得较高的黏度，并且可使之组成的涂料具有牛顿型流体的流动特性，乳胶粒子越小，两者反应性越强，乳胶粒子的疏水性（乙酸乙烯酯或丙烯酸丁酯反应性更强），较低的丙烯酸含量乳胶粒子可用的自由表面，当加入MHEC时，首先是水体黏度将随着含氢基团间的常规反应而增加。由于疏水基团之间的反应发生在水性涂料中的不同主要组分当中，MHEC也能与填料发生相互作用，通常与黏土矿产品的反应要比与碳酸盐矿的反应强，因为后者比较坚硬，而且吸附表面积较小。一般而言，当它与黏土矿填料混合时，具有较高的增稠效率、较高的涂刷黏度和良好的流平性。甲基羟乙基纤维素（MHEC）具有较高的絮凝点（60℃～80℃），常认为是甲基纤维素（MC）的衍生物。

（4）甲基纤维素（MC）是一种特殊纤维素衍生物，由于在溶液中能发生热可逆絮凝作用，存在热凝胶点，所以它只能溶于冷水。众所周知，起先它用于贴墙纸用黏合剂和“刷墙水浆涂料”（室内用水性涂料）。纯甲基纤维素（MC）溶液大约在45℃～60℃无絮凝。胶凝温度和有机可溶性主要与取代基的类型和体积有关，取代作用的类型决定了MC的表面活性和有机混溶性。

（5）甲基羟丙基纤维素（MHPC）和羟丙基纤维素（HPC）均为非离子型衍生物。尽管MHEC和MHPC在功能上有许多共性，并且也用于建筑用灰泥生产，但与MHEC产品相比，MHPC产品的疏水性更强，很少用于水性涂料。其中的一些特定类型更适于生产脱模（漆）剂。

羟丙基纤维素HPC产品作为医药品是广为人知的，并且它也可用于生产脱模（漆）剂。

（6）乙基羟乙基纤维素（EHEC）是在碱纤维素条件下由氯乙烯和环氧乙烷混合反应而得，常认为等同于HEC。显然，EHEC和HEC有相同的特性，但EHEC憎水性更强，并能降低水的表面张力，且在混合时泡沫更丰富。两者均表现出高黏度（还同分子量有关）、假塑性流动特性、稳定性、保水性。

（7）疏水改性的纤维素醚类（HM-EHEC）是标准纤维素醚类（EHEC）的缔合型，具有更多的疏水基团，通过它的疏水基团与其他组分（首先与晶格）的疏水基团作用，从而获得较高的黏度值，即有较高的ICI黏度。

753. 缓凝剂有哪些品种？

缓凝剂按其化学成分可分为有机物类缓凝剂和无机盐类缓凝剂两大类。

有机物类缓凝剂是较为广泛使用的一大类缓凝剂，常用品种有木质素磺酸盐及其衍生物、羟基羧酸及其盐（如酒石酸、酒石酸钠、酒石酸钾、柠檬酸等，其中以天然的酒石酸缓凝效果为最好）、多元醇及其衍生物和糖类（糖钙、葡萄糖酸盐等）等碳水化合物。其中多数有机缓凝剂通常具有亲水性活性基团，因此其兼具减水作用，故又称其为缓凝减水剂。

无机盐类缓凝剂包括硼砂、氯化锌、碳酸锌以及铁、铜、锌的硫酸盐、磷酸盐和偏磷酸盐等。

754. 石膏在建材行业有哪些用途？

石膏在建筑材料工业中的应用十分广泛：

（1）用石膏作胶凝材料配制石膏基砂浆，如粉刷石膏、粘结石膏、石膏基自流平砂浆等。

（2）用石膏加工制作石膏制品，主要有纸面石膏板、纤维石膏板及装饰石膏板等，石膏板具有轻质、保温绝热、吸声、不燃和可锯可钉等性能，还可调节室内温湿度，而且原料来源广泛、工艺简单、成本低。

（3）生产水泥时用石膏作为调凝剂等。

755. 普通建筑石膏的硬化机理是什么？

β-半水石膏加水后可调制成可塑性浆体，经过一段时间反应后，将失去塑性，并凝结硬化成具有一定强度的固体。

半水石膏加水后产生如下反应：

$$CaSO_4 \cdot \frac{1}{2}H_2O + 1\frac{1}{2}H_2O \longrightarrow CaSO_4 \cdot 2H_2O + Q$$

半水石膏加水后发生溶解，生成不稳定的饱和溶液，溶液中的半水石膏水化后生成二水石膏。由于二水石膏在水中的溶解度比半水石膏小得多，所以半水石膏的饱和溶液对二水石膏来说就成了过饱和溶液，因此二水石膏很快析晶。

由于二水石膏的析出，破坏了原有半水石膏溶解的平衡状态，这样促进了半水石膏不断地溶解和水化，直到半水石膏完全溶解。在这个过程中，浆体中的游离水分逐渐减少，二水石膏胶体微粒不断增加，浆体稠度增大，可塑性逐渐降低，即“凝结”。

随着浆体继续变稠，胶体微粒逐渐凝聚成为晶体，晶体逐渐长大、共生并相互交错，使浆体产生强度，并不断增长，即“硬化”。实际上，石膏的凝结和硬化是一个连续的、复杂的物理化学变化过程。

756. 建筑石膏有哪些特性？

（1）凝结硬化快

建筑石膏凝结硬化速度快，一般与水拌和后，在常温下几分钟即可初凝，30min内可达终凝。凝结时间可通过掺加缓凝剂或促凝剂进行调节。

（2）可调节湿度

石膏的水化产物是二水石膏，而二水石膏的脱水温度较低，大约为120℃。当空气湿度较低时，二水石膏可释放出部分结晶水，生成半水石膏，使环境的湿度增加。当空气湿度较高时，半水石膏又可以从环境中吸收水分，形成二水石膏，同时使环境的湿度降低，对环境湿度具有调节功能。

（3）防火性能好

石膏硬化后的水化物是含水的二水石膏，它含有相当于全部质量21%左右的结晶水。一般温度下，结晶水是稳定的，当温度达到100℃以上时，结晶水开始分解，并在面向火源的表面上产生一层水蒸气幕，起到阻止火焰蔓延和温度升高的作用。

（4）不收缩

石膏在凝结硬化过程中，体积略有膨胀，硬化时不出现裂纹。

（5）质量轻

建筑石膏的水化，理论需水量只占半水石膏质量的18.6%，但实际上为使石膏浆体具有一定的可塑性，往往需加水60%～80%，多余的水分在硬化过程中逐渐蒸发，使硬化后的石膏留有大量的孔隙，一般孔隙率为50%～60%，因此建筑石膏硬化后质量轻、强度较低，但导热性较差、吸声性较好。

（6）耐水性、抗冻性和耐热性差

建筑石膏硬化后，具有很强的吸湿性和吸水性，在潮湿的环境中，晶体间的粘结力削弱，强度明显降低，在水中晶体还会溶解而引起破坏；若石膏吸水后受冻，则孔隙内的水分结冰，产生体积膨胀，使硬化后的石膏体破坏。所以，石膏的耐水性和抗冻性较差。另外，二水石膏在温度过高（超过65℃）的环境中，会脱水分解，造成强度降低。因此建筑石膏不宜用在潮湿和温度过高的环境中。

757. 半水石膏有何特点?

半水石膏胶凝材料应用比较广泛，有许多独特的优点，如生产能耗低、质量轻、防火性能好，凝结硬化快、装饰性能好、再加工再制作性能好、隔声保温性能好、可调节空气中的湿度、石膏资源丰富可就地取材等。

758. 工业副产石膏来源有哪些?

磷素化学肥料和复合肥料生产是产生工业副产石膏的一个大行业；燃煤锅炉烟道气石灰石法/石灰湿法脱硫、萤石用硫酸分解制氟化氢、发酵法制柠檬酸都会产生工业副产石膏。

工业副产石膏是一种非常好的再生资源，综合利用工业副产石膏，既有利于保护环境，又能节约能源和资源，符合我国可持续发展战略。

759. 脱硫石膏与天然石膏有何异同?

脱硫石膏和天然石膏经过煅烧后得到的熟石膏粉和石膏制品在水化动力学、凝结特性、物理性能上无显著的差别。但作为一种工业副产石膏，它具有再生石膏的一些特性，和天然石膏有一定的差异，主要表现在原始状态、机械性能、化学成分、杂质成分上的差异，导致其脱水特征、易磨性及煅烧后的熟石膏粉在力学性能、流变性能等宏观特征上与天然石膏有所不同。

760. 杂质对脱硫石膏有何影响?

(1) 可燃有机物，主要是没有完全燃烧的煤粉，影响石膏产品的性能和美观。

(2) 氧化铝和氧化硅是影响脱硫石膏工艺性能的第二重要因素。因为它们在脱硫石膏中一般都是比较粗的颗粒，对脱硫石膏最大的影响是易磨性，不同粒径的氧化铁影响脱硫石膏的易磨性和颜色。

(3) 用脱硫石膏生产石膏板时，$CaCO_3$、$MgCO_3$ 在脱硫石膏由二水石膏煅烧成半水石膏时，会有一部分转化成 CaO 和 MgO，这些碱性氧化物会使脱硫石膏的碱度超过 8.5，这样纸面石膏板中纸和板芯的粘结力就不能得到保证。

761. 脱硫石膏的放射性应满足什么要求?

脱硫石膏的放射性指标应满足国家标准《建筑材料放射性核素限量》(GB 6566—2010) 要求。脱硫石膏中放射性元素的含量远低于公认的极限值。

762. 脱硫石膏在建材行业中有何应用?

脱硫石膏广泛应用在生产熟石膏粉、α石膏粉、石膏制品、石膏砂浆、脱硫石膏水泥添加剂等各种建筑材料之中。脱硫石膏的应用技术非常成熟，已经较好地解决了脱硫石膏的运输、成块、干燥、煅烧技术，脱硫石膏利用的工艺设备已经专业化、系列化。

763. 水泥出厂检验报告应包含哪些内容?

检验报告内容应包括出厂检验项目、细度、混合材料品种和掺加量、石膏和助磨剂的品种及掺加量及合同约定的其他技术要求。当用户需要时，生产者应在水泥发出之日起 7d 内寄发除 28d 强度以外的各项检验结果，32d 内补报 28d 强度的检验结果。

764. 通用硅酸盐水泥包装有何要求？

水泥可以散装或袋装，袋装水泥每袋净含量为50kg，且应不少于标志质量的99%；随机抽取20袋总质量（含包装袋）不应少于1000kg。其他包装形式由买卖双方协商确定，但有关袋装质量要求，应符合上述规定。水泥包装袋应符合《水泥包装袋》（GB/T 9774—2020）的规定。

765. 通用硅酸盐水泥的出厂水泥标志有何规定？

水泥包装袋上应清楚标明：执行标准、水泥品种、代号、强度等级、生产者名称、生产许可证标志（QS）及编号、出厂编号、包装日期、净含量。硅酸盐水泥和普通硅酸盐水泥包装袋两侧应采用红色印刷或喷涂水泥名称和强度等级。矿渣硅酸盐水泥、火山灰质硅酸盐水泥、粉煤灰硅酸盐水泥和复合硅酸盐水泥包装两侧应采用黑色或蓝色印刷或喷涂水泥名称和强度等级。

散装发运水泥时应提交与袋装标志相同内容的卡片。

766. 影响水泥强度的主要因素是什么？

影响水泥强度的因素很多，大体上可分为以下几个方面：水泥的性质、水灰比及试体成型方法、养护条件、试验操作误差和养护时间等。

水泥的性质主要由熟料的矿物组成和结构、混合材料的质量和数量、石膏掺量、粉磨细度等决定，所以不同品种和不同生产方式所生产的水泥，其性能是不同的。水泥只有加水拌和后才能产生胶凝性，加水量多少（即水灰比）对水泥强度值的高低有直接影响，加水量多，强度降低。同时试体的成型方法如灰砂比、搅拌、捣实等也直接影响水泥强度。水泥胶结材料有一个水化凝结硬化的过程，在此过程中，周围的温度、湿度条件影响很大。在一定范围内，温度越高，水泥强度增长越快；温度越低，增长越慢。潮湿的环境对水泥凝结硬化有利，干燥的环境对水泥凝结硬化不利，特别是对早期强度影响更大。由于影响水泥强度的因素很多，故在检验水泥强度时必须规定特定、严格的条件，才能使检验结果具有可比性。

767. 为何水泥放置一段时间后凝结时间会产生变化？

影响水泥凝结时间的因素，可分为水泥本身因素和环境条件两方面。水泥本身因素主要是细度和矿物组成等，对凝结影响较大；环境条件则主要是温度、湿度以及空气流通程度等，对凝结影响也较大。

通常情况下，水泥粉磨细度越细，水泥就越易水化。当环境温度较高且潮湿时，若保存不当，则更容易出问题。存放时吸水，会导致水泥缓凝；吸收二氧化碳，则会导致水泥速凝。

水泥是活性物质，放置一段时间，如保存不好就会风化变质而丧失一部分活性。在放置期间，水泥细粉极易与空气中的水蒸气和二氧化碳发生化学反应，这种反应虽然较慢，但由于持续不断地进行，因而也会发生从量变到质变的变化。所以，长期存放的水泥，即使不直接与液态水接触，也会发生结块、结粒和活性降低等现象。水泥间接受潮的程度与水泥的存放时间、存放条件以及水泥品种有关。相同水泥在不同环境下存放、不同水泥在相同环境下存放（不同水泥在不同环境下存放无可比性），存放时间越长，水泥活性的损失程度越严重。

一般估计，在空气流通的环境下，普通水泥存放3个月活性下降约20%，存放半年下降约30%，存放一年下降约40%。而在环境比较干燥，空气不流通的存放条件下，水泥受潮活性下降程度则远远低于上述数值。

水泥受潮化学反应一般在水泥颗粒表面薄薄的一层上进行，未水化的大部分水泥矿物被水化产物包围（或叫覆盖），使水化速度降低，导致凝结时间延长。季节不同，水泥存放后对凝结时间的影响也不同，夏季和冬季两种环境条件下存放的水泥，其凝结时间与存放前大不一样。因此，只有控制好试验条件，才能得出正确的测定结果。

768. 粉煤灰的运输与贮存有哪些要求？

不同灰源、等级的粉煤灰不得混杂运输和存储，不得将粉煤灰与其他材料混杂，粉煤灰在运输与贮存时不得受潮和混入杂物，同时应防止污染环境。

769. 不同的砂浆对砂中的氯离子含量是如何规定的？

砂浆用砂氯离子含量可参照混凝土对砂中的氯离子含量的规定：

（1）对于钢筋混凝土用砂，其氯离子的含量不得大于0.06%（以干砂的质量百分率计）；

（2）对于预应力混凝土用砂，其氯离子的含量不得大于0.02%（以干砂的质量百分率计）；

770. 湿拌砂浆可以使用海砂吗？海砂的淡化技术有哪些？

《海砂混凝土应用技术规范》（JGJ 206—2010）规定，将“海砂”定义为：出产于海洋和入海口附近的砂，包括滩砂、海底砂和入海口附近的砂，海砂中氯离子含量可以达到0.123%。编者抽取山东日照地区的近海海砂，测试海砂中氯离子含量可以达到0.08%。考虑海砂中含有的盐分，不应直接使用天然海砂来拌制湿拌砂浆，以防止出现泛碱现象。天然海砂应用专门的处理设备进行淡化淘洗并符合《海砂混凝土应用技术规范》（JGJ 206—2010）规定的氯离子含量才可以用于砂浆的生产。淡化海砂的重要质量技术指标见表2-56。

表2-56 淡化海砂的重要质量技术指标

项目	指标	
水溶性氯离子含量（以干砂质量分数计，%）	≤0.03	≤0.02（预应力钢筋混凝土用砂）
含泥量（以干砂质量分数计，%）	≤1.0	—
泥块含量（以干砂质量分数计，%）	≤0.5	—
坚固性指标（%）	≤8	—

据了解，广东珠江口地区，水洗海砂中游离氯离子含量一般控制在干砂质量的0.02%以内，满足《海砂混凝土应用技术规范》（JGJ 206—2010）的规定。虽然湿拌砂浆里没有常规型号的钢筋，但是抹面砂浆一般会接触钢丝挂网，而且没有水洗的海砂里面含有盐分，使面层砂浆容易吸水返潮，砂浆面层的腻子容易脱落，故湿拌砂浆所用的

细骨料不能直接使用海砂，海砂必须经过淡化处理，质量合格后才能生产湿拌砂浆。

771. 基准水泥有哪些要求？

熟料中铝酸三钙（C_3A）含量为6%～8%；

熟料中硅酸三钙（C_3S）含量为55%～60%；

熟料中游离氧化钙（f-CaO）含量不得超过1.2%；

水泥中碱（$Na_2O+0.658K_2O$）含量不得超过1.0%；

水泥比表面积为（350±10）m^2/kg。

772. 缓凝剂的作用机理是什么？

（1）吸附理论

缓凝剂在未水化水泥颗粒吸附或在已水化相上吸附形成缓凝剂膜层，阻止水的浸入，从而延缓了C_3S和C_3A的水化。

（2）络盐理论

与液相中Ca^{2+}形成络合物膜层，延缓水泥水化。随着液相中碱度提高，络合物膜层被破坏，水化继续。

（3）沉淀理论

无机缓凝剂在水泥颗粒表面与水泥中组分反应生成不溶性缓凝剂盐层，阻碍水化反应进行。

（4）成核生成抑制理论

缓凝剂吸附在$Ca(OH)_2$晶核上，抑制它继续生长，以达到缓凝效果。

773. 糖类缓凝剂有哪些产品特性？

（1）低掺量即具有强烈的缓凝效果。

（2）与减水剂复合使用，具有增加流动度、降低黏度作用；但在高强度等级中使用可能增加黏度。

（3）显著降低水泥水化发热速率，延迟放热峰的出现。

（4）降低混凝土坍落度损失。

（5）早期强度有下降，后期强度有提高。

（6）在低温时缓凝明显，需要根据气温及时调整掺量。

（7）高掺量蔗糖可引起促凝，这是因为糖加速了水泥中铝酸盐的水化，并产生抑制石膏的作用。

（8）还原糖和多元醇会大大降低硬石膏、氟石膏、半水石膏在水中的溶解度导致水泥假凝，要注意不同水泥的适应性。

774. 氯盐早强剂的作用机理是什么？

$CaCl_2$与水泥中的C_3A作用，生成不溶性水化氯铝酸钙，并与C_3S水化析出的氢氧化钙作用，生成氧氯化钙，有利于水泥石结构形成，同时降低液相中碱度，加速C_3S水化反应，提高早期强度。

$$CaCl_2+C_3A+10H_2O \longrightarrow C_3A \cdot CaCl_2 \cdot 10H_2O$$

$$CaCl_2+3Ca(OH)_2+12H_2O \longrightarrow C_3A \cdot 3Ca(OH)_2 \cdot 12H_2O$$

775. 硫酸盐早强剂的作用机理是什么?

$$Na_2SO_4 + Ca(OH)_2 + 2H_2O \longrightarrow CaSO_4 \cdot 2H_2O + 2NaOH$$

$CaSO_4 \cdot 2H_2O$ 能与 C_3A 水化产物迅速反应生成水化硫铝酸钙，形成早期骨架，由于上述反应，溶液中 $Ca(OH)_2$ 浓度降低，加速 C_3S 水化反应，提高早期强度。

776. 硫酸盐早强剂使用的注意事项有哪些?

(1) 硫酸钠随温度降低，溶解度下降，容易结晶沉淀。

(2) 硫酸钙与水泥矿物反应膨胀，容易导致混凝土、砂浆开裂，强度下降。

(3) 用于蒸养混凝土掺量一般不超过1%，否则生成大量钙矾石导致膨胀破坏。

777. 引气剂作用机理是什么?

(1) 界面活性作用：吸附在颗粒表面，降低界面能。

(2) 起泡作用：在砂浆中引入大量微小、封闭的气孔。

(3) 气泡的稳定性：引入砂浆中的气泡能保持形态，含气量相对稳定。

778. 引气剂主要有哪些种类?

(1) 松香类引气剂：松香酸钠。

(2) 烷基苯磺酸盐类引气剂：K12。

(3) 脂肪醇磺酸盐类：脂肪醇聚乙烯醚。

(4) 皂角苷类引气剂：三萜皂甙。

(5) 烯基磺酸盐：AOS (α-烯基磺酸钠)。

779. 引气剂对砂浆的影响有哪些?

(1) 改善砂浆的和易性。

(2) 降低砂浆的泌水和沉降。

(3) 提高砂浆的抗渗性。

(4) 提高砂浆的抗化学物质侵蚀性。

(5) 显著提高砂浆的抗冻融性能。

(6) 大大延长砂浆的使用寿命。

(7) 对砂浆强度略有降低，但因其有一定的减水作用，基本可弥补强度降低。

780. 缓凝剂有哪些特点?

(1) 掺量合适，24h后的强度不会受影响。

(2) 掺量过多，砂浆的正常水化速度和强度会受影响。

(3) 超掺，会使水泥水化完全停止。

(4) 不同的缓凝剂种类，对砂浆泌水、离析情况不同。

781. 缓凝剂主要有哪些种类?

缓凝剂主要有以下几类：

(1) 糖类及其碳水化合物：如糖蜜、白糖、糊精等。

(2) 木质素磺酸盐类：如木钙、木钠等。

(3) 羟基羧酸及其盐类：如柠檬酸、酒石酸、葡萄糖酸钠等。

（4）无机盐类：如锌盐、磷酸盐、硼酸盐等。

（5）多元醇及醚类物质：如丙三醇、聚乙烯醇等。

782. 影响水泥和外加剂适应性的主要因素有哪些？

水泥与外加剂的适应性是一个十分复杂的问题，至少受到下列因素的影响。遇到水泥和外加剂不适应的问题，必须通过试验，对不适应因素逐个排除，找出其原因。

（1）水泥：矿物组成、细度、游离氧化钙含量、石膏加入量及形态、水泥熟料碱含量、碱的硫酸饱和度、混合材种类及掺量、水泥助磨剂等。

（2）外加剂的种类和掺量。如萘系减水剂的分子结构，包括磺化度、平均分子量、分子量分布、聚合性能、平衡离子的种类等。

（3）砂浆配合比，尤其是水胶比、矿物外加剂的品种和掺量。

（4）砂浆搅拌时的加料程序、搅拌时的温度、搅拌机的类型等。

783. 砂浆外加剂为什么会发臭？如何解决？

砂浆外加剂本身的保质期为6～12个月，砂浆外加剂是通过复配后的添加剂，由于添加了一些辅助材料（葡萄糖酸钠等糖类或醇类），保质期会变短，在夏季高温条件下，一般2个星期左右就会出现发臭现象。

在复配时加入少许防腐剂（如甲醛、丙酮、苯甲酸钠等）可以延长保质期，对已发臭的砂浆外加剂，加入亚硝酸钠可以使变黑的聚羧酸减水剂颜色变浅，加入亚硝酸钠的外加剂其使用效果、掺加量需经试验验证再确定。

2.3.2 预拌砂浆知识

784. 湿拌砂浆组成材料是什么？各自作用分别是什么？

湿拌砂浆组成材料包括水泥、砂、水、矿物掺合料和外加剂。

水泥是湿拌砂浆材料中关键的组分，在湿拌砂浆中作为胶凝材料，通过与水反应，将骨料胶结在一起，形成完整、坚硬、有韧性的凝结砂浆。

砂在砂浆中主要起骨架作用，还有经济作用、技术作用。

水保证水泥等胶凝材料的水化，保证湿拌砂浆具有一定的可抹性、流动性、保塑性。

外加剂改善湿拌砂浆的可抹性、保水性、保塑性、缓凝性、强度、耐久性等性能。

矿物掺合料可取代部分水泥，降低水泥用量，并可改善湿拌砂浆的和易性、可抹性，提高砂浆使用性能。

785. 选用聚合物水泥抹灰砂浆有什么要求？

聚合物水泥抹灰砂浆所用的聚合物掺量少、品种多，计量精度要求高，现场配制难度大，计量精度也不易满足使用要求。而工厂化生产的聚合物抹灰砂浆性能稳定，质量有保证。聚合物水泥抹灰砂浆的抗压强度不小于5.0MPa。面层砂浆对表层质感和光洁度要求高，要求采用不含砂的腻子。

786. 如何选用聚合物水泥抹灰砂浆？

应根据不同基体材料及使用条件选择不同的聚合物水泥抹灰砂浆：普通聚合物水泥

抹灰砂浆（压折比无要求）、柔性聚合物水泥抹灰砂浆（压折比≤3），有防水要求时应选择具有防水性能的聚合物水泥抹灰砂浆。

787. 水泥石结构是什么？

水泥与水反应形成的水泥石是一个极其复杂的非均质多相体，是一种多孔的固、液、气三相共存体。水泥石固相包括水化硅酸钙（CSH凝胶）、氢氧化钙（CH）、水化硫铝酸钙、水化铝酸钙和未水化熟料颗粒。水泥石孔（气相）分为凝胶孔、毛细孔、气孔三类。水泥石水（液相）分为毛细管水、吸附水、层间水和化学结合水。

788. 什么是水泥石与骨料的过渡区？过渡区有什么特点？

从微观细度上看，水泥石与骨料的界面并不是一个“面”，而是一个有不定厚度的“区”（或者“层”“带”）。这个特殊区的结构、性质与水泥石本体有较大的区别，在厚度方向从骨料表面向水泥石逐渐过渡，因此被称为“过渡区”。

789. 砂浆中的孔是怎样形成的？

在湿拌砂浆中有两种形式的孔存在，一种是连通孔，一种是封闭孔。

连通孔是拌合水留下的空间。在湿拌砂浆拌和时，为了保证砂浆具有一定的工作性，需要加入一定数量的水，砂浆凝结而形成初始结构时，这些水仍留在砂浆中，并占据一定的空间。随着水化的进行及以后的干燥过程，这些水分失去，原来被水占据的空间则成为孔隙。

封闭孔通常是气泡占据的空间。这些气泡或者是由于在搅拌过程中混入空气而形成，或者是由一些外加剂而产生。这些在搅拌、成型过程中没有排出的气泡，当砂浆硬化后便形成了封闭孔。

790. 什么是耐久性？

耐久性是指砂浆在实际使用条件下，抵抗各种破坏因素的作用，长期保持强度、抗变形和外观完整的能力。

砂浆长期处在某种环境中，往往会造成不同程度的损害，环境条件恶劣时，甚至可以完全破坏。造成砂浆损害、破坏的原因有外部环境条件引起的，也有砂浆内部的缺陷及组成材料的特性引起的。前者如气候条件的作用、磨蚀、天然或工业液体或气体的侵蚀等，后者如碱骨料反应、砂浆的渗透性等。在这些条件下，砂浆能否长期保持性能稳定，关系到砂浆构筑物能否长期安全运行。

791. 提高砂浆抗冻性的主要措施有哪些？

（1）严格控制水灰比。

（2）优质外加剂。优质外加剂在湿拌砂浆中可引入均匀分布的气泡，能更好地、长时间地稳定气泡，调整好外加剂掺量，保证有合适含气量和气泡的尺寸，对改善其抗冻性能有显著的作用。

（3）掺入适量的优质掺合料。掺入适量的优质掺合料，有利于气泡分散，使其更均匀地分布在砂浆中，因而有利于提高砂浆的抗冻性。

（4）水泥应采用普通硅酸盐水泥。

（5）砂的选用应符合国家标准《建设用砂》（GB/T 14684—2022）或《普通混凝土用砂、石质量及检验方法标准》（JGJ 52—2006）的规定。

（6）采用外加剂法配制砌筑砂浆时，可采用氯盐或亚硝酸盐等外加剂。氯盐应以氯化钠为主，当气温低于－15℃时，可与氯化钙复合使用。外加剂使用不当会产生盐析现象，影响装饰效果，对钢筋及预埋件有锈蚀作用。

（7）当设计无要求且最低气温等于或低于－15℃时，砌体砂浆强度等级应较常温施工高一级。

（8）用于钢筋配置部位的水泥砂浆防冻剂的氯离子含量不应大于 0.1％。

（9）水泥最小用量、掺合料最大掺加量应满足标准规定。

（10）砂浆保塑时间设计不宜过长，根据施工需求合理设计配制砂浆的保塑时间。

792. 含气量对砂浆抗冻性的影响因素是什么？

含气量是影响抗冻性的主要因素，特别是加入引气剂形成的微细气孔对提高抗冻性尤为重要。湿拌砂浆含气量较大，气孔在砂浆中分布均匀，气泡平均间距越小，它离结冰区的平均距离也将越短。短距离渗透所需的渗透压较小，可以使得结冰区对砂浆的破坏作用较小，有抗冻优势，湿拌砂浆的保水率大于 88％，饱和水较多，较容易受冻。

砂浆抗冻性与砂浆的气泡结构有着密切的关系，在砂浆中，气泡是一种封闭的孔，这种孔中一般不含有水，因此，不会结冰。但是，当水结冰时所产生的压力则使得未冻结水将可能向气泡中迁移，以减小结冰区的压力，因此，气泡可以缓解结冰区的压力，提高砂浆的抗冻性。

793. 为什么引气剂所产生的孔对抗冻性有利？

（1）引气剂在砂浆中所产生的孔与其他的孔的本质区别在于引气剂所产生的孔是封闭孔、孔内不含有水，通常称之为气泡。而其他孔是连通孔，允许水自由进入，在潮湿环境下，它含有较多的水。引气剂所形成的孔不是可冻孔，因而在冻融环境下，不会造成砂浆的破坏。

（2）引气剂所产生的孔还可能释放冰冻作用所产生的压力。由于水转变成冰体积膨胀 9％，因而将产生一个内压力。如果在冰冻区周围存在着引气剂所产生的孔的话，则可以减小这种内压力、减轻它对砂浆的破坏。

因此，引气剂所产生的孔对砂浆的抗冻性的影响与其他孔不同，它不仅没有有害的作用，而且利于砂浆的抗冻性。

794. 砂浆饱水状态、受冻龄期对砂浆抗冻性影响因素是什么？

（1）砂浆饱水状态

砂浆的抗冻性与其孔隙的饱水程度紧密相关，毛细孔的自由水是导致砂浆遭受冻害的主要内在因素。一般认为含水量小于孔隙总体积的 91.7％就不会产生冻结膨胀压力，该数值被称为极限饱水度。

（2）受冻龄期

砂浆的抗冻性随其龄期的增长而提高。因为砂浆龄期越长，水泥水化越充分，砂浆强度越高，抵抗膨胀的能力越大，这一点对早期冻害的砂浆更为重要。

795. 如何解决湿拌砂浆配合比设计试配的稠度与实际生产不一致的问题？

(1) 湿拌砂浆试配时应进行稠度经时损失试验。

(2) 湿拌砂浆试配时，稠度经时损失试验的环境条件，应考虑实际生产条件，如环境温度、运输时间等，根据实际条件，合理确定稠度经时损失试验的环境条件。

(3) 配合比设计试配时采用的原材料应与生产用的原材料相一致。不宜采用材料供应商提供的原材料样品进行配合比试配验证。

(4) 应加强砂浆外加剂的进场检验，尤其是稠度损失检验。外加剂取样应有专人负责，不得委托送货人员取样，保证取样的真实性。

(5) 应加强进场外加剂与配合比其他原材料的适应性检验。

796. 机制砂中的石粉越少越好吗？

机制砂在生产过程中不可避免地产生一定量的石粉（5%～15%），人工砂尖锐的颗粒形状对砂浆的和易性很不利，适量的石粉存在可弥补这一缺陷，天然砂含泥成分同机制砂含泥成分不同，天然砂中划分为泥的成分对砂浆混凝土有害，因此必须控制含量。机制砂中适量的石粉含量对混凝土和砂浆有利。人工砂在开采和生产过程中由于各种因素或多或少会掺入泥土，一般用亚甲蓝（MB）值检验或快速检验评定黏土成分含量，机制砂中 75μm 以下的石粉含量具有微骨料填充效果，可有效改善砂浆的孔隙特征，改善浆骨料界面结构，进而能起到提高湿拌砂浆的综合性能作用。而机制砂颗粒表面粗糙、尖锐多棱角等基本特性，在一定程度上可以增强砂与水泥的粘结程度以及增加骨料间的嵌、挤、锁、结力，改善硬化后砂浆的力学性能。

797. 用机制砂配制湿拌砂浆需要注意哪些？

由于实际机制砂级配不好，容易出现 2.36mm 以上粗颗粒以及 0.15mm 以下细颗粒相对偏多而中间的颗粒偏少，甚至一些级配出现断档现象，从而导致砂浆的和易性降低，各方面性能都会受到影响。机制砂所搅拌的砂浆，不仅和易性差，显得粗糙，同时，砂浆泌水比较严重，掺入部分细砂的砂浆整体和易性相对提高，泌水情况也没有那么严重，由此可知细砂对机制砂的级配一定程度上进行了调整完善，故使得砂浆的整体状态也得到了提升，所以机制砂级配的均匀完善对砂浆性能的提高有很大作用。机制砂表面粗糙有棱角对于浆体附着粘结有一些优势，硬化之后强度性能有所提高，但是砂浆和易性以及保水性很差，同时，机制砂不像天然砂表面圆润光滑，当墙面砂浆进行收面时，机制砂砂浆收面相对粗糙费力，给工人施工带来了一定的困难。故湿拌砂浆用砂，最好还是通过机制砂和天然河砂混掺，这样可以明显改善砂颗粒级配，改善机制砂的粒型问题，相对调节或减少了石粉（泥）含量，这样配合砂浆外加剂更有利于湿拌砂浆的配制、生产和泵送、机喷施工、顺利抹面等后续工序。

单独使用机制砂时，机制砂级配和细度模数对湿拌砂浆工作性能的影响较大，应严格控制机制砂级配和细度模数，建议机制砂指标控制：细度模数 MX 为 2.0～2.7，4.75mm 以上颗粒不大于 5%，2.36mm 以上颗粒不大于 12%，0.075mm 以下石粉含量宜控制在 5%～15%。机制砂 2.36mm 以上颗粒如果偏多，湿拌砂浆易出现泌水现象，保水性差，可操用时间短，强度低，收缩大，砂浆表面易有砂眼；机制砂 0.075mm 以下石粉（含泥）如果偏多，需水量大，流动性和保水性差，湿拌砂浆黏度增大，影响施工性，可操用时间短，强度低，收缩大，基层粘结差。只有合理的颗粒级配和一定量的石粉含量，湿拌砂浆保水性才好，可操用时间长，易施工，同时能保证砂浆优质的使用性。

在今后的砂浆生产中，机制砂在湿拌砂浆中的应用将会越来越多，提高机制砂的颗粒球形度是湿拌砂浆用细骨料高品质化的关键。采用改装的水泥球磨机，可以有效地为机制砂整形，提高机制砂的颗粒球型度。机制砂采用机械破碎岩石生产，既可以节约自然资源，又完全符合当前可持续发展的战略要求，已经成为大势所趋，机制砂为资源综合利用开创了全新的空间，具有深远的意义。

798. 湿拌砂浆掺加防冻剂有效果吗？

水泥砂浆防冻剂结合冬期施工气温条件，可以加速砂浆负温条件下的凝结和硬化，强度增长明显，并且不影响后期强度的发展。对于北方冬季气温地区的湿拌砂浆，防冻剂在砂浆中的应用效果不明显。掺量过少起不到想要的效果，掺量过多会产生盐析、泛白现象，影响外观效果、对钢筋及预埋件有锈蚀等多种负面作用。防冻剂在湿拌砂浆中是在负温情况下提高砂浆活性，使砂浆达到砂浆受冻临界强度前不受冻，需结合标准施工条件能实现，即掺加砂浆防冻剂后的砂浆不是说掺入就可以使砂浆不上冻，而是需要结合规范标准的施工措施才能实现其效果。湿拌砂浆是运输至工地储存一段时间后再施工，如施工没有冬季防护条件，砂浆长时间处于冰冷环境，达到既不能凝结还不能冻结的效果，需大量防冻剂的掺加维持，最终会产生盐析、泛白现象，影响外观效果。

对于北方地区冬季湿拌砂浆的施工，气温要在≥5℃条件下进行。防冻剂的掺加并不能完全解决湿拌砂浆的受冻，仅能在初期调整砂浆活性方便低温下的使用性，不能解决砂浆受冻的根本问题，需结合冬期施工条件和预养时间，满足规范要求进行标准施工。

799. 如何合理调整湿拌砂浆外加剂掺加量？

湿拌砂浆的保塑时间是一个重要指标，要保持湿拌砂浆持久鲜活有元气，就要调整好湿拌砂浆的保塑时间，这样才能保证湿拌砂浆的使用寿命。外加剂是调整砂浆保塑时间的主要材料。通常，外加剂掺量越多，砂浆的保塑时间越长。一般情况下，多数工地在18时收工。砂浆保塑时间的调整控制就要长于施工完成时间（工地的保塑时间长短同工地储存、施工环境有关）才能满足砂浆标准施工的要求。工地有特殊要求时，应相应调整外加剂掺量。外加剂的掺量需要根据施工环境条件进行调整。气温高时，外加剂的掺量要比常温掺量多些，气温低时，掺量相应减少一些。

800. 湿拌砂浆配合比的调整应注意哪些实际问题？

湿拌砂浆配合比调整主要依据以下几点进行：

（1）天气温、湿度等周围环境变化：温湿度不同，砂浆性能变化不同，特别是保塑时间对稳定性等多种因素造成影响。

（2）原材料性能特点：

① 调整砂浆含粉量：保证胶材的掺量足够，使施工时浆体有足够的浆料悬浮支托；

湿拌砂浆的含粉量包括水泥和矿物掺合料的细粉、砂中的石粉以及含泥含量。过高的含粉量造成砂浆用水量增多、塑性收缩加大，易使砂浆形成水平裂缝。过低的含粉量造成砂浆可抹性差，减少湿拌砂浆的保塑时间，导致浆体密实度差，压、粘强度低。

② 调整砂浆的透气性，保水率不宜过大，选择小的胶砂比；调整机制砂和天然砂的比例，注意机制砂的颗粒形状的选配，禁用劣质粉煤灰、黑灰或氨味较重、发黏的灰；选用品质优良的外加剂以及注意外加剂的适应性调整等。

（3）不同墙体：不同基层墙体的性能不同、粘结附着力不同，如混凝土结构与红砖结构。

（4）不同施工方法：施工手法影响着砂浆质量，有抹浆、甩浆、人工、机械施工等多种原因。

（5）不同施工部位：施工部位不同，砂浆使用需求不同。如三小间抹灰，门、窗框抹灰，室内大墙抹灰，梁抹灰，如不同基层交界处抹灰、阴阳角部位抹灰等。

（6）不同生产技术要求：合理控制砂浆密度、稠度、强度、生产、检测、运输储存等。

（7）不同技术工人施工：抹灰工人施工手法、技术能力、施工经验、工作态度等。

801. 湿拌砂浆的配合比管理应符合哪些规定？

（1）制定配合比的设计、审核、下达、记录、存档规定，并严格执行。

（2）生产配合比应经过实验室试配、中试后确定，并建立不同品种、等级的配合比汇总表，汇总表应明确湿拌砂浆的配合比、原材料品种等级与来源、试配结果，须经试验员、技术负责人签名确认。

（3）主要原材料和生产工艺发生变化时应重新进行配合比的设计和试配。配合比在使用过程中应根据反馈的产品质量信息，经技术负责人批准及时对配合比进行调整。

（4）生产实际使用的配合比不得超越汇总表范围。

（5）配合比应编号管理并考核执行效果。同一编号的配合比，应对比出厂检验和砂浆进场检验的各项性能指标，每季度进行统计分析。

802. 如何加强实验室储备配合比管理？

（1）实验室应根据生产实际情况，储备一定数量的湿拌砂浆配合比及相关资料。

（2）储备配合比可包括以下内容：①不同湿拌砂浆强度等级；②不同稠度、密度、保水、保塑时间要求；③不同水泥品种和强度等级；④不同砂子品种、不同砂子粒径；⑤不同掺合料品种，如粉煤灰、矿渣粉等；⑥不同外加剂品种等。

（3）实验室应将设计完成的湿拌砂浆配合比统一编号，建立台账并汇编成册，经技术负责人或其授权人审核批准后备用。每年应根据上一年度的实际生产情况和统计资料结果，对各种湿拌砂浆配合比设计进行确认、验算或设计，并重新汇编成册。

（4）实验室应定期统计实测湿拌砂浆强度值，不断完善湿拌砂浆配合比。

803. 生产中如何加强原材料的组织供应？

（1）生产过程中应对公司的原材料储存、供应、生产能力、供货量进行合理安排与准备，保证湿拌砂浆各种原材料的供应满足湿拌砂浆连续生产的要求。

（2）材料部门依据生产任务单、湿拌砂浆配合比通知单要求，组织原材料的供应，保证原材料的品种、规格、数量和质量符合生产要求。在原材料组织供应中应注意，生产预拌湿拌砂浆用的各种原材料不仅要符合标准的要求，还要符合湿拌砂浆配合比通知单的要求。

（3）各种原材料存放的位置应符合生产要求。各种原材料应有醒目标志，标明原材料的品种和规格，特别是对筒仓内粉状原材料更要标志清楚。

（4）质检人员应明确各种原材料的存放地点。

804. 生产过程中湿拌砂浆稠度变化原因及处理措施有哪些?

（1）稠度不稳定：

① 砂含水率不稳定。检测砂含水率时，取样应有代表性，每工作班抽测不应少于一次。当砂含水率有显著变化时，应增加测定次数，及时调整生产配合比。

② 使用废水。湿拌砂浆拌合水掺加废水、废浆时，每班检测废水中固体颗粒含量、引气、缓凝保塑效果不应少于1次，根据试验结果，及时调整配合比。

③ 原材料质量波动，外加剂与原材料的相容性发生变化。

（2）湿拌砂浆稠度损失较大：

① 砂质量波动，如砂含泥量高、颗粒级配断层等；水泥、掺合料质量波动，如水泥、掺合料温度高、需水量大等；造成外加剂与原材料的相容性发生变化。

② 外加剂质量波动，如保水差，保塑时间短，效果不好等。

③ 运输、储存时间长，气温升高等。

（3）应根据稠度变化，适时调整用水量、砂子级配、砂胶比、外加剂掺量。外加剂与其他原材料的相容性差时，可适当提高外加剂掺加量，或考虑更换外加剂品种，以及采取其他技术处理措施。更换外加剂品种时，应有配合比试配试验基础。

（4）质检员值班过程中对湿拌砂浆配合比的调整，应有试验或质检负责人的授权。

（5）配合比调整依据应充分，并有相应的试验资料或技术要求。

805. 硅灰在砂浆中可发挥哪些作用?

（1）提高砂浆强度，可配制高强砂浆。

普通硅酸盐水泥水化后生成的氢氧化钙约占体积的20%，硅灰能与该部分氢氧化钙反应生成水化硅酸钙，均匀分布于水泥颗粒之间，形成密实的结构。由于硅灰细度大、活性高，掺加硅灰对砂浆早期强度无不良影响。

（2）改善砂浆孔结构，提高抗渗性、抗冻性及抗腐蚀性。

掺入硅灰的砂浆，其总孔隙率虽变化不大，但其毛细孔会相应变小，大于0.1μm的大孔几乎不存在。因此掺入硅灰的砂浆抗渗性明显提高，抗冻性及抗腐蚀性也相应提高。

806. 硅灰在砂浆中应用有哪些注意事项?

由于硅灰价格较高，需水量较大，其掺量不宜过大，一般不宜超过10%，可用于配制高强、高性能砂浆。另外，硅灰细度大、活性高，所拌制砂浆的收缩值较大，因此使用时要注意加强养护，以避免出现开裂。

807. 加气混凝土砌块为什么要配用专用砂浆？

加气混凝土砌块是一种利用工业废料生产的新型墙体材料，具有轻质、绝热、吸声隔声、抗震防火、可锯可刨可钉、施工简便等优点。但与传统墙体材料相比，也存在一些不足，如干燥收缩值偏大、弹性模量小、抗变形能力差、孔隙率大、吸水率大（一般大于10%）。传统的砌筑砂浆与加气混凝土砌块的性能不配套，易使墙体出现开裂和渗漏，严重影响建筑工程质量。因此，有必要针对加气混凝土砌块配制专用砂浆。

808. 加气混凝土砌块施工有何特点？

加气混凝土砌块具有封闭的微孔结构，吸水速度先快后慢。由于其持续吸水时间较长，因而吸水率较大，致使砌筑和抹灰施工难度大，易出现开裂、空鼓甚至脱落等现象。如果施工前不对基层表面进行处理或处理不当，砂浆的水分会过早被加气混凝土砌块吸收，使水泥失去凝结、水化硬化的条件，造成砂浆粘结强度和抗压强度降低，砌体粘结不牢，易开裂。

809. 加气混凝土砌块施工对砂浆的要求有哪些？

（1）较好的流动性（稠度90～110mm），以满足砌筑的要求。

（2）良好的保水性，能够有效地阻止砂浆水分被加气混凝土砌块吸走，不仅能保障施工操作，还有利于砂浆强度的充分发挥。

（3）较好的粘附性，砂浆在砌筑后不易自动流淌，保持灰缝（特别是竖向灰缝）的饱满；还可减少施工中落地灰，减少材料浪费。

（4）较好的粘结强度，为使砌块整体牢固，防止砌缝开裂，砂浆应有较好的粘结强度。

（5）适宜的抗压强度，加气混凝土砌块的抗压强度较低，主要用作非承重填充墙，因此，不需要较高的砂浆强度，但应有一定的砂浆抗压强度，以保证砌体抗剪强度。

（6）较小的收缩性，普通砂浆的收缩性较大，应减小砂浆的收缩性，使之与加气混凝土砌块的收缩性接近，从而有效地防止砌体的开裂和渗漏。

810. 加气混凝土专用砂浆的主要原材料有哪些？

（1）水泥，强度等级为42.5的普通硅酸盐水泥或矿渣硅酸盐水泥。

（2）砂，应符合现行《建设用砂》（GB/T 14684）的技术要求。

（3）专用外加剂，适用于加气混凝土砌块的砌筑砂浆外加剂。通常是一些复合外加剂，主要由具有保水、增稠、增黏等作用的各种成分所组成。它能够显著改善砂浆保水性和粘附性，增加稠度，提高粘结强度。

（4）矿物掺合料，由于对流动性和保水性的要求都很高，必须掺入矿物掺合料才能满足要求。通常可掺入Ⅲ级以上粉煤灰。为保证砂浆的粘结强度和胶凝材料总量，可采用外掺粉煤灰的方法，即以水泥用量计，掺入一定量的粉煤灰替代部分砂，而不是替代部分水泥。根据砂浆的强度，粉煤灰的外掺量宜为40%～70%。

811. 引气剂防水砂浆能够改善砂浆抗渗能力的机理是什么？

引气剂是一种起到憎水作用的表面活性剂，它可以降低砂浆拌合水的表面张力，搅拌时会在砂浆拌合物中产生大量微小、均匀的气泡，使砂浆的和易性得到显著改善。

由于气泡的阻隔，砂浆拌合物中自由水蒸发路线变得曲折、分散和细小，因而改变了毛细管的数量和特征，减少了砂浆的渗水通道。

由于水泥砂浆的保水能力的增强，泌水大为减少，砂浆内部的渗水通道进一步减少。

另外，由于气泡的阻隔作用，减少了由于沉降作用所引起的砂浆内部的不均匀缺陷，也减少了骨料周围粘结不良的现象和沉降孔隙。

气泡的上述作用，都有利于提高砂浆的抗渗性。此外，引气剂还使水泥颗粒憎水化，从而使砂浆中的毛细管壁憎水，阻碍了砂浆的吸水作用和渗水作用，这也有利于砂浆防水。

812. 影响引气剂防水砂浆性能的因素有哪些？

（1）引气剂掺量

砂浆的含气量是影响引气剂防水砂浆质量的决定性因素，而含气量的多少，在其他条件都一定的时候，首先取决于引气剂的掺量。一般松香酸钠的掺量为水泥质量的0.01%～0.03%，蛋白质类引气剂的掺量为水泥质量的0.02%～0.05%。

（2）水灰比

水灰比低时，砂浆的稠度小，不利于气泡形成，含气量下降；水灰比高时，砂浆的稠度大，虽然引气剂的掺量相同，但砂浆的含气量会增加，气体也容易逸出。

（3）水泥用量

砂浆中水泥用量越大，砂浆的黏滞性越大，含气量越小，为了获得一定的含气量，应适当增加引气剂的掺量。反之，如果水泥用量减少，砂的质量增加，相同的引气剂掺量时，会使引气量增加，因此，此时可以适当减少引气剂的掺量。同时，砂的细度也会影响气泡的大小，砂越细，气泡越小；砂越粗，气泡越大。考虑工程中的实际应用情况，应采用中砂。

（4）搅拌时间

搅拌时间对砂浆的含气量有明显的影响。一般来讲，含气量先随着搅拌时间的增加而增加，搅拌时间一般为2～3min时含气量达到最大值。如继续搅拌，则含气量开始下降，其原因是随着搅拌的进行，拌合物中的氢氧化钙不断与引气剂钠皂反应生产难溶的钙皂，使得继续生成气泡变得困难。另外，随着含气量的增加，砂浆的稠度增加，生成气泡变得越来越困难，最初形成的气泡却在继续搅拌时被不断破坏，消失的气泡量多于增加的气泡量。因此适宜的搅拌时间很重要，一般控制在2～3min。

（5）养护

引气型防水砂浆要求在一定的温度和湿度下养护，低温养护对引气型防水砂浆不利。一般在20℃～30℃的常温养护，相对湿度一般要大于90%。

813. 减水剂能够提高砂浆抗渗性的机理是什么？

由于减水剂分子对水泥颗粒的吸附、分散和润滑作用，减少拌和用水量，提高新拌砂浆的保水性和抗离析性，尤其是当掺入引气型减水剂后，犹如掺入引气剂，在砂浆中产生封闭、均匀分散的小气泡，增加了砂浆的和易性，防止了内分层现象的发生。

814. 聚合物改性修补砂浆的特点有哪些？

（1）采用普通水泥砂浆中混合掺加塑化树脂粉末与水溶性聚合物所配制的修补砂浆，可用于修补严重磨耗的砂浆路面。

（2）水溶性聚合物、塑化树脂粉末的掺入均能提高修补砂浆的抗拉强度，水溶性聚合物对提高抗拉强度的作用更为显著。水溶性聚合物可显著改善砂浆的韧性，且掺量越大，增韧作用越明显；塑化树脂粉末的掺入对修补砂浆韧性的影响很小。

（3）高掺量水溶性聚合物的修补砂浆粘结强度虽高，但也会增大干缩。

815. 矿渣粉对砂浆的哪些方面有影响？

（1）需水量。矿渣粉对需水量影响不大。

（2）保水性。矿渣粉的保水性能远不及一些优质的粉煤灰和硅灰，掺入一些级配不好的矿渣粉会出现泌水现象。因此，使用矿渣粉时，要选择保水性能较好的水泥，并适当掺入一些具有保水功能的材料。

（3）流动性。掺用同一种减水剂和砂浆，在配合比相同的情况下，矿渣粉砂浆的流动度得到明显的提高，且流动度经时损失也得到明显缓解。

（4）凝结时间。矿渣粉砂浆的初凝、终凝时间比普通砂浆有所延缓，但幅度不大。

（5）强度。在相同配合比、强度等级与自然养护的条件下，矿渣粉砂浆的早期强度比普通砂浆略低，但 28d 及以后的强度增长显著高于普通砂浆。

（6）耐久性。由于矿渣粉砂浆的浆体结构比较致密，且矿渣粉能吸收水泥水化生成的氢氧化钙晶体而改善砂浆的界面结构，因此，矿渣粉砂浆的抗渗性、抗冻性明显优于普通砂浆。由于矿渣粉具有较强地吸附氯离子的作用，因此能有效阻止氯离子扩散进入，提高了砂浆的抗氯离子能力。砂浆的耐硫酸盐侵蚀性主要取决于砂浆的抗渗性和水泥中铝酸盐含量以及碱度，矿渣粉砂浆中铝酸盐和碱度均较低，且又具有高抗渗性，因此，矿渣粉砂浆抗硫酸盐侵蚀性得到很大改善。矿渣粉砂浆的碱度降低，对预防和抑制碱-骨料反应也是十分有利的。

816. 选用纤维时应考虑哪些问题？

（1）纤维不能太长，因为砂浆层厚度通常较薄，太长的纤维不利于施工，而且砂浆中的颗粒较小，没必要使用长纤维。

（2）纤维不能太硬，太硬的纤维在抹面时难以压服，常常支出表面，既影响了美观，又影响了纤维作用的发挥。

（3）纤维的可分散性要好，既能在固-液相中分散均匀，又能在固-固相中分散均匀。纤维要耐碱，在碱性环境中能长久保持其不受碱性腐蚀。

817. 石膏产品中掺入可分散乳胶粉的意义是什么？

可再分散乳胶粉是经过喷雾干燥的乳液，加水后的水乳液为双向体系，它由分散在水中的微小的聚合物颗粒组成。将这种乳状液体加入石膏建筑材料产品中，可改善石膏多种性能。

(1) 可再分散乳胶粉是一类玻璃化温度低于30℃的热塑性树脂，它并不能直接提高石膏的抗压强度，但它可降低水膏比，从而提高了石膏硬化体的抗压强度。

(2) 由于可再分散乳胶粉的可塑性提高了石膏硬化体的可塑性能，同时提高了抗折强度，特别是当制成石膏薄板时，其断裂时的弯曲度明显增大。

(3) 可再分散乳胶粉形成的聚合物膜本身的拉伸强度超过5MPa，高于石膏的拉伸强度，故在石膏基体中加入聚合物后，拉伸强度得到很大改善。

石膏基体中加入了聚合物后，石膏硬化体内因失水而存在的空腔由聚合物膜所包围，从而加强了石膏硬化体的这个薄弱部位。这也是加入少量的可再分散乳胶粉就显著地提高了粘结强度的原因。

818. 在石膏粉体材料中使用可再分散乳胶粉有何优点？

(1) 新拌阶段：降低水膏比，提高强度；改善流动性与流平性；提高保水性；容易拌和并改善工作性能；减小垂流。

(2) 硬化阶段：与各种基材（如干混砂浆、砂浆、胶合板和聚苯材料）有很高的粘结强度；提高内聚力，改善耐久性与耐磨性；提高抗折强度和抗冲击形变能力；提高耐水性，降低吸水率。

819. 石膏基砂浆中掺入纤维材料有何意义？

在石膏建材中掺入纤维材料，不仅可提高石膏建材的抗拉、韧性、抗裂、抗疲劳等性能，而且能赋予其特殊功能，如防辐射、导电、补偿收缩、耐水、抗裂、耐磨，保温隔热，防止高温爆裂等功能。

目前用于石膏的纤维有聚丙烯纤维、玻璃纤维、纸纤维、木质纤维等。

其在石膏建筑材料中主要有以下作用：

(1) 拌合物阶段

① 强烈的增稠增强效果。木质纤维具有强劲的交联织补功能，与其他材料混合后纤维之间搭接成三维立体结构，可将水分锁在其间以保水缓凝，使其有效地减小龟裂。

② 改善操作性能。当有剪力作用时（如搅拌、泵送等），部分液体会从纤维结构中甩到基体里，导致黏度降低，和易性提高，当流动停止时，纤维结构又非常迅速地恢复并将水分吸收回来，且恢复原有黏度。

③ 抗裂性。在凝固或干燥过程中产生的机械能因纤维的加筋而减弱，防止龟裂。

④ 低收缩。木质纤维的生物尺寸稳定性好，混合料不会发生收缩沉降，并可起到提高其抗裂性的作用。

⑤ 良好的液体强制吸附力。木质纤维自身可吸收自重的1～2倍的液体，并利用其结构吸附2～6倍的液体。

⑥ 抗垂挂。施工操作以及干燥过程中不会出现下坠现象，这使得较厚的抹灰可一次完成，即使在高温条件下，木质纤维也具有很好的热稳定性。

⑦ 易分散。与其他材料拌和很容易，分散均匀，流平性好，不流挂，抗飞溅。

(2) 硬化阶段

① 能有效减少裂隙，增加材料介质连续性，减小了冲击波被阻断引起的局部应力

集中现象。

② 能吸收冲击能量，特别在初裂后有继续吸收冲击能的能力，同时能够使裂缝宽度扩展缓慢。

③ 能够延长石膏建材的疲劳寿命，提高石膏建材在疲劳过程中刚度的保持能力。

④ 提高石膏建材轴向抗拉强度和脆性。石膏是一种脆性材料，掺入木质纤维后，在不降低其抗压强度的前提下，能有效地降低石膏的脆性，提高抗折强度从而提高耐久性，为有效解决石膏墙体材料因温度变化引起的质量通病开辟了良好前景。

⑤ 提高保温材料的综合性能。木质纤维易分散在保温材料中形成三维空间效果，并能吸附自重 2～6 倍的水分。这种结构和特点提高了材料的和易性能、操作性能、抗滑坠性能，加快了施工速度；木质纤维的尺寸稳定性和热稳定性好，在保温材料中起到了很好的保温抗裂作用；木质纤维的传输水分功能，使得浆料表面与基层界面水化反应充足，从而提高了保温材料的表面强度和与基层的粘结强度以及材料强度的均匀性。以上这些性能使得木质纤维在保温材料中成为不可缺少的添加剂。

（3）有利于粉刷石膏等薄层抹灰材料

① 改善均一性，使得抹灰浆更容易涂布，同时提高抗垂流能力。增强流动性和可泵性，从而提高工作效率。

② 高保水性，延长灰浆的可操作时间，并在凝固期间形成高机械强度。

③ 通过控制，使灰浆的稠度均一，形成优质的表面涂层。

（4）有利于粘结石膏

使用干混料易于混合，不会产生团块，从而节约了工作时间。可改善施工性，并降低成本。通过延长可使用时间，提供极佳的粘结效果。

（5）有利于自流平地坪材料

① 提高黏度，可作为抗沉淀助剂。

② 增强流动性和可泵性，从而提高铺地面的效率。

③ 控制保水性，从而大大减少龟裂和收缩。

（6）由于石膏嵌缝材料优良的保水性，可延长可使用时间，并提高工作效率；其高润滑性，使施用更容易、平顺。

820. 可分散乳胶粉在石膏基砂浆中的应用有哪些？

（1）粘结石膏

在粘结石膏的配制中，可再分散乳胶粉的加入主要是增加石膏的粘结性和柔韧性。使粘结石膏具有下列优点：施工性能好，对各种基材的粘结性好，抗垂性好，保水性好，足够的柔韧性，使改性后的粘结石膏不仅对石膏建材有良好的粘结性，甚至与混凝土、砖石、木材、聚氯乙烯等基材都有良好的粘结性。

（2）自流平地面找平层

在铺地砖、地毯或木地板以前为了校正不规则的楼面，使用自流平地坪找平，这类的流平材料是在工厂预先混合好的，在现场只需加水就可以了，自流平可被配制成具有不同的凝结时间和可踩踏时间的产品，从而制作从快速凝固到正常时间的不同产品。

为了提高粘结性，特别是对于薄涂层，应选择相应的可再分散乳胶粉，不仅与传统的流平剂（减水剂）相容，还提高粘结性以及其他，如更好的硬度、韧性，更高的抗挠强度及耐磨性。

（3）墙面饰面系统及抹灰材料

要消除墙面的凹凸不平、裂缝或坑孔，需使用墙面抹灰石膏或石膏腻子材料，同样包括作内保温的聚乙烯板表面抹灰保护饰面层和保温砂浆抹灰层。通常要保证材料在任何厚度下都具有良好的粘结性、抗流挂性、施工性和耐久性。

821. 自流平石膏砂浆的原材料有哪些？

（1）建筑石膏

用于自流平石膏的Ⅱ型硬石膏，应选用质地松软的透明石膏，或高品位质地松软的雪花石膏，或纯度达90%以上一级品位二水石膏煅烧制得的β型半水石膏，或用蒸压法或水热合成法制得的α型半水石膏。

（2）水泥

在配制自流平石膏时，可掺加少量水泥，其主要作用是：

①为某些外加剂提供碱性环境；②提高石膏硬化体软化系数；③提高料浆流动度；④调节Ⅱ型硬石膏型自流平石膏的凝结时间。

所用水泥为普通硅酸盐水泥，若制备彩色自流平石膏时，可选用白色硅酸盐水泥。水泥掺入不允许超过20%。

（3）凝结时间调节剂

石膏的凝结时间调节剂分为缓凝剂和促凝剂。以Ⅱ型硬石膏配制的自流平石膏应采用促凝剂（实为激发剂）；以α型半水石膏配制的自流平石膏一般采用缓凝剂。

（4）减水剂

自流平石膏是能够自动流平的石膏，因此流动度是一个关键问题。欲获得流动度很好的石膏浆体，若单靠加大用水量，必然引起石膏硬化体强度降低，甚至出现泌水现象，使表层松软、掉粉、无法使用。因此，必须引入石膏减水剂，以加大石膏浆体流动性。目前减水剂种类很多，但真正专用的石膏减水剂较少。

（5）保水剂

料浆自行流平时，由于基底吸水，导致料浆流动度降低。欲获得理想的自流平石膏料浆，除本身的流动性要满足要求外，料浆还必须具有较好的保水性。又由于基料中的石膏、水泥的细度及比重差距较大，料浆在流动过程中和静止硬化过程中，易出现分层现象。为避免上述现象的出现，掺加少量保水剂是必要的。保水剂一般采用纤维素类物质：如甲基纤维素、羟乙基纤维素以及城甲基纤维素等。

（6）细骨料

掺入细骨料的目的是减少自流平石膏硬化体的干燥收缩，增加硬化体表面强度和耐磨性能。一般采用细河砂或石英砂。所选用细河砂或石英砂的粒径为0.15mm左右。

（7）消泡剂

自流平石膏料浆在高速搅拌下，极易出现气泡，从而造成硬化体内部结构的缺陷，导致强度降低，引起表面出现凹坑。为此，加入适量的消泡剂是必不可少的。

822. 建筑石膏腻子的主要原材料有哪些？

（1）建筑石膏粉

建筑石膏粉是石膏腻子的主要原料，是保证粘结强度和抗冲击强度的基础原料，故对其质量要求较严格。

（2）滑石粉

滑石粉在石膏腻子中的主要作用是提高料浆的施工性，易于刮涂，增加表面光滑度。细度应全部通过325目筛，Na_2O含量＜0.10％，K_2O含量＜0.30％。

（3）保水剂

石膏腻子料浆的刮涂性能主要由保水剂做保证，保证石膏腻子料浆的和易性，并使石膏腻子层中的水分不会被墙面过快的吸收，避免石膏水化所需水量不足而出现掉粉、脱落现象。

（4）粘结剂

在石膏腻子配料中，CMC虽然有一定黏度，但会对石膏的强度有不同程度的破坏作用，尤其是表面强度，因此需掺加少量粘结剂，使其在石膏腻子干燥过程中迁移至表面，增加石膏腻子表面强度，否则刮到墙上的石膏腻子，因长时间不喷刷涂料而出现表面掉粉现象。但采用MC、HPMC或HEC则可不掺粘结剂，它们与CMC不同，其可以作粉状粘结剂用，对石膏强度不会降低或降低甚少。

石膏腻子常用的粘结剂有：糊化淀粉、淀粉、氧化淀粉、常温水溶性聚乙烯醇、可再分散聚合物粉末等。

（5）缓凝剂

尽管某些纤维素醚和粘结剂对石膏有缓凝作用，但缓凝效果达不到石膏腻子的使用时间要求，因此还要加入一定量缓凝剂。

（6）渗透剂

为了使石膏腻子能与基底结合得更好，在石膏腻子中掺入极少量渗透剂。常用的渗透剂有阴离子型和非离子型。

（7）柔韧剂

石膏硬化体本身软脆，一旦石膏腻子层过厚，极易从界面层之间剥离，因此加入一定量柔韧剂和渗透剂，则可以提高石膏腻子的柔韧程度，可进一步提高石膏腻子料浆的操作性能。常用的柔韧剂有各种磺酸盐、木质素纤维等。

823. 用于建筑石膏腻子的建筑石膏粉有何要求？

建筑石膏粉是石膏腻子的主要原料，是保证粘结强度和抗冲击强度的基础原料，故对其质量要求较严格。

（1）物理性能

细度应全部通过120目筛，初凝时间＞6min，终凝时间＜30min，2h抗折强度＞2.1MPa，2h抗压强度＞4.9MPa，白度：直接做装饰层石膏腻子时要求＞85；做涂料或粘贴壁纸基层石膏腻子，要求＞75。

（2）化学成分

① 生产建筑石膏粉的石膏石，其 $CaSO_4 \cdot 2H_2O$ 含量>75%；

② 有害杂质：Na_2O<0.03%，K_2O≤0.03%，Cl^-≤10ppm（10^{-5}）；

③ 建筑石膏粉中，$CaSO_4 \cdot 2H_2O$≤1%。

824. 粉刷石膏用到哪些原材料？

尽管所用石膏材料的相组成不同，使粉刷石膏分成四大类、十个品种。但它们所用的外掺料和外加剂基本上大同小异。

（1）建筑石膏

用建筑石膏可以直接配制出半水相型粉刷石膏，也可与硬石膏配制出混合相型粉刷石膏。建筑石膏性能应符合《建筑石膏》（GB/T 9776—2008）标准。

（2）掺合料

作为建筑物内墙抹面砂浆，除要求有适中的力学性能外，更重要的是操作性能和成本。较好的操作性可以由掺合料和合理的粒度组成达到。

粉刷石膏用掺合料分为活性和非活性两类。活性掺合料多为各种工业废渣如矿渣、粉煤灰等，以及天然活性掺合料如沸石粉等。在掺入这种活性掺合料的同时，还应当加入适量的碱性掺合料如消石灰、水泥等作激发剂。这种复合掺合料在有水条件下，可以水化生成水化硅酸盐或水化铝酸盐产物，既可提高粉刷石膏后期强度，也可适当提高粉刷石膏硬化体的软化系数。这里特别指出，活性掺合料加入量一定要以不会由于生成钙矾石引起体积膨胀为准。

非活性掺合料如不同细度的石灰石粉、精品机制砂等，主要为调整粉刷石膏颗粒级配以改善和易性之用。还有一种类似白垩土的极细粉末，商品名称为“白土”，是一种天然矿物，在粉刷石膏中掺入一定比例后，可以显著提高其和易性。

为保证粉刷石膏具有较好的操作性能，避免开裂、掉粉、脱落等现象，除石膏胶凝材料和外掺料满足技术要求外，外加剂是一个重要影响因素。外加剂种类主要有保水剂、凝结时间调节剂、胶粘剂、引气剂、渗透剂、活性激发剂等。

（3）保水剂

众所周知，不同材质的墙体表面，其吸水速度和吸水率极不相同。混凝土墙面或顶板用的轻质混凝土和重质混凝土、黏土砖与非黏土砖、加气混凝土及各种材质的轻板等都有各自的吸水速度和吸水率。为了确保粉刷石膏抹到基墙上能有足够的水化时间和防止因失水过快而开裂或粉化，就必须加入保水剂。

保水剂还具有以下功能，提高粉刷石膏硬化体韧性和砂浆的稳定性，对于机械抹灰则可以改善可泵送性能和提高抗下垂性。

试验结果表明，无论何种保水剂均能不同程度地延缓石膏的水化速度。因此，在配制粉刷石膏时应根据要求适当将缓凝剂掺入量降低。保水剂加入量根据其性能和质量一般控制在0.1%～2.0%范围内。

保水剂种类很多，如各种纤维素醚类、海藻酸钠、各种改性淀粉和某些矿物细粉料等。不同品种粉刷石膏所选用的保水剂均不相同，只有通过试验方可确定。无论选用哪种类型保水剂，均要求其全部通过0.25mm筛，并能很快完全溶解。

(4) 凝结时间调节剂

作为粉刷石膏可操作性的一个重要指标是要有足够的操作时间，可用缓凝剂调节。如碱性磷酸盐、磷酸钙、有机酸及其可溶盐、柠檬酸及柠檬酸钠、酒石酸等。以上这些缓凝剂均不同程度地降低石膏硬化体强度。国内已研制出的几种缓凝剂，如林科院研制出的HG型缓凝剂和上海市建筑科学研究院研制的S型缓凝剂，掺量少，缓凝效果好，对石膏硬化体强度影响较小。

试验结果表明，在半水石膏中掺入0.2%的柠檬酸即可达到有效的缓凝效果，但会使石膏硬化体强度降低，而掺入0.01%～0.05%的HG缓凝剂，能达到与柠檬酸相同的缓凝效果，且硬化体强度基本不降低。

(5) 可分散乳胶粉

为保证粉刷石膏表面层强度适中并与基底粘结牢固，在某些类型的粉刷石膏中掺入一定量的粉状可分散乳胶粉是必要的，它既可提高石膏粒子之间的粘结强度，也可在粉刷石膏抹面层的干燥过程，随水分排出而迁移至表面，从而增强了抹面层表面硬度。胶粘剂还同时起到一定的保水作用和增加粉刷石膏料浆的流变性作用。

(6) 引气剂

在粉刷石膏中掺入保水剂和胶粘剂都增加了粉刷石膏料浆的黏度，不易抹平，尤其对于不掺骨料的面层粉刷石膏，其料浆更粘，不易操作。而加入一定量引气剂后，可以起到滚珠作用，减少阻力，使抹灰变得轻松。引气剂另一作用是增加粉刷石膏产浆量，减少单位面积使用量，从而降低成本。

引气剂的发泡效果与掺入量和搅拌方式及搅拌时间有很大关系。

(7) 表面活性剂

表面活性剂可使粉刷石膏各组分之间均匀混合，同时提高粉刷石膏料浆与墙面的粘结效果。表面活性剂的另一作用是降低粉刷石膏用水量，从而提高粉刷石膏强度和与基墙的粘结效果。

(8) 纤维

在粉刷石膏中掺入一定量纤维，可以显著提高其韧性，某些纤维还可以显著改善粉刷石膏的施工性能并延长可使用时间。

①中碱玻璃纤维长度8～12mm，使用前应除蜡。

②纸纤维任何废纸都可经过特殊处理而成絮状纤维，堆积密度100～120kg/m^2。

③植物纤维利用农作物秸秆，经特殊处理后即可得到长8～10mm、宽0.1～0.5mm的粗植物纤维，堆积密度200～300kg/m^3。

825. 什么是石膏罩面腻子？

石膏罩面腻子是一种墙体或顶棚表面找平的罩面材料，用于墙体表面的找平，也称为石膏刮墙腻子。

石膏刮墙腻子是以建筑石膏粉和滑石粉为主要原料，辅以少量石膏改性剂混合而成的袋装粉料。使用时加水搅拌均匀，采用刮涂方式，将墙面找平，是喷刷涂料和粘贴壁纸的理想基材。若选用细度高的石膏粉或掺入无机颜料，则可以直接做内墙装饰面层。

2.3.3 预拌砂浆生产应用

826. 什么是冬期施工?

当室外日平均气温连续5d稳定低于5℃时，即进入冬期施工，砌体工程应采取相应的冬期施工措施，并按冬期施工有关规定进行，以防砌体受冻，降低强度。除冬期施工期限以外，当日最低气温低于0℃时，也应采取冬期施工措施。冬期施工的砌体工程质量验收应符合《砌体结构工程施工质量验收规范》(GB 50203—2011) 及《建筑工程冬期施工规程》(JGJ/T 104—2011) 的有关规定。

827. 冬期施工什么情况下可采用掺盐砂浆法?

砂浆中掺入盐后，可使砂浆在一定负温下不冻结，且强度能继续缓慢增长，砌筑时与砖形成较好的粘结力；或在砌筑后缓慢受冻，而在冻结前能达到20%以上的强度，解冻后砂浆强度与粘结力仍和常温一样继续上升，强度不受损失或损失很小。本法施工方便、经济，使用可靠，能保证质量。但掺入氯盐后，砂浆有析盐现象和吸湿性，因而会降低保温性能，并对钢材有腐蚀作用，同时有导电性，如在砌体工程不加限制地使用，将会影响建筑物的使用功能、装饰效果，降低砌体强度，造成不度后果。

掺盐砂浆法在下列情况不得使用：①对装饰有特殊要求的建筑物；②使用湿度大于80%的建筑物；③接近高压电线的建筑物，如变电所、发电站等；④配筋砌体、有预埋铁件而无可靠的防腐处理措施的砌体；⑤经常处于地下水位变化范围内，以及在地下未设防水层的砌体结构；⑥经常受40℃以上高温影响，为了避免氯盐对砌体中钢筋的腐蚀，配筋砌体不得采用掺盐砂浆法施工。

由于掺盐砂浆在负温条件下，虽然强度仍能增长，但后期强度仍有一定损失。为了弥补冬期负温采用掺盐砂浆法施工对砂浆强度造成的损失，宜将砂浆强度等级按常温施工的强度等级提高一级，此时，砌体强度及稳定性可不验算。掺盐砂浆法使用的抗冻盐主要是氯化钙和氯化钠，还有亚硝酸钠、碳酸钾和硝酸钙等，其特性是可降低水溶液的冰点，使砂浆中液态水可在负温下进行水化反应，同时不能形成冰膜，使砂浆与砌体能较好地接触粘结，从而保证砌体强度持续增长。

828. 砂浆工地出现结块、成团现象，质量下降的原因是什么?

由于砂浆生产企业原材料使用不规范，砂的含水率未达到砂子烘干要求；砂浆搅拌时间太短，搅拌不均匀；施工企业应在砂浆的储存过程中没有做好防雨、防潮工作，未能按照预拌砂浆施工要求及时清理干粉砂浆筒仓及搅拌器；砂浆生产企业应制定严格的质量管理体系，加强生产工艺控制及原材料检测；施工企业应加强对干粉砂浆的防护工作，提高砂浆工程施工质量责任措施，干粉砂浆筒仓应设专人负责维护清理。

829. 砂浆为什么有的时候凝结时间不稳或不凝结?

(1) 砂浆凝结时间太短：由于外界温度很高、基材吸水率大、砂浆保水性不高导致凝结时间缩短。

(2) 砂浆凝结时间太长：由于季节、天气变化以及外加剂超量导致凝结时间太长。

(3) 砂浆不凝结：由于水泥质量不合格或者外加剂计量失控，导致砂浆出现拌水离析，稠度明显偏大，不凝结。

应该根据不同季节、不同天气、不同墙体材料调整外加剂种类和使用掺量；加强施工现场查看及时了解施工信息；加强计量设备检修与保养，防止设备失控；加强操作人员与质控人员的责任心，坚决杜绝不合格产品出厂。

830. 对水泥检验和交货验收样品的制样和留样有哪些要求？

（1）水泥试样必须充分拌匀并通过0.9mm方孔筛，并注意记录筛余物。

（2）抽取实物样交货验收的样品，经充分拌匀后缩分为二等份，一份由卖方保存40d，另一份由买方按规定的项目和方法进行检验；以水泥厂同编号水泥的检验报告为验收依据时所取样品，双方共同签封后由卖方保存90d，或认可卖方自行取样、签封并保存90d的同编号水泥的封存样。

（3）生产厂家内部封存样和买卖双方签封的封存样应用食品塑料袋封装，并放入密封良好的留样桶内。所有封存样品应放入干燥的环境中。

（4）留样及交货验收中的封存样都应有留样卡或封条，注明水泥品种、强度等级、编号、包装日期及留样人等；封条上应注明取样日期、封存期限、水泥品种、强度等级、出厂编号、混合材品种和掺量、出厂日期、签封人姓名等。

831. 封存水泥样品时使用食品塑料薄膜袋的原因是什么？

为了防止水泥吸潮、风化，水泥留样时要求用食品塑料薄膜袋装好，并扎紧袋口，放入留样桶中密封存放。食品塑料薄膜袋不同于非食品塑料薄膜袋。非食品塑料薄膜袋上有一层增塑剂，它们大多系挥发性很强的脂类化合物。如将它用于水泥留样包装，这种可挥发性的有机物就会吸附在水泥颗粒表面上，形成一层难透水的薄膜，阻隔水泥颗粒与水的接触，降低水泥的水化反应能力，使水泥强度下降。而食品塑料薄膜袋上则没有这种带挥发性的增塑剂。所以要求水泥留样应用食品塑料薄膜袋包装，而不能用非食品塑料薄膜袋。

832. 湿拌砂浆拌和用水有哪些技术要求？

湿拌砂浆拌和用水水质同预拌混凝土用水要求，应符合表2-57的规定。

表2-57 湿拌砂浆拌和用水水质要求

项目	预应力混凝土	钢筋混凝土	素混凝土
pH	≥5.0	≥4.5	≥4.5
不溶物（mg/L）	≤2000	≤2000	≤5000
可溶物（mg/L）	≤2000	≤5000	≤10000
Cl^-（mg/L）	≤500	≤1000	≤3500
SO_4^{2-}（mg/L）	≤600	≤2000	≤2700
碱含量（mg/L）	≤1500	≤1500	≤1500

注：碱含量按 $Na_2O+0658K_2O$ 计算值表示。采用非碱活性骨料时，可不检验碱含量。

（1）对于设计使用年限为100年的结构混凝土，氯离子含量不得超过500mg/L；对使用钢丝或经热处理钢筋的预应力混凝土，氯离子含量不得超过350mg/L。

（2）地表水、地下水、再生水的放射性应符合国家标准《生活饮用水卫生标准》（GB 5749—2022）的规定。

（3）被检验水样应与饮用水样进行水泥凝结时间对比试验，对比试验的水泥初凝时间及终凝时间差均不应大于 30min。

（4）被检验水样应与饮用水样进行水泥胶砂强度对比试验，被检验水泥配制的水泥胶砂 3d 和 28d 强度不应低于饮用水配制的水泥胶砂 3d 和 28d 强度的 90％。

（5）混凝土、砂浆拌和用水不应有漂浮明显的油脂和泡沫，不应有明显的颜色和异味。

（6）预拌企业设备洗刷水不宜用于预应力混凝土、装饰混凝土、加气混凝土和暴露于腐蚀环境的混凝土；不得用于使用碱活性或潜在碱活性骨料的混凝土。

（7）未经处理的海水严禁用于钢筋混凝土和预应力混凝土。

（8）在无法获得水源的情况下，海水可用于素混凝土，但不宜用于装饰混凝土。

833. 砂浆塑化剂是什么，有何作用？

砂浆塑化剂是砂浆复合外加剂的一种，可直接添加于砂浆中，是主要用于工业与民用建筑中的抹灰砂浆的添加剂，有很多种分类：石灰王、抹得乐、岩砂精、砂浆王、砂浆宝、水泥添加剂、水泥塑化剂等。它是一种添加在水泥砂浆中，用以改善水泥砂浆性能的添加剂。具体功效有：

（1）显著改善砂浆和易性：加入砂浆外加剂后，砂浆膨松、柔软、粘结力强、减少落地灰并降低成本，砂浆饱满度高。抹灰时，对墙体湿润程度要求低，砂浆收缩小，克服了墙面易出现裂纹、空鼓、脱落、起泡等通病，解决了砂浆和易性差的问题。

（2）防渗抗裂：乳化型表面活性剂的加入，使得砂浆内部产生密闭不连通的通道，阻塞水的渗入，抗渗能力提高；高分子聚合物的加入，使得砂浆收缩减到最小，有利于抗裂提高耐久性。

（3）节能、高效、环保：使用砂浆外加剂可替代混合砂浆中的全部石灰，每吨砂浆塑化剂可节约石灰 600～800t；有效地减少了石灰在使用过程中对环境的污染；在配比不变的情况下砂浆体积可增加 10％左右，并减少拌合物用水量 20％左右；砂浆在灰槽中不离析，存放 2～24h 不沉淀，保水性好；不必反复搅拌，加快施工速度，提高劳动效率 10％以上，并具有保温、隔热等功效。

834. 为什么说液体砂浆外加剂更适合用于湿拌砂浆？

（1）液体砂浆外加剂可极大改善生产环境，为文明生产创造有利条件。

（2）粉剂掺入时会产生部分粉尘，粉尘的产生加大了外加剂掺入量的误差，液体砂浆外加剂的使用可以有效减少掺入量误差。

（3）在保证相同质量情况下，使湿拌砂浆拌和更加均匀，更快于粉剂分散、分布于拌合物，使其充分发挥作用。

（4）粉剂外加剂使用前需人工投料到机械内拌和，投料过程中会产生粉尘，外加剂粉尘和人体直接接触会增加工人职业病的风险；液剂外加剂使用时，直接用电机泵抽入储存罐，一切由机械自动控制抽送，减少了同人体直接接触，避免了粉尘和产生职业病的风险。

（5）液体外加剂的使用比粉剂使用分散好、掺入砂浆中均匀度高，能够使砂浆饱和度更高，从而更好地激发砂浆性能。

（6）粉剂外加剂的掺入，容易使局部集中导致搅拌不均匀，而产生质量缺陷，需要加长砂浆的搅拌时间才能改善。液体外加剂的加入，只要在砂浆规定搅拌时间内搅拌均匀即可快速拌匀，节省搅拌时间和电力。

（7）运输、配送、储存采用塑料罐体配送，无需考虑直接性的粉尘环境污染。

（8）外加剂液剂的掺入可使砂浆有效反应，能够获得更好的工作性能和力学性能等，具有性价比高等诸多优点。

835. 砂浆中掺入粉煤灰后对砂浆性能有哪些影响？

因粉煤灰的品质对砂浆的性能有较大的影响，因此，需合理选用粉煤灰，并根据试验确定最合适的掺量。

（1）砂浆拌合物性能

品质优良的粉煤灰具有减水作用，因此可减少砂浆需水量。粉煤灰的形态效应、微骨料效应可提高砂浆的密实性、流动性和塑性，减少泌水和离析；另外，可延长砂浆的凝结时间。掺入粉煤灰后砂浆变得黏稠柔软，不容易泌水，改善了砂浆的操作性能。

（2）强度

通常情况，随粉煤灰掺量的增加，砂浆强度下降幅度增大，尤其是早期强度降低更为明显，但后期强度提高。粉煤灰取代水泥量与超量系数有关，通过调整粉煤灰超量系数可使砂浆强度等同于基准砂浆。

（3）弹性模量

粉煤灰砂浆的弹性模量与抗压强度成正比关系，相比普通砂浆，粉煤灰砂浆的弹性模量28d后不低于甚至高于相同抗压强度的普通砂浆。粉煤灰砂浆弹性模量与抗压强度一样，也随龄期的增长而增长；如果由于粉煤灰的减水作用而减少了新拌砂浆的用水量，则这种增长速度比较明显。

（4）变形能力

粉煤灰砂浆的徐变特性与普通砂浆没有多大差异。粉煤灰砂浆由于有比较好的工作性，砂浆更为密实，某种程度上会有比较低的徐变。相对而言，由于粉煤灰砂浆早期强度比较低，在加荷初期各种因素影响徐变的程度可能高于普通砂浆。

由于粉煤灰改善了普通砂浆的工作性，因而其收缩会比普通砂浆低；由于粉煤灰的未燃碳会吸附水分，因此同样工作性的情况下，粉煤灰烧失量越高，粉煤灰砂浆的收缩也越大。

（5）耐久性

一般认为，由于粉煤灰改善了砂浆的孔结构，故其抗渗性要好于普通砂浆。随着粉煤灰掺量的增加，粉煤灰砂浆抗渗性将提高。研究结果表明，粉煤灰砂浆比普通砂浆有更好的抗硫酸盐侵蚀的能力。一般认为，粉煤灰砂浆优异的抗硫酸盐侵蚀的能力，既是其物理性能的表现，也是化学性质的表现：①由于粉煤灰的火山灰化学反应，减少了砂浆和混凝土中的$Ca(OH)_2$以及游离氧化钙的量；②粉煤灰通常降低砂浆的需水量，改善砂浆的工作性，同时，二次水化产物填充砂浆和混凝土中粗大毛细孔，提高其抗渗性。

836. 干混砂浆离析产生的原因是什么，有什么解决措施？

（1）在散装移动筒仓中，散装移动筒仓刚开始放料和最后放料的那部分砂浆容易离析。

解决措施：保持施工现场散装移动筒仓中的干混砂浆量不得少于3t，以免干混砂浆在打入散装移动筒仓过程中，下料高度差过大，造成离析。

（2）仓储罐及运输车内干混砂浆容易离析。

解决措施：仓储罐和运输车内的干混砂浆尽量满罐储存，匀速、平稳运输。

（3）装、下料速度过慢使干混砂浆容易离析。无论是装车、泵料、还是储罐下料，装、下料量要大，速度要快。试验表明，料量小、下料速度慢比料量大、下料速度快的干混砂浆“离析”现象要严重。

解决措施：筒仓下料口孔径加大，加快下料速度。

（4）散装移动筒仓下方的搅拌机容量较小，搅拌料量少，也是造成出料速度慢和砂浆质量差的原因。

解决措施：考虑改装散装移动筒仓下方的搅拌机容量或者安装大容量搅拌机。

837. 如何加强湿拌砂浆技术服务？

（1）砂浆技术交底服务

湿拌砂浆与以往现场搅拌砂浆和干拌砂浆比较是新型建材产品，具有保塑时间长、凝结时间长、保水率高、含气量大、胶结料用量大、掺加化学外加剂、储置时间长等特点，相应带来的工地防护要求严格、收水时间长、凝结时间长、上强度慢等先天性不足。为了保证湿拌砂浆使用质量，应根据企业的实际情况，编制“湿拌砂浆使用说明书”，在合同签订后送达施工现场，进行认真全面的技术交底，使合格的湿拌砂浆能通过完善的施工管理得到可靠的保证。

（2）加强湿拌砂浆供应组织

① 施工现场的信息反馈。湿拌砂浆公司应建立质量和供应信息反馈制度，保持施工现场情况的沟通和反馈。

② 供应速度和供应量的调整。施工现场实际砂浆施工时经常会遇到许多不可预见的事情，从而影响湿拌砂浆的施工速度，供应商因此需要及时将这些情况通知湿拌砂浆的生产部门，以期达到供求的基本平衡。

③ 湿拌砂浆报计划前要对湿拌砂浆的需要量有一个正确的估计，防止湿拌砂浆过期造成浪费，避免使用过期料引起质量隐患。

（3）加强质量情况的信息反馈

及时了解掌握湿拌砂浆在供应过程中质量可能会发生变化，如湿拌砂浆稠度变化影响施工、不同施工部位对湿拌砂浆稠度有不同技术要求等，及时通知质量部门予以调整。

（4）加强现场配合和督促

① 督促施工单位做好湿拌砂浆的接收工作，保证合理的湿拌砂浆接受程序，防止

湿拌砂浆等候时间过长或卸错储存点。

② 督促施工单位不得在湿拌砂浆中加水。

③ 督促施工单位做好交货检验工作。湿拌砂浆取样应随机进行，并在一车湿拌砂浆卸料过程的1/4～3/4之间取样，施工单位应按规范制作、养护试件。

④ 督促施工单位做好湿拌砂浆的防护工作，保证砂浆储存使用过程的质量稳定。

⑤ 督促施工单位做好砂浆标准施工，对于施工过程出现的不规范现象，提出合理的建议。

838. 如何加强湿拌砂浆开盘鉴定工作？

（1）对首次使用、使用间隔时间超过三个月的配合比应进行开盘鉴定，开盘鉴定应符合下列规定：

① 生产使用的原材料应与配合比设计一致。

② 湿拌砂浆拌合物性能应满足施工要求。

③ 湿拌砂浆强度评定应符合设计要求。

④ 湿拌砂浆耐久性能应符合设计要求。

（2）开盘鉴定应由技术负责人或试验室负责人、质检负责人组织有关试验、质检、生产操作人员参加。开始生产时应至少留置一组标准养护试件，作为验证配合比的依据。

（3）经开盘鉴定或生产使用，发现湿拌砂浆配合比不符合施工技术要求后，应进行技术分析，确认是湿拌砂浆配合比问题导致不符合时，应立即通知实验室进行调整。

839. 对砌筑砂浆有什么技术要求？

砌筑砂浆的强度是保证砌体强度的最基本因素之一，砌筑砂浆强度等级分为M2.5、M5、M7.5、M10、M15、M20、M25、M30八个等级。

砌筑砂浆的操作性能对砌体的质量影响较大，它不仅影响砌体的抗压强度，而且对砌体抗剪和抗拉强度影响显著。砂浆硬化前具有良好的保水性、黏聚性和触变性，硬化后具有良好的粘结力，有利于防止墙体渗漏、开裂等，因此砌筑砂浆应具有良好的可操作性，分层度不宜大于25mm。因砂浆本身不能单独作为结构材料，判断砌筑砂浆性能好坏，最终评价指标是砌体的抗压、抗剪（拉）强度和弹性模量，所以，砌筑砂浆除了评判砂浆本身性能指标外，砌体力学性能指标也是不可缺少的。

840. 抹灰工程对原材料有哪些要求？

抹灰工程常用的原材料有：胶凝材料、骨料、外加剂、掺合料、纤维材料及颜料等。其中常用的胶凝材料有水泥、石灰及建筑石膏等。

抹灰工程应对水泥的凝结时间和安定性进行复验。

抹灰用石灰，必须经过淋制熟化成石灰膏后才能使用，在常温下熟化时间不应少于15d；如果用于罩面灰时，磨细石灰粉的熟化时间应不少于3d，且不得含有未熟化颗粒，已冻结的石灰膏亦不得用于抹灰工程中，一般多采用河砂，并以中砂最好，也可将粗砂与中砂混合掺用。使用前，还应对砂的坚固性、含泥量及有害物质进行检验，不得使用超过有关标准规定的砂。

841. 季节性施工抹灰应符合哪些规定要求?

(1) 冬期抹灰施工应符合行业标准《建筑工程冬期施工规程》(JGJ/T 104—2011)的有关规定,并应采取保温措施。抹灰时环境温度不宜低于5℃。

(2) 冬期室内抹灰施工时,室内应通风换气,并应监测室内温度。冬期施工时,不宜浇水养护。

(3) 冬期施工,抹灰层可采用热空气或带烟囱的火炉加速干燥。当采用热空气时,应通风排湿。

(4) 湿拌抹灰砂浆冬期施工时,应适当缩短砂浆凝结时间,但应经试配确定。湿拌砂浆的储存容器应采取保温措施。

(5) 寒冷地区不宜进行冬期施工。

(6) 雨天不宜进行外墙抹灰,施工时,应采取防雨措施,且抹灰砂浆凝结前不应受雨淋。

(7) 在高温、多风、空气干燥的季节进行室内抹灰时,宜对门窗进行封闭。

(8) 夏季施工时,抹灰砂浆应随拌随用,抹灰时应控制好各层抹灰的间隔时间。当前一层过于干燥时,应先洒水润湿,再抹第二层灰。

(9) 夏季气温高于30℃时,外墙抹灰应采取遮阳措施,并应加强养护。

842. 地面砂浆施工有哪些注意事项?

(1) 地面面层砂浆施工时应刮抹平整;表面需要压光时,应做到收水压光均匀,不得泛砂。压光时间过早,表面容易出现泌水,影响表层砂浆强度;压光时间过迟,易损伤水泥基胶凝体的结构,影响砂浆强度的增长,容易导致面层砂浆起砂。

(2) 保证踢脚线与墙面紧密结合,高度一致,厚度均匀。

(3) 踏步面层施工时,可根据平台和楼面的建筑标高,先在侧面墙上弹一道踏级标准斜线,然后根据踏级步数将斜线等分,等分各点即为踏级的阳角位置。每级踏步的高(宽)度误差不应大于10mm。楼梯踏步齿角要整齐,防滑条顺直。

(4) 设置变形缝以避免地面砂浆因收缩变形导致的裂缝。

(5) 养护工作的好坏对地面砂浆质量影响极大,潮湿环境有利于砂浆强度的增长;养护不够,且水分蒸发过快,会导致水泥水化减缓甚至停止水化,从而影响砂浆的后期强度。另外,地面砂浆一般面积大,面层厚度薄,又是湿作业,故应特别防止早期受冻,为此要确保施工环境温度在5℃以上。

(6) 地面砂浆受到污染或损坏,会影响到其美观及使用。当面层砂浆强度较低时过早使用,面层易遭受损伤。

843. 湿拌砂浆拌合物泵损失有哪些原因?

(1) 砂吸水率高、含泥高,经泵压后,吸附大量游离水和外加剂。

(2) 掺合料质量差,需水量高,尤其是粉煤灰烧失量高,含大量未完全燃烧的碳,也可能存在劣质粉煤灰。

(3) 湿拌砂浆含气量大,且含有大量不稳定气泡,经泵压后破裂。

(4) 泵管布置不合理、泵管长、弯头多、接口不严漏浆,导致出泵流动稠度小。

844. 施工现场二次加水的危害是什么？

（1）造成湿拌砂浆水胶比过大，砂浆强度下降。

（2）易造成湿拌砂浆拌合物离析、泌水、抹灰施工难。

（3）导致湿拌砂浆凝结时间延长。

（4）易造成表层湿拌砂浆强度过低，泛白、起灰、起砂。

（5）导致湿拌砂浆匀质性差，使用后的结构粘结性能差、易空鼓、裂缝。

845. 抗冻与防冻的区别是什么？

抗冻与防冻是两个不同的概念。抗冻是指在使用中能承受反复冻融循环而不被破坏的性能；防冻是指在冬期施工过程中，环境温度为负温条件下，在达到防冻剂规定温度前达到受冻临界强度，环境温度升至正温时强度基本不受损失的性能。

846. 湿拌砂浆过度缓凝产生的原因有哪些？

（1）湿拌砂浆外加剂里面缓凝剂组分超量，特别是采用蔗糖类缓凝剂含量较多时。

（2）人为或者是机械故障造成的湿拌砂浆外加剂超掺。

（3）湿拌砂浆配合比设计不当，掺合料过多，特别是湿拌砂浆环境气温较低时。

（4）粉煤灰或矿粉误当成水泥使用。

（5）气温影响，温度过低。

（6）养护不到位，尤其气温过低时。

（7）湿拌砂浆含气量过大。

（8）湿拌砂浆稠度过大、保水率过高，含气量大造成湿拌砂浆表层粉煤灰含量高，水灰比大。

（9）湿拌砂浆施工时，施工现场二次掺加外加剂，搅拌不均匀，造成湿拌砂浆局部的外加剂掺量过多，导致局部缓凝。

（10）湿拌砂浆施工面长期处于湿冷、潮湿环境，水分不流失，导致含保塑期长的砂浆水泥水化慢，砂浆保水高，缓凝。

847. 湿拌砂浆的生产工艺是怎样的？

目前，湿拌砂浆主要由商品混凝土搅拌站生产、供应。由于砂浆供应量与混凝土相比要少得多，如果单独设计一条砂浆生产线，会造成浪费，使用率又不高。因此，目前砂浆与混凝土共用一条生产线，均采用混凝土搅拌机进行搅拌，但需要安排好生产任务。

湿拌砂浆的典型生产工艺如下：砂的筛选、原材料计量、砂浆搅拌、砂浆运输。

848. 砂的筛选过程是怎样的？

砂浆用砂的最大粒径应不大于 4.75mm，因此湿拌砂浆的生产应增加一道筛分工序，以保证砂全部通过 4.75mm 筛网。过筛砂应堆放在专用堆场，称之为专用砂。筛分机一般选用滚筒筛，其长度和直径可根据产量决定。砂浆生产时应注意控制砂的含水率，若砂的含水率过高，砂容易粘结成团，砂粒易堵塞筛网，导致筛分效率降低。筛网应有排堵装置，及时除去堵塞筛网的砂粒和泥团。

849. 原材料计量是怎样的?

固体原材料的计量应按质量计，水和液态外加剂的计算可按体积计。由于固体组成材料因操作方法或含水状态不同而密度变化较大，如按体积计量，易造成计量不准，从而难以保证砂浆性能和均匀性，因此各种固体原材料的计量均应按质量计。

计量设备应能连续计量不同配合比的砂浆的各种材料并应具有实际计算结果逐盘记录和储存功能。计量设备应按有关规定由法定计量部门进行检定，使用期间应定期进行校准。

水泥、粉煤灰和砂浆稠化粉均为粉状材料，可采用螺旋输送，电子秤计量。水泥、粉煤灰可采取叠加计量，砂浆稠化粉采取单独计量。砂采用皮带输送机输送，电子秤称量计算。

在用电子秤计量时，不能仅根据电子秤的精度来确定材料的计量误差，还应考虑螺旋的计量误差。在保证称料精度的前提下，应兼顾称料速度。每盘料称量大的组分，螺旋输送速度可快些。根据砂浆配合比各组分不同和对砂浆性能影响的大小，确定合理的称料螺旋。一般来讲，水泥的螺旋输送速度最快，粉煤灰其次，砂浆稠化粉最慢。砂的计量应考虑其含水率波动对计量精度和加水量的影响，砂的含水率测定每班不宜少于1次，如果气候和原材料发生变化，应加大测试频率。对液态外加剂应经常核实固含量，以确保计量准确。

850. 搅拌楼（站）基本构造是怎样的?

湿拌砂浆搅拌站主要由搅拌主机、物料称量系统、物料输送系统、物料贮存系统和控制系统等5大系统和其他附属设施组成。

（1）搅拌主机

搅拌主机按其搅拌方式分为强制式搅拌和自落式搅拌。强制式搅拌机是目前国内外搅拌站使用的主流，它可以搅拌流动性、半干硬性和干硬性等多种湿拌砂浆。自落式搅拌主机主要搅拌流动性湿拌砂浆，目前在搅拌站中很少使用。

强制式搅拌机按结构形式分为主轴行星搅拌机、单卧轴搅拌机和双卧轴搅拌机。而其中尤以双卧轴强制式搅拌机的综合使用性能最好。

（2）物料称量系统

物料称量系统是影响湿拌砂浆质量和湿拌砂浆生产成本的关键部件，主要分为骨料称量、粉料称量和液体称量三部分。一般情况下，$20m^3/h$以下的搅拌站采用叠加称量方式，即骨料（砂、石）用一套秤，水泥和粉煤灰用一套秤，水和液体外加剂分别称量，然后将液体外加剂投放到水称斗内预先混合。而在$50m^3/h$以上的搅拌站中，多采用各种物料独立称量的方式，所有称量都采用电子秤及微机控制。骨料称量精度≤2%，水泥、粉料、水及外加剂的称量精度均达到≤1%。

（3）物料输送系统

物料输送由三个部分组成。①骨料输送：目前搅拌站输送有料斗输送和皮带输送两种方式。料斗提升的优点是占地面积小、结构简单。皮带输送的优点是输送距离大、效率高、故障率低。皮带输送主要适用于有骨料暂存仓的搅拌站，从而提高搅拌站的生产率。②粉料输送：湿拌砂浆可用的粉料主要是水泥、粉煤灰和矿粉。目前普遍采用的粉料输送方式是螺旋输送机输送，大型搅拌楼有采用气动输送和刮板输送的。螺旋输送的优点是结构简单、成本低、使用可靠。③液体输送：主要指水和液体外加剂，分别由水泵输送。

（4）物料贮存系统

湿拌砂浆可用的物料贮存方式基本相同。骨料露天堆放（也有城市大型商品湿拌砂浆搅拌站用封闭料仓）；粉料用全封闭钢结构筒仓贮存；外加剂用钢结构容器贮存。

（5）控制系统

搅拌站的控制系统是整套设备的中枢神经。控制系统根据用户不同要求和搅拌站的大小而有不同的功能和配置，一般情况下施工现场可用的小型搅拌站控制系统简单一些，而大型搅拌站的系统相对复杂一些。

851. 搅拌生产工艺相关参数应当如何设定？

（1）搅拌生产工艺参数设定主要包括骨料秤参数设定、粉料秤参数设定、液料秤参数设定、卸料设定、时间设定及其他设定。

（2）骨料秤参数设定、粉料秤参数设定及液料秤参数设定主要是根据情况对自学习、细称剩余量、允许剩余误差及精称脉冲时间等参数进行设定。

（3）卸料设定主要是对骨料卸料顺序及间隔时间进行设定。

（4）时间设定主要是对搅拌时间、响铃时间、皮带时间及主机开关门时间进行设定。

（5）其他设定主要是对配料振动速度及卸料振动速度进行设定。

852. 搅拌设备操作规程是怎样的？

（1）开机前准备

① 开机前与巡检工取得联系，确认生产线设备是否具备开机条件。

② 打开控制微机，观察各参数显示是否正常，逐一检查搅拌主机、输送设备、收尘设备、空压机、水泵（外加剂泵）、计量装置、控制阀等设备是否处于正常状态。

③ 打开各监视器，检查确认平皮带机头转接斗、计量斗等有无存料，骨料仓有无存料等情况，必要时通知巡检工确认。

④ 对生产原材料品种、规格、厂家、仓号与操作页面标识进行对应核对确认。

（2）开机顺序

空压机→搅拌主机（同时除尘器自动启动）→斜皮带→平皮带

（3）生产操作

① 各项检查均处于正常状态后，启动配料及搅拌系统进行生产。

② 认真看准车号，要与工地名称、湿拌砂浆强度等级相对应，核对无误后方可启动配料搅拌。

③ 生产过程中发现湿拌砂浆质量有异常情况（如：稠度异常、计量不准、弧形阀/蝶阀关闭不严等），要及时通知质量调度采取相应措施，协助实验室把好质量关；同时，向生产工段汇报，对设备异常进行调整恢复。

④ 生产过程中发现设备/操作参数、设备运行异常，要立即停机检查，不得带

“病”运行，并及时通知生产工段进行相应处理。

⑤ 根据物料特性变化、产品品种/特性变化、季节变化，实时调整工控操作参数。

⑥ 放料时要观察接料车辆是否准确就位，防止物料溢出。

（4）停机顺序

平皮带→斜皮带→搅拌主机（收尘器延时关闭）→空压机

（5）停机后检查

① 班中生产线停机时间达到 0.5h（夏季）/1h（春秋季）/2h（冬季）时清洗搅拌主机，以免湿拌砂浆粘结在搅拌机轴上。

② 生产结束后，通知相关人员及时清除主机内积物。

③ 冬季生产完成后，须将骨料仓余料及水、外加剂管路中的液体放净，防止冻结。

④ 认真履行交接班制度，做好交接班手续，认真填写交接班记录。

853. 皮带输送机的操作规程是怎样的？

（1）固定式输送机应按规定的安装方法安装在固定的基础上。

（2）输送机使用前须检查各运转部分和承载装置是否正常，防护设备是否齐全。胶带的张紧度需在启动前调整到合适的程度。

（3）皮带输送机应空载启动。等运转正常后方可入料。禁止先入料后开车。

（4）有数台输送机串联运行时，应从卸料端开始，顺序启动。全部正常运转后，方可入料。

（5）运行中出现胶带跑偏现象时，应停车调整，不得勉强使用，以免磨损边缘和增加负荷。

（6）输送带上禁止行人或乘人。

（7）停车前必须先停止入料，等皮带上存料卸尽方可停车。

（8）输送机电动机必须绝缘良好。电动机要可靠接地。

（9）皮带打滑时严禁用手去拉动皮带，以免发生事故。

（10）皮带运转时，严禁进行维修及清理操作。

854. 螺旋输送机的操作规程是怎样的？

（1）工作前准备

工作前必须按规定穿戴好劳动防护用品。

（2）开机前的检查

① 检查机槽及卡盖，应密闭良好，现场安全设施及设备防护装置齐全。

② 确认待启动设备周围没有人或障碍物。

（3）开车后的注意事项

① 开车后检查电机、减速机及输送叶片的运转是否正常，如发现异常应及时通知中控人员，联系停机处理。

② 检查绞刀下盖、卡扣是否盖好卡牢，防止漏灰及灰尘飞扬。

③ 检查输送机尾部或壳体有无漏料，如有漏料应及时清理，防止物料堆积。

④ 严禁在运转的设备上跨越或行走。

⑤ 严禁将含铁器或硬性颗粒的物料喂入螺旋输送机内，以防止损坏、卡死设备。

⑥ 运转中严禁将机体盖取下查看物料输送情况。

(4) 检修与维护

① 设备检查（检修）时必须严格执行停送电作业手续。

② 螺旋输送机需要维修的应按规定办理高处作业许可证。

855. 搅拌设备紧急停机的操作步骤及注意事项是怎样的?

搅拌设备紧急停机是通过“紧急停止”按钮来实现的，“紧急停止”按钮是一个红色的蘑菇形按钮，位于操作面板的左上方或者主机上。当出现紧急、突然、来不及处理的危险情况时，可以用手拍下紧急停止按钮，这个按钮将停止除电铃以外的一切电机和执行器件，包括主机。当危险解除时，可以旋转释放“紧急停止”按钮。

856. 搅拌系统控制参数调整方法是怎样的?

(1) 配料仓设置：提前设定各配料仓的名称、规格以及每一个配料仓对应原材料的误差符合标准要求；“原材料名称”“品种规格”确定后只有在更换材料的时候方可更改，使用阶段要确保与实际使用原材料对应。

(2) 砂石含水率：对配料处砂石的含水进行检测，结果输入到系统内，生产过程计算是否扣水增加相应的骨料。

(3) 误差补偿设置：“误差补偿”指下一盘对上一盘计量误差进行补偿，如果设置上一盘所产生的误差都在下一盘里予以补偿，最后会把一车湿拌砂浆的误差，缩减成最后一盘的配料误差，有利于控制一车的湿拌砂浆质量。

(4) 配料顺序：一般控制骨料的配料顺序，所有骨料均采用皮带输送或斗提输送，合理调整配料时间，既满足物料不间断输送又满足物料不叠加输送为最佳。

(5) 投料顺序：骨料、粉料、液料配好之后不能同一时间全部投入搅拌机内，否则不仅对搅拌机损伤较大，且不利于湿拌砂浆的充分搅拌，建议采用二次投料法进行设定。

(6) 搅拌时间：不同原材料、不同配合比、不同湿拌砂浆性能宜采用不同的搅拌时间，生产特种湿拌砂浆应适当延长搅拌时间，搅拌时间的确定可采用电流作为指导匀质性评价（检测湿拌砂浆密度和强度等有条件时采用显微镜观察等方法）的方法来确定。

(7) 配料冲量调整：“配料冲量”也称“落差”或者“提前量”，指配料仓门关闭之后尚未进入电子秤中的物料的质量，是非常重要的一个参数，会直接影响计量误差，必须根据实际情况进行设置和调整。“配料冲量”值和误差值成反比关系，当误差值为正值时，说明“配料冲量”太小，需要增大，误差值为负值时，说明“配料冲量”太大，需要减小。

(8) 零点校准：“零点基准”是电子秤的逻辑零位，电子秤的读数小于该基准时，系统就认为电子秤是空秤，或者认为电子秤里的料已经放空可以直接生产配料。生产前应检查各电子秤物料为空时调为零点，此处需注意应根据系统说明书操作，不要误操作调整电子秤换算系数。

(9) 卸料时间：根据设备使用情况及厂家说明调整卸料时间，“卸料时间”指从搅拌机向外排料的时间，可以根据设备的支持情况分别选择“小开”“中开”“全开”的时间，也可以只选择“全开”时间。

857. 搅拌机轴端密封、润滑系统与气路系统是怎样的?

(1) 密封、润滑系统

密封、润滑系统由轴承支承座及轴承、保护圈 A/B、润滑油路、风压装置组成，对搅拌轴起支承、定位作用。同时，润滑油路和风压保护装置对支承座、搅拌轴轴头部位起润滑、冷却和密封作用，以确保泥浆不侵蚀轴承支承座、搅拌轴部位。

① 支承座及轴承：它固定在搅拌缸体上，用来定位、支承和传动搅拌轴，在其相关密封部位需加注润滑油，以供支承座和轴承润滑、散热、密封，防止泥浆侵蚀，保护搅拌轴。

a. 支承座由支承座外壳、油封件、锁轴器、研合密封圈、黄胶架、黄胶圈组成。

b. 轴承采用进口调心轴承，主要对搅拌轴支承、定位，以便更好地传动。

② 保护圈 A/B：由耐磨的锻造钢制成，安装在搅拌缸和搅拌轴上，防止泥浆侵蚀，更好地保护支承座和轴头部位。

③ 润滑油路：由润滑油泵、分流阀、油嘴及连接油管组成，润滑系统与搅拌机同步运行，所以当双卧轴搅拌机开始工作时，油泵电机必须处于开启状态，这样才能使搅拌机四个轴头内的密封黄胶、锁轴器得到连续不断的润滑，而处于外边的研合密封圈润滑则依赖加注到密封气腔内的油来完成。

④ 风压装置：在轴头处增加有一定压力的空气，从而使轴头周围相对缸体内形成正压，形成压差式气体保护环，阻隔湿拌砂浆泥浆侵入轴头，确保搅拌机运转稳定可靠。

(2) 气路系统

图 2-4 为气路系统原理图，气路系统包括空压机、气管及附件、储气罐、集装电磁阀、气缸、节点压力表、气源三联件、过滤减压阀等组成，主要用来控制各料门、气动蝶阀的开启和关闭，从而控制各种物料的投料顺序。气路系统可分为 3 部分：粉料罐、主楼和配料站。每部分都由集装电磁阀控制。集装电磁阀安装在全封闭的箱子里，可阻止粉尘进入电磁阀。集装电磁阀的使用大大提高了气路系统的稳定性和美观性。

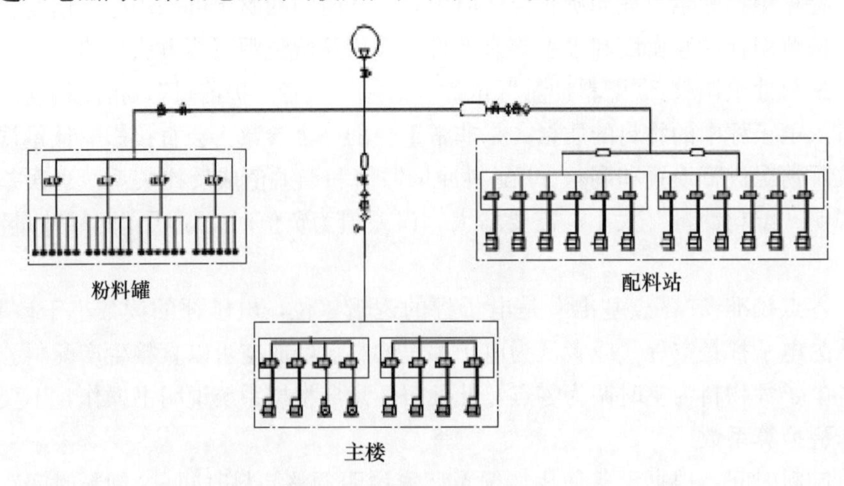

图 2-4　气路系统原理图

粉料罐：从压缩机来的压缩空气经过过滤减压阀、集装电磁阀后再到助流气垫。每个粉料罐装有6个助流气垫，由集装电磁阀单独控制。过滤减压阀由空气过滤器和减压阀组合而成，起到过滤空气和调整压力的作用。

主楼：主楼内的气动元件由2个集装电磁阀控制。1个控制外加剂计量斗蝶阀、水计量斗碟阀、待料斗阀门气缸，另1个控制粉煤灰计量斗蝶阀、粉煤灰计量斗球形振动器、水泥计量斗蝶阀，水泥计量斗球形振动器。从压缩机来的压缩空气经过气源三联件、储气罐，集装电磁阀后进入各执行元件。气源三连件由空气过滤器、减压阀、油雾器组合而成，过滤器可除去压缩空气中的尘土、污垢、锈及凝结的液体物质；减压阀可将出口压力调至所设定的工作压力，并使工作压力趋于平稳，当工作压力高于调定压力时，溢流排气可使系统压力重新趋于稳定；油雾器将润滑油雾化，进入气动系统，使控制元件和执行元件得以润滑。气源三连件中的水杯需定期人工放水，因为水杯中的冷凝水只有在系统压力低于2kg时才会自动排出。在主楼内还安装有1个25L的小储气罐，增加气路系统的稳定性。

配料站：配料站内的气动元件由2个集装电磁阀控制。每个集装电磁阀控制6个气缸。配料站共有4～6个独立的料仓，每个料仓由3个气缸控制料门（精称量门、粗称量门、骨料称量门）的开启。从压缩机来的压缩空气经过储气罐、气源三连件后进入气缸。储气罐的容积一般为500L，安装在配料站附近。

空压机为气路系统的核心部分，分为活塞空压机和螺杆空压机，由于环保要求及职业健康方面考虑，目前搅拌站多数采用螺杆空压机。

858. 气路系统气水分离器知识有哪些?

气水分离器主要用在搅拌楼的各个气动元件上，如各料斗下面的弧门气顶装置的前端进气管以及风送水泥、粉煤灰等对空气的干燥度要求较高的用气部位，设置气水分离器的主要目的是为每种用气部件提供含水量较低的干燥空气，以保证用气元件、部位的用气质量。此外，气水分离器还能除去空气中所含的粉尘等杂质，由于体积较小，在搅拌楼中，一般是一种气动元件配一套气水分离器。

气水分离器的基本组成部件如下：在气水分离器上端左右各设有一个进气口和出气口，构成上端盖。利用螺纹与过滤器的外壳相连接。上端盖所用材料可以是铸钢或是合金钢，外壳所用材料可以是青钢烧铸品，也可以用聚碳酸酯制成。由聚碳酸酯制成的外壳筒体是一种透明的筒体，可以很直观地看到筒内的积水情况，利于手工排水。

在上端盖进出气口下部是通气板（A），在通气板内还设有空气滤芯（C），在滤芯上有微孔可使气体通过。在滤芯下部设有挡板（B），在挡板下部是一个浮筒（E），它可以起到自动排水的作用；浮筒侧面设有隔板（G），在过滤器的外壳下部还设有手动排水阀（D），具体部件参见图2-5。

气水分离器工作原理：有压气体通过进气口流过通气板A，在压力的作用下，空气被强迫压进旋转活动模槽内。这时，在模槽形状的作用下，空气发生高速旋转，在旋转的空气中，比重较大的物体如水分子及其他一些杂质，在离心力的作用下被抛到外壳的内筒壁上。附着在筒壁上的液体及微粒在筒壁阻力及重力的作用下，进入外壳筒的底部。在空气滤芯（C）下部还设计了一个挡板（B），该挡板的作用是使外壳筒的下部气

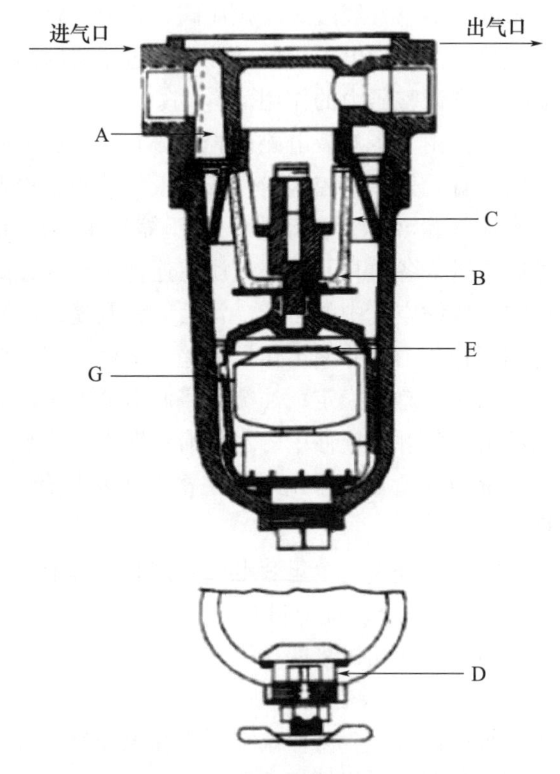

图 2-5　气水分离器的基本组成

液保持在一种静止的状态，以防止由于上部旋转空气的扰动将已经沉积下来的液体及杂质颗粒重新带回到气流中去。

空气过滤芯（C）是一种特制的带有微孔的筒形隔板，其作用是利用滤芯上的微孔将旋转时未能完全清除的含有固体颗粒的有压气体进行再过滤，以便除掉极少数的残留固体杂质。这样过滤之后的气体便是一种符合要求的干燥空气。利用上端盖上的出气口将处理好的有压气体直接送到用气设备上。

在外壳筒下部设有排水阀，该排水阀分手工排水和自动排水两种方式，无论采用何种方式都能利用外壳筒内的有压气体将沉积在筒下部的液体杂质有效地排出。

手工排水采用人工将排水阀顶起把液体排出的方式进行，待液体排完后需将排水阀关闭。

自动排水装置是利用液体在外光筒中沉积到一定高度后，将筒内设计的一种浮筒（E）浮起后将排水阀打开，利用有压空气将液体排出，该浮筒下部与排水阀相连，当液体的高度下降时浮筒也随之下降，于是将排水阀关闭。

手工排水为自动排水的备用排水装置，一般情况下使用自动排水，当自动排水出现故障又不能及时修复时，可使用手工排水方式。在浮筒旁还设有隔板（G），其目的是保护除水器免受没有被排掉的较大粉尘的危害。

859. 砂浆是怎样运输的？

搅拌好的砂浆应由带有搅拌装置的运输车运输。如果容器不带搅拌装置，那么砂浆在运输过程中，由于车辆运输途中的颠簸、振动，易使砂浆中的砂下沉，水分上浮，产生离析现象。砂浆也可由湿拌砂浆搅拌输送车运输，但是，湿拌砂浆搅拌输送车运输砂浆前，应清洗干净，确保旋转筒体内没有残余的湿拌砂浆等杂物。

860. 砂浆搅拌运输车是怎样运输的?

砂浆搅拌运输车一般用混凝土搅拌运输车进行运输。混凝土搅拌运输车简称搅拌车，是用来运输预拌混凝土的专用车辆。车上装有圆筒型搅拌筒用以装载混凝土拌合物，在运输过程中会始终保持搅拌筒低速转动，以保证所装载的混凝土不会分层、凝固。运输完混凝土后，通常都会用水冲洗搅拌筒内部，防止硬化的混凝土占用空间。通常根据搅拌车的搅拌容量，搅拌车分为 8 方车、12 方车、15 方车等。

861. 计量设备如何进行一级保养?

(1) 保养前应将计量器具的测量面和被测工件的表面擦洗干净，以免脏物存在而影响测量精度，擦伤测量面。

(2) 保养时要严格按照计量器具说明书中所规定的使用规则和操作要求进行，一旦发现技术故障或可疑之处，要立即查清原因，并予以排除，必要时送检修部门检修。对精密量具量仪，不允许使用者自行拆修。量具修复后，必须重新检定，才能投入使用。

(3) 量具使用后，应及时清洗。如不涂油，应放在干燥缸里保存；短期一两天不用，可涂上无水变压器油；长期不用，应涂上纯净无水的凡士林油。涂油一般不宜太厚。

(4) 必须对计量器具定期擦洗，保持清洁，以防金属表面锈蚀和光学零件生霉、起雾。清洗精密量具量仪的金属表面可使用 1 级航空汽油、纯度 99.5%的无水酒精或乙醚。清洗一般通用量具可使用工业油。擦洗材料应使用脱脂棉、白细布、绸布或高级卫生纸。如发现金属表面已有锈迹，应及时用 500＃金相砂纸去锈、并清洗上油，使锈蚀不发展，不蔓延。清洁光学零件表面，宜用脱脂细软的毛笔轻轻拂去灰尘，再用柔软清洁的亚麻布或镜头纸轻轻揩拭，不可用手触摸镜面。如光学零件表面有油渍，可蘸一点酒精或乙醚揩拭，应尽量避免多擦。镜头里面发霉起雾，要及时请检修部门擦洗干净，以免年长日久，生成霉、雾斑而不易擦去。

(5) 计量器具一般不要经常移动，更不能自行拆卸，搬动时要严防震动；注意远离磁场、热源和震源；实行周期检定制度等。

862. 搅拌设备如何进行一级保养?

湿拌砂浆搅拌机一般工作 100h 以后进行一级保养。

(1) 混凝土搅拌机在一级保养中，除包括日常保养的工作内容外，尚需拆检离合器，检查和调整制动间隙，如离合器内、外制动带磨损过甚须更换。此外，还需检查钢丝绳、V 带滑动轴承、配水系统和行走轮等。

(2) 强制式湿拌砂浆搅拌机在一级保养中，须检查调整搅拌叶片和刮板与衬板之间的间隙，上料斗和卸料门的密封及灵活情况，离合器的磨损程度一级配水系统是否正常。

(3) 采用链转动的湿拌砂浆搅拌机需检查链条节距的伸长情况。

863. 计量设备如何进行校核？

为了保证配料计量准确，确保湿拌砂浆的质量控制，计量设备在使用前及使用过程中应进行校核，以确保称量的精准度。

（1）计量过程中计量误差应符合《预拌砂浆》（GB/T 25181—2019）中湿拌砂浆计量允许偏差规定。

（2）对计量过程中计量误差为负值，超出规定误差范围的应采用手动补偿。为正值，超出规定误差范围的应及时调整加料门和落差。

（3）用标准砝码对各电子秤标定周期为粉料秤、外加剂秤每周一次、骨料秤、水秤每月一次并做记录，记录保存时间为 2 年。

（4）每天应对每条生产线生产湿拌砂浆容重进行地磅复检一次。

（5）对计量设备出现异常，称量值漂移不定的要及时上报，检查修复并标定校准。

（6）零点校核方法按照所使用的计量设备说明书进行校核。

864. 搅拌机有哪些清洗、清理方法？

（1）清洗方法（搅拌机外作业）

① 断开该生产线总电源开关，锁好配电柜门（停电挂牌）后，清洗搅拌机内壁，搅拌装置、卸料门周围及其他方位的残料，并观察搅拌叶轮、衬板等搅拌装置的联结固定螺栓。

② 用高压水枪清洗清扫骨料斗和粉料计量斗卸料门。

③ 清扫主机外表，清洗主机下卸料斗。

④ 放尽空压机贮气罐内积水（冬季排尽空压机及罐内气体）。

⑤ 启动粉仓除尘器，抖落粘附在过滤器上的粉料（建议使用负压式除尘器）。

⑥ 冬季必须放尽水管和外加剂管路内的液体或者加装保温措施。

⑦ 生产完成后必须在主机停机后 1h 左右，最长不超过 2h，完成主机内和料门轴部位的清洗作业。

（2）清理方法（搅拌机内作业）

① 办理相关作业许可证，待相关作业许可后，开始作业，断开该生产线总电源开关，锁好配电柜门（停电挂牌）后，按下主机急停开关，并拔下急停开关钥匙，由作业人员保管。

② 打开主机两侧观察门，一侧安装排风扇，架设≤24V 的低压照明设备。

③ 作业人员佩戴好劳动保护用品，由专门人员检测完主机内气体含量，满足作业要求且监护人到位后，作业人员方可进入主机进行清理作业。

④ 进入主机清理搅拌机内壁，搅拌装置、卸料门周围及其他方位的粘料。

⑤ 完成清理作业，收拾完工具，人员退出主机后，关闭观察门，插入急停钥匙，复位急停开关，办理送电手续后，摘下停电挂牌警示牌，合上该生产线总电源开关，启动主机，将主机内的结块料搅拌清理出主机。

⑥ 关闭主机，按下急停开关，拔下急停开关钥匙，由作业人员保管，并再次开启观察口，查看并确保清理的结块料全部清理出主机。

⑦ 插入急停钥匙，复位急停开关，开启主机，注水搅拌，排出污水，关闭有限空间作业阀。

⑧ 在有限空间内作业要遵循先通风、再检测、后作业原则，宜采用连续监测，定时监测时间不超过 2h，并做好记录。

865. 计量设备如何进行日常保养？

计量设备包括传感器、连接器（或者连接部件）、放大器等，是搅拌站至关重要的部分，其日常保养要点如下：

（1）防雷击、电焊电流烧毁。

（2）做好防尘、防潮和防止各种外部损伤。

（3）处理好连接部分，使其牢固、安全接触良好。

（4）防止非正常的物料的超载使其损坏。

（5）检查每个计量元器件等电位搭接线是否有效完好。

866. 搅拌设备如何进行日常保养？

（1）传动系统

各传动齿轮、减速箱、链条等按规定加足润滑油（脂）；传动部分声音正常，减速箱、轴承不发热、不漏油；三角传送带松紧适宜（中部能按下 10～15mm），传动链条中部下沉不得大于 20mm；钢丝绳无较大磨损，夹头和连接牢固，表面有润滑脂（石墨钙基），制动器和离合器性能良好，制动片磨损到一定程度时要进行更换。

（2）其他润滑部件

搅拌机轴端密封按照规定在每一次主机启动时或者定时加油，以保证油封结构长期正常运转；其他的加油点如各转动、转动轮和轨道要定时加油。

（3）搅拌系统

搅拌筒运转平稳，衬板、叶片没有松动现象，如有损坏及时更换；当衬板、叶片、刮板、搅拌臂等磨损至一定程度或者不能调整时，要及时更换。及时或者定期清理搅拌机内粘渍的湿拌砂浆，当搅拌机内壁上的湿拌砂浆越粘越厚的时候，不但搅拌机的容积要减小，粘留湿拌砂浆的速度也会加快；砂石下料口会因为物料的粘结使下料口的斗门开关出现障碍，水泥的下料口会因为水泥的粘结越来越小，造成投料困难，因此要定期进行清理。外加剂的投料管路可能因为沉淀和凝固使投料速度减慢或者造成堵塞，也要定期清理。

（4）安装紧固和清洁

主机机身和支架，上料支架和其他设施的安装和连接要牢固，各紧固件要完整、齐全和牢固；机身、场地和主机室要保持清洁，无杂乱物品堆放；地基周围不得积水，冰冻季节避免水路存水；振动部件和与之连接部分要紧固。

867. 计量系统如何进行自校？

（1）调校前电子秤和仪表须先通电预热 30min。

（2）准备好标准砝码，同时确保电子秤承载器具处于水平、自由状态。

（3）登录进入电子秤控制系统，选择电子秤调校，输入密码进入调校操作界面。

（4）选择需要调校的电子秤，确定调校方式，关闭零位跟踪功能。

（5）首先进行零位调校。进入零位调校界面，确定电子秤处于空载状态，待数字信号显示稳定后按下确定键进行零位调校。

（6）进入分度调校界面。将50%量程的砝码加载到电子秤上，查看显示值与砝码值是否相符，若不相符，则修改显示值然后确定。

（7）进行线性检测，增加一定量的砝码两到三次，同时查看显示值是否呈线性增加，然后减少砝码两到三次，同时查看显示值是否呈线性减少。

（8）在电子秤上加载砝码时，应将砝码均匀放置，摆放位置尽量与传感器受力重心相吻合。实际校秤时，因电子秤承载器具和环境的限制，可以适量减少砝码加载量。

（9）线性检测不合格的电子秤，必须检查传感器，必要时更换传感器。

（10）校验完成后，开启电子秤零位跟踪功能。退出电子秤控制系统。

（11）计量系统定期校验，外加剂、掺和水和粉料秤允许误差1%，骨料秤允许误差2%。

每年定期报送法定计量鉴定部门检定并领取检定证书。

868. 常见的设备故障处理方法有哪些？

（1）计算机指令停止的情况下继续配料。可能是控制仪表参数乱，传感器连接处有异物或配料口卡住，造成配料不停。

处理方法：

① 在相应配料仪表面板上同时按MODE、TARE及ZERO终止配料，检查修正参数。

② 检查传感器，使秤处于活动自如状态。

（2）自动工作状态下，称量斗不配料。一般是拌和机卸料门全关限位开关损坏或移位，或某种骨料没有配料。

处理方法：

① 检查开关，进行更换或调整固定。

② 启动“配料工具”进行补料，以半自动方式完成当前批次生产。

③ 检查接线，更换继电器。

（3）计算机不能及时记录数据，造成信息损失。原因可能是：

① 联机模式转换到手动模式。

② 计算机病毒。

③ 数据填写不全。

④ 电磁干扰。

⑤ 强制退出程序。

⑥ 操作系统版本不正确。

处理方法：

① 避免将控制模式从［联机］转换到［手动］，正确的操作是从［全自动］转换到［半自动］。

② 有效的杀毒软件进行查杀。

③ 生产单中的数据应填写完整。

④ 检查仪表及信号线排除干扰。

⑤ 生产中不允许退出程序。

⑥ 操作系统要求使用专业版。

869. 计量系统运行检查方法有哪些？

（1）配完料后配料设定值与称重显示值一致，而实际的物料却远大于或小于此值，说明秤不准，需检查秤斗是否被卡住或其他原因造成秤斗不能活动自如，必要时重新校秤。

（2）配料后显示的称重读数与设定的物料值相差很大，应重点检查某些参数如超差延迟时间等是否正确，参数不合适时参照出场值修改。还应检查设定的物料值是否太小，此外还应检查储料仓储量是否稳定，是否时多时少；检查料仓储料料质是否均匀，石子粒径不能相差太大，砂子的粗细和干湿不能相差太大；更换配方后，是否进行了落差测量，如没有应重新操作。

（3）配料机配料不停，可能是料斗被卡住，加料时传感器不受力，也可能是传感器线路故障或传感器故障，应马上检查。

（4）配料后按卸料按钮不起作用，可能是卸料按钮有故障，或者是没有使用的物料没有设置为零，或者是相应电器元件或计量单元故障。第一、三种情况要用万用表仔细检查，排除故障。第二种情况表现为配料完毕，没有使用的物料的指示灯亮，接触器吸合。如果是卸料不停，可能就是物料零位范围设定太小（物料零位范围应该在5～10kg左右），也可能是卸料延迟时间太长，这种情况要仔细检查卸料参数，必要时重新调整。

870. 怎样做好顾客质量投诉？

（1）及时性，接到顾客质量投诉后，应该立即进行认真调查，争取在最短的时间内给顾客比较满意的答复。

（2）准确性，最大程度地保证对顾客质量投诉事实进行准确认定，对顾客质量投诉原因准确调查。

（3）真实性，对顾客质量投诉的确认、调查应注重收集客观事实，应尽量排除对方、己方可能存在的主观原因。尽量减少推断，应考虑推断的可靠程度和所带来的风险。

（4）全面性，以在顾客质量投诉的现场所调查和收集的全面客观事实为依据，能够做出质量投诉的结论，进行质量投诉的处理。

（5）要在满足顾客的合理要求，不伤害与顾客良好合作关系的前提下，将公司的损失减少到最低程度，尤其要防止可能存在的恶意投诉，避免由此给公司造成损失。

871. 工地现场服务的重要性是什么？服务什么？

为客户提供优质产品的同时提供有效的砂浆服务是必不可少的工作。服务，可以增加更多客户，结识更多朋友，提高自身综合技能。服务可以提高自身技能，服务可更多了解、学习优质施工技术，获得市场需求，取长补短。随着产品的同质化，只有服务才能创造差异，创造更多的附加值，给客户一个“选择”你的理由。提供满意服务，不会增加多少成本，却能提高客户的满意度，赢得客户的信任。服务过程感同身受，真正知道工人、施工的需求，才能指引我们向正确方向前进。真诚的付出会获得真心回馈，即使有小插曲，也会被包容理解释怀，给自己创造更多机会。贴心、热情、专业周到的服务成就客户的同时更好地成就自己。服务的影响力显而易见。

872. 工地现场服务的主要服务内容有哪些?

(1) 主要服务方向:

① 服务领导：开发商、建筑商、监理、劳务。

② 服务工程：储存点、建筑结构、设计要求、界面基层。

③ 服务工人：带工、上料工、小工、大工。

④ 服务产品：砂浆管控、防护、施工规范性、养护。

(2) 服务内容:

① 湿拌砂浆施工使用说明书及技术交底书。

② 砂浆质检员每天到工地了解砂浆使用情况。

③ 现场告知操作工人标准的使用方法及注意事项。

④ 对不同抹灰工法对砂浆的要求做记录。

⑤ 通过抹灰工人寻找劳务领导和其他潜在的砂浆客户的需求。

⑥ 向抹灰技术能手请教技术经验。

⑦ 观察湿拌砂浆是否被规范使用，如发现不规范及时提醒调整。

⑧ 观察成形后的砂表面质量，观感、强度等。

⑨ 根据客户需求送关怀活动，夏季送水、送抽纸，如给抹灰师傅送公司文化衫，送健康、送平安等活动。

⑩ 湿拌砂浆施工文明宣传标语：文明施工、标准用料；尊重劳动、精益求精；质量放松、劳而无功；取之有度、施之遵规；节能减排、人人有责；提倡“光料”行为，杜绝“抹尖上”的陋习，崇尚品质，合理用料。

873. 湿拌砂浆施工现场常反馈的砂浆质量问题有哪些?

(1) 抹灰层起气泡

抹灰层起气泡是混凝土墙面的质量通病，一般来说，砂浆用砂太细、保水过高、砂粉过大，粉骨料比例不合理、基层强度高吸水慢，表面界面喷浆、甩浆粗糙度不足，不吸水、抹灰一次性成型等会引起新拌上墙砂浆起气泡现象。针对混凝土墙体，没有能保证一个气泡不起的解决办法，必须严格按标准要求施工可尽量避免此问题。

(2) 基层界面处理不到位造成的砂浆层界面空鼓

混凝土界面没有拉毛，或混凝土界面拉毛不足；一次性抹灰过厚，局部搓压频繁；基层混凝土表面油性脱模剂没有处理、一次性抹灰，抹灰面积大一次性成活，频繁抹压过度……都可引起这种现象，混凝土基层格格不入、滴浆不进“不吃浆”。当表面有脱模剂，易起鼓的墙体，如基层处理不当，即使找补仍然会空鼓，应进行素水泥浆打底拉毛或打磨基层再进行找补。

(3) 地坪砂浆选用 M5 抹灰砂浆引起砂浆表面浮浆起皮现象

地坪砂浆选用 M5 抹灰砂浆来使用，标准要求地面砂浆≥M15。

(4) 砂浆量方反馈并处理

根据反馈的实际情况，现场服务人员同施工材料方沟通协调进行量方。量方需针对砂浆料堆取多点面的长、宽、高测值进行方量平均，因多数砂浆池砌筑的水平垂直面不标准，有高凸不平、长短不一现象，不能以粗糙的砂浆池体积为准，应以砂浆比重筒测量为准。

(5) 砂浆剩料现象的处理

湿拌砂浆超缓凝的特性给工地施工带来了诸多便利，也增加了诸多隐患。工人施工使用随意、粗犷不规范现象普遍。砂浆产生质量问题自知装不知，因有“反正是缓凝砂浆不凝固就能用，砂浆站买单”事不关己的态度与错误认知，从而产生的质量问题不被发现，最终多数会归结于砂浆的产品质量问题，所以施工过程中需要砂浆站现场质检的巡检、跟踪，发现和及时提醒与杜绝此现象的发生。剩料现象层出不穷，剩一天、两天，甚至三天、凝固敲碎再使用的现象都有，这需要引起施工方的强烈关注，并严格施工管理，根据标准规范和厂家使用说明施工使用。湿拌砂浆一般应严格控制在 24h 内施工完毕。

(6) 产自不同厂家的湿拌砂浆产品混用现象

有的湿拌砂浆不好用但价格优惠，需求方会采购优质产品互掺使用，从而减少成本，由于绑定式、关系户等各种原因，常有不同厂家砂浆产品混用现象，各厂家使用砂浆原材料特性不同，配比不同，影响砂浆施工质量，造成后期质量问题和扯皮现象。应禁止不同厂家的湿拌砂浆产品混用。

(7) 冬期施工防护措施不到位，容易引起砂浆质量问题

湿拌砂浆的施工，应该严格要求在环境温度 5℃以上，如果必须施工要采取一定措施，如冬期施工做好防护，设火炉、封闭窗口、采取保温、保湿、集中抹灰施工等措施。

(8) 混凝土表面光滑的墙面施工注意事项

注意混凝土表面荷叶疏水型的基层，界面喷浆时混凝基层表面反光、光滑度高，混凝土墙使用铝模板的表面光滑、高强度混凝土表面的基层等，注意混凝土表面界面处理不到位，砂浆易产生起泡、空鼓等质量通病，需严格标准规范精细化施工。

(9) 砂浆储料池不遮盖不密封

湿拌砂浆不遮盖直接露天放置储料池内，有时雨天不遮盖的现象仍然存在。其后果就是砂浆风吹日晒造成失水或砂浆混进去杂物，进而影响到湿拌砂浆的使用。被雨水冲击的砂浆表面胶凝材料冲刷一部分，导致砂浆表层砂、外加剂、水泥分离，严重影响湿拌砂浆质量。

(10) 普通湿拌砂浆用于保温层砂浆出现的问题

施工过程中将保温颗粒直接掺入湿拌砂浆抹灰；湿拌砂浆工地现场二次加工，掺加胶粉、保温颗粒和湿拌砂浆复合用于保温抹灰。

湿拌砂浆是普通砂浆，其强度、黏度达不到保温砂浆的标准要求，禁止直接将湿拌砂浆用于保温面抹灰，如想选湿拌砂浆为保温砂浆的掺加料，供需方要加强沟通协调，

根据实际需求，依据标准规定要求设计保温砂浆配比，进行掺加使用。

（11）基层界面处理方法建议

不同工地有不同的施工方法和施工要求。界面处理要求人工甩浆或机械喷浆，采用专业界面剂或自配界面剂，工地常用湿拌砂浆加水泥，湿拌砂浆加早强剂加水泥进行人工甩浆。界面要求：粘结牢固，颗粒均匀密实，毛刺感强，毛点多，足够的覆盖面积，当界面处理过于光滑、漏点较多时，最易引起空鼓。建议二次人工甩浆再进行抹灰，人工甩浆后进行养护，抹灰前润湿。界面剂要有吸水渗透的特性，便于同基层和砂浆层有更好的嵌入粘结效果。当发现界面剂反光发亮不吃水，及时调整界面剂配方。

（12）湿拌砂浆保塑时间失常及防治措施

保塑时间短，主要由于外界气温高、基材吸水量大、砂浆保水性差所导致；因施工储存不规范造成砂浆水分损失过快而降低了保塑时间；因砂浆原材料需水量大、吸附性强造成外加剂达不到应有的效果使砂浆早凝；生产事故造成早凝，如生产计量故障使掺加外加剂不足、工人工作失误忘记掺加；由于外加剂质量问题达不到保水、缓凝效果；砂浆配比不合理、砂子粗颗粒过多不保水等。凝结时间长，多因外加剂（保水、缓凝剂等）过量造成。

防治措施：严格控制外加剂掺量，并要根据气候变化、施工环境变化、墙体材料变化确定合理加入量；加强与工地互动，及时了解施工状况，要求施工方严格按标准要求储存、施工；生产过程如材料吸附性强需水量大，应及时调整砂浆配方，选用优质外加剂；加强生产质控管理，增加试验频率，确定好外加剂掺加量，合理调整配方。

（13）抹灰过分压光

有工地对砂浆抹面细腻、光滑表面观感要求过度。工人为达到相关要求，会反复搓压，过度搓压会使基层同砂浆粘结层剥离，造成空鼓。湿拌砂浆抹灰含中砂成分，抹灰面层多多少少会有砂痕，做不到完全光滑细腻，想达到细腻需要大量减少中砂比例，增加粉料，对于普通抹灰砂浆来说，中砂是防止砂浆裂缝、减少收缩的主要材料之一，不能为了追求表面而忽略实质。湿拌砂浆主要作用是防护而不是装饰，属于基层打底防护型材料，外层还要上腻子、贴砖或刷漆，不得过度要求光滑细腻的观感。施工过程要求面层不宜过分压光，建议以表面不粗糙、无明显小凹坑、砂头不外露为准。

（14）玻纤网选材

为保证抹灰面质量，玻纤网材质建议选用软硬适中、边毛整齐、孔眼大小均匀，质量好的网格布；禁用过于细软易散乱的砂浆网。低质量网会造成压网施工时，网格布抽线散乱，压网困难，提浆成型罩面施工难，成型后漏网、抹面粗糙、观感差问题

874. 输送机上料速度如何调整？

湿拌砂浆配料多种骨料卸到皮带上的顺序和时间间隔都是可调整的。一般卸料顺序为粗骨料和细骨料交替卸料，卸料时间间隔要求为前一种骨料落在皮带上的尾部刚好与后一种骨料落到皮带上的头部重合。如时间间隔过短，则前一种骨料与后一种骨料有重叠堆料，堆料过多会造成洒料，如时间间隔过大，则两种骨料中间有空位，前一种物料如果是粗骨料，则会在皮带上打滚而洒落下来，另外也影响生产效率。

（1）调整好骨料的卸料顺序，先卸粗骨料，再卸细骨料。

（2）根据皮带上骨料的分布情况调整各种骨料的卸料时间间隔，使皮带上物料连续、均匀分布。时间间隔一般需多次调整。

875. 带式输送机有什么措施保护正常运行？

（1）输送速度，不是越快越好，输送速度的快慢都影响湿拌砂浆的质量，所以速度要适中，要能跟上搅拌站的工作效率和需求，这样才能保证湿拌砂浆的质量；

（2）带式输送机需要装上护罩和维修平台，并带有安全防护栏；

（3）带式输送机在输送的时候额定输送量要大于实际需求量；

（4）要有重载启动能力，在没有停电的自锁能力的设备要有可靠的防逆装置，并设张紧装置和带面轻松装置；

（5）当带式输送机运行时托辊运转要灵活，并有良好的对中性，能保证在满载运行时能有效地输送物料而不溢出，在受料点不应该有堆积过量的物料。

876. 带式输送机日常维护及安全操作是怎样的？

（1）运转及日常维护

① 输送机每天开机前巡视各部件，看是否有损坏或需要调整的地方，发现问题及时处理，并按规定在需润滑处加注润滑脂。

② 输送机在运转中出现输送带严重跑偏，在料输送完后，应停机纠正。

③ 运转中传动滚筒与输送带之间出现明显滑动时，需增加张紧配重。

④ 输送机架体底部及尾滚筒地坑处洒出的砂石料要定时清理，以免影响输送机正常工作，滚筒上粘结的砂粒也要定时清理掉。

⑤ 输送带出现大面积脱胶时，要及时用胶水粘接修补，否则可能导致破损面迅速扩大。

（2）安全操作注意事项

① 人员要避免站在输送机下面，特别是重锤张紧器下面，以免坠物伤人。

② 在靠近输送机转动部件时，应特别小心，防止被机械轧伤或被卷入输送机。

③ 出现紧急情况，危及到人身及设备安全时，要迅速按下紧急停机开关或拉拉线开关，直至隐患被消除。

④ 停机检修，要切断电源并按下紧急停机开关，拔下紧急停机开关钥匙，由检修人员亲自保管，以防止误启动，危及人身安全。

⑤ 应避负载启动，因故中途停机，要将皮带机上沙石人工清理干净，再启动机器。

877. 袋式除尘器的构造及基本原理是怎样的？

袋式除尘器主要由支架、灰斗、箱体三组构件组成，其工作原理是通过管道连接吸尘罩或烟尘出口，将粉尘或烟尘在引风机的作用下送进位于除尘器灰斗上的除尘器进口中，一些较大的粉尘在重力作用下直接落入灰斗，细小粉尘被除尘布袋过滤阻留在滤袋表面，过滤后的洁净气体通过位于上箱的出风口通过风机送入管道排入大气中。当滤袋表面的灰尘积累到一定程度，设在除尘器上的脉冲阀在脉冲控制仪的控制下向除尘布袋内反吹入一股强气流，使除尘布袋变形抖动，抖落灰尘，如此周而复始。抖落的粉尘落入灰斗中，再通过灰斗下面的接灰装置或卸料器收集起来集中处理。灰斗下面的接灰装置或卸料器同时担负着卸料和锁风的任务。布袋除尘器收集浓度特别大的粉尘时前面最好安装旋风除尘器进行一级除尘，处理布袋不能承受高温烟尘时前面要采取降温措施。

袋式除尘器结构原理示意图，见图 2-6。

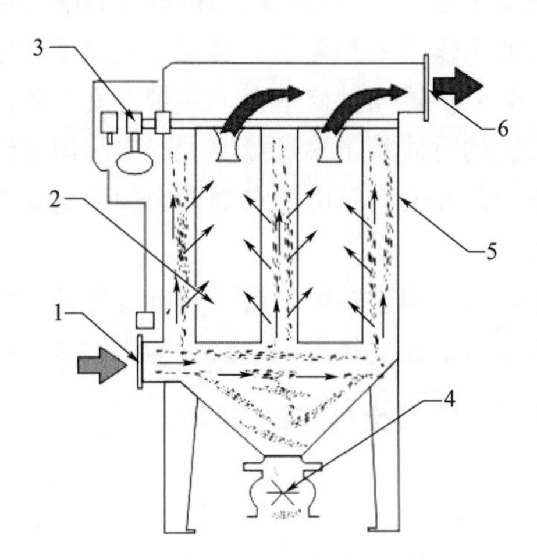

图 2-6　袋式除尘器结构原理示意图

1—进风；2—布袋；3—反吹系统；4—接灰装置；5—除尘器主体；6—出风

878. 设备空载试运转操作、检查和调整知识有哪些?

（1）调试前的准备

① 所有机械设备应按有关说明书的要求进行检查和润滑，减速机加注润滑油，必要时应先用手转动，以确保安全。

② 确认全部电气接线符合图纸要求，接线正确，接地良好。确认供电电压符合要求。

③ 确认系统供气压力是否不低于 0.6MPa，压缩空气是否干燥洁净，并打开储气罐排污阀放气排污。空气管路以 0.7MPa 进行密封试压，检查所有接头是否渗漏并及时消除。空气管路试压后，分段吹净各管路，油雾器加注 10 号机油。

④ 确认搅拌机、螺旋机、胶带给料机、集中料斗、骨料及粉料溜管、骨料仓、粉料仓、水箱、外加剂箱及各称量斗内部清理干净无杂物。特别注意液料（水、外加剂）称量斗及卸水管路内不得有焊条头等杂物。以免损坏卸水加压泵。

（2）空载试运转

① 合上电源开关及操作台电源按钮，检查供电电源是否正常、检查紧停按钮是否有效可靠，发出预警信号，准备空载调试。

② 逐项试验各设备电动机的启动和停止（用现场按钮和操作台按钮分别启动和停止，并需点动操作），检查电动机转动方向是否正确，特别是双卧轴强制式搅拌机，要注意其两台电动机的转向，应分别启动，确认其电动机转向正确后方可合并启动。空载运行 15min，检查运转情况和轴承的发热程度。

③ 逐项用电磁气阀手动按缸和操作台按钮试验气动执行件（包括弧门、骨料翻板门、粉料翻板门、气动蝶阀、气动截止阀等）的动作是否正确。动作应无卡阻、爬行现

象。调整气动元件组油雾器的滴油量，保证气动元件动作顺畅。

④ 检查和调整各行程开关、接近开关动作的正确性。

⑤ 调整各称量斗的水平，并保证称量斗内无杂物，弧门关闭严密，气缸上接近开关接通。静态校秤：将微机设定在校秤状态，用砝码逐台校秤并作记录，计算静态精度。静态精度±0.2％。

⑥ 搅拌机空运转试验：确认搅拌机内无杂异物后，先启动润滑油泵为搅拌机轴承注油，再启动搅拌机电动机运转30min，注意：搅拌机的两台电机应分别单独启动，转向正确后方能同时工作。叶片与搅拌筒壁间隙调整为约3mm，启动搅拌机附带的液压站电机，待油压上升后连续运行60min。液压管路不得有渗漏。然后进行搅拌机出料门的开、关试验，应试验多次，确认开、关门过程中无卡阻现象。

⑦ 检查确认各螺旋输送机内无杂异物后，逐条启动螺旋输送机，转向正确后运转15min无异常。

⑧ 启动回转漏斗的电机，电机及减速机不得有异常噪声，漏斗下料口与骨料进料楼口对位准确。

⑨ 启动后台上料胶带机，胶带不得跑偏，如有跑偏可调节尾部张紧螺栓和调心托辊。运转15min无异常。

⑩ 空载联动试验：微机手动和自动进行搅拌楼系统空载联动试验，检验设备启动顺序是否正确、各设备和机构动作是否正常。调整完毕，所有机械应进行8h空载联动跑合试验。

879. 设备负荷试运转及检查、调试知识有哪些?

在空载调试确认合格后，在混凝土系统形成的基础上，可以上料进行重载试验和生产性试验。重载试验和生产性试验可合并进行。

(1) 骨料仓上料：上料前应将各骨料仓内的杂异物清理干净，关闭检修闸门，各仓逐一上满料，然后开启检修闸门，进行各种物料的单一配料称量试验，按搅拌楼技术条件的规定，各秤进行连续十次的配料称量，其精度应符合规范的要求：骨料为±2％，其余均为±1％。

(2) 上水：清洗水箱，关闭放水阀。外接水源上水，至水箱上水位时，浮球阀作用，停止进水。

(3) 外加剂上料：关闭放空阀，启动外加剂泵上料，至高液位时溢流回外加剂贮仓。考虑到外加剂的价格因素，也可暂不用外加剂，先用水代替外加剂来做试验。试验完成后应将水排空。

(4) 水泥（粉煤灰）上料：第一，启动仓顶除尘器，检查离心风机和脉冲阀工作是否正常。第二，清理水泥（粉煤灰）仓，确认仓内和螺旋输送机内无杂异物。检查破拱气路是否畅通。第三，关闭各仓底手动蝶阀，准备罐装水泥车直接上料，记录罐装水泥车上料时间（t/min）。

(5) 生产性试验：按微机操作手册，输入配方、任务单进行生产性重载试验。

① 检查系统压缩空气压力是否正常。

② 打开各闸门、阀门。

③ 启动搅拌机和后台上料胶带输送机。

④ 微机切入生产状态进行配料。可先进行手动操作，而后以搅拌车为单位实行自动生产。

⑤ 记录实际配料时间，校核生产率。

⑥ 检查每盘打印记录，配料合格率应在90%以上，以搅拌车为单位，其合格率应达到100%。

⑦ 水泥的手动蝶阀可以根据配料时间调整开度大小。在连续配料称量试验中，应调整和记录选择最佳的称量提前量，以保证在最短的时间内达到最高的配料精度。

全部配料系统的连动试验可与搅拌机重载试验结合进行，全部配料连动时，每盘配料和卸料周期应为55～120s。

880. 除尘系统运行情况检查方法有哪些?

（1）风扇的旋转方向、速度、轴承振动和温度，处理风量以及每个测试点的压力和温度是否与设计一致。

（2）使用后，通过目视检查烟囱的排放，可以判断滤尘袋的设备状况，滤袋是否掉落、口松、磨损等。

（3）注意布袋腔内是否有冷凝水，以及排灰系统是否畅通。防止发生堵塞和腐蚀，严重的灰尘堆积会影响主机的生产。

（4）调整清洁周期和清洁时间。该操作是影响除尘功能和操作情况的重要因素。如果清洁时间过长，将除去附着的灰尘层，这将导致泄漏和滤袋损坏。假设除尘时间过短，且没有去除滤袋上的灰尘，恢复过滤操作将使阻力迅速恢复并逐渐增加，最终影响其使用。

（5）两次清洁之间的时间间隔就是清洁周期。通常，期望清洁周期尽可能长，以使集尘器可以在经济条件下工作。因此，请仔细研究粉尘的性质、粉尘浓度等，根据不同的清洁方式选择清洁周期和时间，并在试运行期间进行调整以达到更好的清洁参数。

（6）在操作开始时，经常会出现一些不可预料的情况，例如异常的温度、压力、湿气等会损坏新设备。气体温度的突然变化将导致风扇轴变形，形成不平衡状况以及引起运行中的振动。一旦停止操作，温度将急剧下降，重新启动时会发生振动。

881. 输送和除尘设备问题治理与预防方法有哪些?

（1）泵送粉料安全操作规范

泵送粉料时应先开罐顶除尘机除尘1～2min。粉料泵送完毕后需再开罐顶除尘器除尘1～2min。除尘器的滤芯堵塞或损坏应及时清理或更换。罐顶安全阀定期检查是否被粉料结块失效。

（2）粉料罐顶冒灰问题防范及处理

原因：除尘器滤芯堵塞，在泵送粉料时，粉料罐内压力升高，如升高到罐顶安全压力阀的调整压力时，安全阀打开，带灰气体从安全阀中跑出，造成罐顶冒灰。

防范及解决方法：在泵送粉料前，启动罐顶除尘器1～2min，把除尘器滤芯上的积灰振落。在泵送完毕后，再开罐顶除尘器1～2min，振落积灰。另需定期清理除尘器滤芯和安全阀。

（3）输送管返灰问题防范及处理

现象：散料输送车向粉料罐打料完毕，取下输送接头后，有粉料从粉料罐输送管返回地面，污染环境和造成浪费。

原因：仓顶收尘机滤芯堵塞，在打料阶段，粉料罐内形成一定正压，取掉送灰管后，形成飘浮的一部分粉料，沿输送管返回；上料位计损坏，致使上料量超出输送管出口，取掉送灰管后，多余的一部分粉料沿输送管返回。

防范及解决方法：清理仓顶收尘机滤芯；检查修复上料位计。

（4）输送管漏灰问题防范及处理

原因：输送管受物料冲刷，磨穿，转弯处更易磨穿。

防范及解决方法：经常检查弯头等易磨损处，如发现过度磨损，需更换配件或焊补磨损处。

（5）粉仓料位计失灵问题防范及处理

原因：料位计本身一般不会出现故障，故障主要是因为料位计的旋转叶片上有水泥结块。

结块原因：仓顶或仓壁漏水，引起水泥等在叶片上结块，堵死料位计旋转叶片。

防范及解决方法：经常检查粉仓的密封情况。发现失灵，可拆开料位计的安装螺栓，清除结块，并移出料位计，确认料位计运转是否正常。检验料位计时，注意安全。运转正常后，再将料位计装好，装料位计时，一定在螺栓部位加密封胶带。

882. 搅拌机的工作状态有什么判断方法?

（1）卸料门运行不畅——接近开关坏了、液压单元压力过小或卸料门卡死。

① 开关坏了可以更换同型号的接近开关。

② 液压单元：液压站内缺少液压油，补充液压油，并调整好压力。

③ 检查卸料门周围有无积料，应及时清理。

（2）拌和机闷机跳闸——传动皮带过松、搅拌刀间隙过大或误操作。及时调节传动皮带张紧力；及时调整搅拌刀间隙，更换搅拌刀。

（3）拌和机异响（电机异响、轴头、减速机、菊花轴套异响或搅拌刀变形损坏）引起的拌和机主机不能正常运行，直接影响器拌和机的工作效率。

及时检查保护罩有无松动，轴承有无问题；检查有无润滑油跟进；润滑泵是否运行。

883. 振动装置失灵的原因及处理方式是怎样的?

（1）振动器无振动故障

可能的原因：

① 电控箱没有电流输出。

② 线圈损坏。

③ 连接线短路。

针对以上三个原因，排除方法如下：

① 检查电控箱和电源。

② 更换线圈。

③ 检查连接的检查点是否断开。

(2) 噪声故障

噪声的原因一般有五种：

① 弹簧断裂。

② 电磁铁撞击。

③ 仓壁共振。

④ 振动器底脚松动。

⑤ 弹簧压紧螺栓或配重螺栓松动。

分别对应的解决方法：

① 更换相同尺寸、厚度和数量的环氧玻璃钢弹簧。

② 降低电控箱的输出电压。

③ 调整仓壁刚度或添加物料。

④ 压紧振动器的固定脚螺栓。

⑤ 压紧螺栓。

(3) 振动微弱，电流过大故障

可能的原因：

① 输出电压低。

② 弹簧刚度过大或过小。

③ 气隙过大或堵塞。

排除方法：

① 检查电控箱和电源。

② 调整弹簧刚度或配重。

③ 调整气隙，正常值为（2.5±0.1）mm。

884. 计量系统故障的原因有哪些?

计量系统出现故障的主要原因来源于五个方面：配料计量装置故障、称重装置故障、上料装置故障、卸料装置故障以及人为因素产生的故障。

885. 配料计量装置故障有何原因? 处理方法有哪些?

(1) 运行指示灯故障

故障表现：

运行指示灯不亮。

故障原因：

① 控制系统不正常，内部故障造成指示灯不亮。

② 24V 直流供电电源未顺利连接，或者电源的正负极错置连接，或者供电线路老化脱落，致使供电系统不能正常运转。

③ 线路接触不良。

故障处理办法：

① 定期检查配料机，确保配料机各个系统的正常运转。

② 及时检查电源连接情况和线路通信系统。

（2）配料机故障

故障表现：

配料机器上的配料设定值与实际称重值不匹配。

故障原因：

① 骨料自身的非均匀性容易造成重心偏移，从而使称料斗与骨料重心不一致，由此产生计量故障。

② 配料机相关参数的设定与实际物料值不一致，一方面可能是参数的设定存在不合理性，另一方面表明可能秤不准。

③ 秤斗被卡住，难以自由活动，造成称量不准。

解决方法：

① 选择秤斗重心不偏置并且能够灵活移动的秤斗作为计量工具，加强骨料重心与秤斗重心一致性的检验。

② 定期检查秤的准确性，减少称量误差。

886. 称重装置故障有何原因？处理方法有哪些？

（1）传感器故障

故障表现：

显示器显示的数据波动性较大，具有不稳定性。

故障原因：

①传感器插头松动，造成接触不良。

②传感器线路磨损引发的磨损短路现象。

故障处理方法：

根据传感器输出参数确定是否出现故障和偏差，传感器故障的测量指标为输出电阻和传感电压。下面是传感器的运作参数：传感器红、蓝两根电源激励线的输入电阻值为390Ω，红、黄两根信号线的输出电阻值为350Ω。如果是单传感器，那么激励信号的电压恒定为4.08V，称重信号的电压恒定为3.7V，依据这些指标可以快速甄别传器内部故障的关键所在。另外，检查等电位是否有效。

（2）称量秤故障

故障表现：

读数不准，差值较大。

故障原因：

① 料斗活动性大小，料斗卡住情况。

② 电线正负极错置。

③ 水秤秤斗的排水管与罐体连接处被焊接，软连接变成硬连接。

④ 进料输送管道材质老化。

故障处理方法：

① 将秤斗的排水管与罐体连接处的焊接进行分割处理，恢复计量精度。

② 妥善检查料斗、线路连接和传感器运转情况，做好维修准备。

887. 水泥上料装置故障有何原因？处理方法有哪些？

故障表现：

上料输送管道内部水泥凝固，堵塞管道从而引发上料装置故障。

故障原因：

① 气候环境的影响，多雨季节加之管道老化破损，容易加速水泥凝固。

② 上料输送设备工作强度过大致使机器瘫痪。

③ 上料设备清洁性较差，水泥残留物的长期堆积引发装置故障。

④ 旋输送机的电机烧坏。

故障处理方法：

① 及时清洁和处理上料装置残留的水泥，特别是多雨季节，以防止水泥的凝固。

② 加强螺旋输送机的安装和保养工作，如设定合理的安装角度，一般的倾斜角度设定为40°左右，及时为油布和减速机齿轮加油。

③ 拆卸维修电机，将螺旋输送机的检查窗打开，检查水泥凝固情况并启动电机，排除管道内的水泥。

888. 卸料装置故障有何原因？处理方法有哪些？

故障表现：

卸料设备停止运转，无法卸料。

故障原因：

①卸料按钮操作失灵和损坏。

②卸料设备参数设定不合理。

③计量元件发生故障，如电磁阀元件失灵、气缸超期使用造成漏气现象等。

故障处理方法：

重新设定设备参数，检查相关计量元件的安全性能，定期更换和维修老化部件。

889. 人为因素产生的故障有何原因？处理方法有哪些？

故障表现：

① 不能正确使用计量仪器。

② 料斗卡滞。

③ 螺旋输送机的安装角度不合理。

④ 物料落差值存在较大的偏差。

⑤ 料斗上附着湿料，或者料斗重量未达到设定的初始值就停止卸料。

故障原因：

① 螺旋输送机的保养和清洁工作不到位，设备出现水泥凝固现象。

② 安装设备的方式和方法不合理，造成螺旋输送机的安装角度过大或过小。

③ 由于人的疏忽大意，料斗周边的石头卡住料斗，从而削弱了料斗的灵活程度。

④ 落差值修正过程不仔细。

⑤ 忽略影响料斗初始值的相关因素，或因操作不当致使实际初始值小于既定初始值。

故障处理方法：

① 在料斗初始值偏小的情况下，应该人为地设定一个误差来抵消附着在料斗上的温料的质量，或者在称料斗上添加振动器，以减少附着物，降低初始误差。

② 为了提高配料的精确度，认真考虑落差值，做好物料落差值修正工作。

③ 加强湿拌砂浆拌和站工作人员的岗位培训，加强工作人员的操作考核。

890. 输送设备无法启动的原因及排除方法有哪些？

输送设备无法启动的原因：

① 电动机失电。

② 投入连锁而上一级设备未启动。

③ 就地停机后按钮未复位。

④ 改向滚筒卡住或冻住。

⑤ 拉线开关或跑偏开关动作后未复位。

⑥ 皮带上的积料过多。

解决方法：

① 联系维修人员排查原因。

② 解除连锁或者启动上一级设备。

③ 复位停机按钮。

④ 清理卡物。

⑤ 复位拉线开关或跑偏开关。

⑥ 清理积料。

891. 皮带异常磨损原因及处理方法有哪些？

在皮带传动生产过程中常常会因皮带出现打滑、磨损、散层以及疲劳断裂等失效形式而被迫停机更换皮带的现象。那么，皮带是已经达到使用期限而需要更换，还是由于不正常损坏而被迫更换呢？它们的打滑、磨损、散层、断裂是否属于正常现象呢？其实，出现上述失效形式的损坏，其大部分原因都由于不正确的安装使用造成的。

（1）结构因素对皮带传动的影响

① 小带轮直径对皮带传动的影响：直径增大可增大小带轮包角，使皮带最大有效拉力增加，同时也减小了传动比，使得在保证大轮能获得同等动力和速度时需要增加原动机的功率和转速。直径减小，从而使皮带外表面受到的自身材料的剪应力增大，造成了带与轮槽侧面的接触不良，从而降低皮带的传动能力和使用寿命。

② 小带轮包角对皮带传动的影响：小带轮包角越大，皮带与带轮的有效接触面积也就越大，接触弧上可产生的摩擦力也越大，则带传动的传载能力也就越大。小带轮包角的大小又会受到传动比、张紧轮安装位置和大小轮中心距的影响。

③ 初拉力对皮带传动的影响：初拉力的大小直接取决于皮带安装后张紧力的大小。张紧力小则带的初拉力小，使带与轮槽面间的正压力减小，从而使极限摩擦力变小，造成带传动的传载能力降低。张紧力过大，则带的初拉力也过大，使带受到的力过大，缩短带的使用寿命。

④ 皮带横截面和皮带厚度对皮带传动的影响：大截面型号的带，其传载能力会加大。但由于受弯曲应力的限制，小带轮直径不能过小，大截面型号的带的质量大，限制了带速，不利于提高传递功率。

（2）安装因素对皮带传动的影响

① 安装皮带时采用将皮带用硬物撬入带轮中的方法。

② 安装皮带时出现两带轮轮槽间的直线度误差较大，从而影响皮带的使用寿命。

③ 皮带张紧位置选择不当：张紧位置选择在紧边，静态下可达到增大初拉力的目的，但工作时在主从动轮紧边产生一对与带轮相切且与带平行的力，并且这一对作用力的方向始终向两带轮共切线方向发展，从而使张紧装置所受到的压紧反作用力剧增，导致张紧装置磨损速度激增而快速损坏。

892. 气力输送泵及管道压力过高问题原因是什么？

（1）压力传感器故障

查看面板显示压力和实际压力对比，若压力传感器显示异常，更换压力传感器。

（2）加卸载压力值设定不合理

根据现场用气量和用气压力，查看设定的加载压力、卸载压力、超压压力值，完善螺杆空压机参数。

（3）进气阀故障，需检修或更换

进气阀卡涩不能关闭，导致一直加载。把进气阀拆卸出来，检查其有无卡死或异物堵塞。卡涩不严重的可以把生锈的地方用砂纸磨光滑，并且添加润滑油；情况严重的直接更换。

（4）卸载时放空排气出现异常

检查放空管路，一是卸载时电磁阀能否正常得失电，二是放空管路有无异物堵塞或者卡住的现象。

（5）卸载电磁阀故障，导致卸载失灵，卸载不到压力就一直往上涨。检查并排除电磁阀故障。

893. 螺旋输送机异常现象、原因及处理方法有哪些？

（1）螺旋输送机堵料

主要原因及处理方法：

① 合理选择螺旋输送机的各技术参数，如慢速螺旋输送机转速不能太大。

② 严格执行操作规程，做到无载启动、空载停车；保证进料连续均匀。

③ 加大出料口或加长料槽端部，以解决排料不畅或来不及排料的问题。同时，还可在出料口料槽端部安装一小段反旋向叶片，以防端部堵料。

④ 对进入螺旋输送机的物料进行必要的清理，以防止大杂物或纤维性杂质进入机内引起堵塞。

⑤ 尽可能缩小中间悬挂轴承的横向尺寸，以减少物料通过中间轴承时堵料的可能。

⑥ 安装料仓料位器和堵塞感应器，实现自动控制和报警。

⑦ 在卸料端盖板上开设一防堵活门。发生堵塞时，由于物料堆积，顶开防堵门，

同时通过行程开关切断电源。

（2）螺旋输送机驱动电机烧毁

主要原因：

① 螺旋输送机输送物料中有坚硬块料或小铁块混入，卡死绞刀，电流剧增，烧毁电机。

② 来料过大，电机超负荷而发热烧毁。

处理方法：

① 防止小铁块进入和使绞刀与机壳保持一定间隙。

② 保证喂料均衡并在停机前把物料送完。

（3）螺旋输送机机壳晃动

主要原因：

螺旋输送机安装时各螺旋节中心线不同心，运转时偏心擦壳，使外壳晃动。

处理方法：

重新安装找正中心线。

（4）螺旋输送机悬挂轴承温升过高

主要原因：

① 位置安装不当。

② 坚硬大块物体混入机内产生不正常摩擦。

处理方法：

① 调整悬挂轴承的位置。

② 清理异物，试车至正常为止。

（5）螺旋输送机机溢料

主要原因：

① 物料水分大，集结在螺旋吊轴承上并逐渐加厚，使来料不易通过。

② 物料中杂物使螺旋吊轴承堵塞。

③ 传动装置失灵，未及时发现。

处理方法：

① 加强原料烘干。

② 停机清除机内杂物。

③ 停机、修复传动装置。

（6）螺旋轴联结螺栓松动、跌落和断裂

主要原因：

运行时间歇受力不均匀，引起螺栓松动、跌落或冲击断裂。

处理方法：

提高螺栓联结的强度。

（7）螺旋输送机螺旋叶片撕裂

主要原因：

由于原料中异物等可造成螺旋叶片损坏，严重时螺旋叶片与螺旋轴焊接处脱焊，形成螺旋叶片撕裂。

处理方法：

螺旋叶片损坏需提高备件质量和强度，在备件制作时要保证叶片的一致性，焊缝密实可靠，避免夹渣、气孔等缺陷，保证焊接质量，同时提高螺旋轴及传动轴的强度。

（8）螺旋输送机法兰焊口扭裂

主要原因：

由于异常扭矩的产生，联结法兰焊接失效。

处理方法：

① 不管是法兰连接还是花键联结，都要保证螺旋体的安装位置精度，安装后应接线调试确定螺旋转向，检查声音有无异常。

② 试运转后检查电机、减速机、轴承温升，一切正常后，开动手动螺旋料仓闸门逐渐加料，经过调试后，使螺旋运转平稳。

（9）螺旋轴裂缝

主要原因：

由于长期运行磨损，抗扭强度降低，形成裂纹、裂缝。

处理方法：

① 加强设备维护防止螺旋轴磨损断裂，严格控制原料质量，避免异物进入输送机。

② 定期对润滑部位进行润滑维护。

③ 加强驱动装置的点检和维护。

④ 对螺旋叶片质量进行定期检测，螺旋叶片异常磨损，螺旋轴变形，强度降低时，及时更换并分析原因加以防患。

⑤ 发现联结件松动及时紧固；设备运行出现发热、噪声等异常现象及时检查，清理异物，修整螺旋或溜槽。

（10）螺旋轴输入轴段断裂

主要原因：

由于螺旋输送机安装时，螺旋轴同轴度超差或选轴时安全系数偏低等引起。

处理方法：

改善螺旋输送机轴断裂的问题，需要调整同轴度，采用止口定位保证筒体两侧的轴承箱同心；轴头材料选用高强度材料。

解决方法：

重新安装时找正中心线。

894. 搅拌系统控制参数调整方法有哪些？

按下“参数设置”键，可进入参数设置方式。按下“参数选择”键，可选择要修改的参数种类。当参数选择指示灯区的配比指示灯亮时，“左移”“右移”可以选择要修改的湿拌砂浆配比单元；补偿指示灯亮时，可修改相应的物料的落差补偿；同样，还可修改时序、限位、称重、罐立方参数单元的有关参数。

设置或修改配比时，按“参数选择”键，使参数选择区的配比指示灯亮，同时，砂配比显示区数字开始闪动，这时可按动一下“加/减”键，数值会自动增加，再按一下，数值会自动减少；若想加快速度，按一下“快/慢”键；修改合适后，按“存入”键存入修改好的值，或者等一组全部修改完成后，再存入。按“左移”“右移”选择要修改的其他配比单元。用同样的方法可设置或修改补偿、时序、限位、称重等参数。

895. 设备故障分为哪几种情况？

设备故障分寿命性故障和偶发性故障两种。设备在允许的工作条件下运行时产生均匀磨损，磨损量超过规定值时将发生寿命性故障，这种故障发生时间通常可以预测，可通过定期更换、修理、改造来恢复其能力。因设备工作条件变化而引发的故障称之为偶发性故障。偶发性故障发生的时间是随机的，无规律可言，但其往往始于设备工作条件的异常，所以可以通过监测设备状态、控制工作条件、及时采取有效措施来预防故障的发生或恶化。设备在运行过程中，两种故障是并存的。寿命性故障取决于设计意图和制造水平，以正常工作条件为基础；偶发性故障是设备工作条件改变使设备处于异常工作状态而使设备磨损加速的结果，磨损的速度取决于异常状态的程度。

896. 设备运行状态监测是什么？

设备运行状态监测指采取有效方法并选择合理部位对能代表设备正常运行状态的参数进行监测，一旦所测参数实际值超过允许值，则视为运行异常。出现异常时，可根据异常表现形式、异常参数值及其他参数值、设备工作原理等判断异常工作部位和产生原因，及时评估设备运行所处的状态，根据以上判断采取相应措施使设备恢复正常运行状态或排除已发生的故障，设备运行时的状态监测重点根据设备在安全生产中所处的地位不同，可以将设备分为两类，即大型关键设备和常规设备。对于大型关键设备而言，它们是整个装置的心脏设备，在任何时候都必须进行严格的监控，掌握其运行状况，关键设备是否安全、稳定的运行关系到企业的安全生产和经济效益，应对这类设备进行重点监测，对这些设备的运行情况应了然于胸，定期对设备的振动情况、轴瓦温度的变化情况、润滑油的化验情况做出正确的评估，及时处理、解决设备运行中存在的早期故障隐患，将这些设备故障消除在萌芽状态。如果我们不掌握这种变化，维修工作将会很被动，在检修过程中往往会产生“过修”及“失修”的情况，通过对运行设备进行监测分析从而决定是否需要维修，才能在保证设备正常运行的前提下最大限度地降低维修费用，在最大经济效益化的前提下保证关键设备的长周期运行、确保装置的连续稳定运行。对于常规设备而言，该类设备的主要监测工作由班组维护人员来完成，需要为他们配备简易的振动监测仪器及红外线测温设备，以便维护人员每天在巡检时能够方便、快捷地对设备的运行状态做出正确的评价，如果巡检中发现设备振动异常。

897. 温度检测有何作用？

设备运行都有一定的温度范围，对设备及其零部件进行热检测可以发现的运行异常有加工过程的温度变化、因轴承损坏或过载等异常状态引起的发热量增加、传热情况的改、电气元件故障等。常用的监测装置有温度计、双金属传感器电阻传感器等。检测部位可设在设备内部。如测量润滑油温度等，也可设在设备外部，如测量轴承座外壁温度等，对于重要设备，为了正确地反应关键部位的温度变化情况，需要在合适位置安装热电偶。

并将温度信号通过电缆连接到工控系统，操作室的电脑显示器以数字的形式进行显示，方便操作人远程进行监控，并在出现异常的情况下采取合理的措施进行解决。

898. 润滑油检测有何作用？

通过对润滑油和润滑油带出来的杂质进行检测可以发现油质状况和油内微粒的大小、形状、成分以及浓度等状况，以此判断油质状况和设备运行状态，并及时提出设备故障预报。常用的润滑油检测技术有铁谱油质分析、磁性微粒收集器、油位表等。

899. 振动检测技术有何作用？

振动的检测一方面可以对振动参数如振幅、频率进行直接测定，另一方面可通过噪声测量来反映设备振动情况，分析设备的振动频谱，及时发现设备故障产生振动的根本原因，并采取切实可行的办法进行处理。

900. 计量系统报警处置有哪些？

（1）配料超欠称

粉料：在每罐次的称量过程中，如果配料实际称量值超过其配比值的一定比例，流程图中的实际称量值框底色变色，要进行相应的处理，需按暂停配料，通知相关人员来回开关水泥蝶阀，如果是小的杂质卡在蝶阀边上，会很快解决，若没有改善，应修理或更换水泥蝶阀。（整个生产处于暂停状态，处理完后，取消暂停，生产继续进行）

骨料：如果在骨料称量过程中，骨料仓门有石子卡住、粘料挂壁或因机械原因（例如，电磁阀损坏，气压不足等）未关好，造成骨料计量不足或过多，此时如果要进行相应的处理，需按暂停配料，通知相关人员进行处理。（按暂停配料，整个生产处于暂停状态，处理完后，取消暂停，生产继续进行）

（2）料斗已经到位而系统却总是报警说限位故障

检查限位开关是否工作到位，如果没有，进行相应的调整；或者限位开关已经损坏，就要更换；如果限位正常，就还需要检查输入中间继电器工作是否正常，连接线等。

（3）粉料称重异常

称水泥、粉煤灰或矿粉时螺旋机停止了，但发现仪表值还在慢慢上升，一种现象是上升到一定的量就停止了，另一种现象是一直慢慢上升。

这种现象一般是使用压缩空气破拱方面的问题。

对于第一种情况是破拱压力过大，停止称量后，粉料仓底部还有一定的空气压力，会慢慢把粉料顶出来。处理方法是把破拱压力调到0.2MPa左右就行了。

第二种情况一般是破拱电磁阀漏气，一直有高压气进入水泥仓。处理方法是修理或更换破拱电磁阀。

901. 搅拌系统报警处置有哪些方法？

常见的故障报警有：

① 卸料门运行不畅。

② 搅拌机闷机跳闸。

处理方法：

① 更换同型号的接近开关。液压单元：液压站内缺少液压油，补充液压油，并调整好压力；检查卸料门周围有无积料，应及时清理。

② 及时调节传动皮带张紧力；及时调整搅拌刀间隙，必要时更换搅拌刀；及时检查保护罩有无松动，轴承有无问题；检查有无润滑油跟进；保护圈 A/B 有无摩擦。

902. 搅拌机闷机跳闸处理方法有哪些？

故障现象：

在投料搅拌过程中，搅拌主机因电流过大出现闷机跳闸。

原因分析：

① 投料过多，引起搅拌机负荷过大。

② 搅拌系统叶片与衬板之间的间隙过大，搅拌过程中，增大了阻力。

③ 三角传动皮带太松，使传动系统效率低。

④ 搅拌主机上盖安全检修开关被振松，引起停机。

处理方法：

① 检查配料系统是否超标和是否有二次投料现象。

② 检查搅拌机叶片与衬板之间的间隙是否在 3～8mm。

③ 检查传动系统三角皮带的松紧程度并调整。

④ 检查主机上盖安全限位开关是否松动。

903. 搅拌机与计量料斗卸料门卡死处理方法有哪些？

卸料门卡死可能原因：

① 卸料门与密封板之间有异物或积料。

② 气路系统压力不足，气缸内泄漏或油雾器损坏。

③ 电磁阀与继电器之间的接线脱落、虚接或继电器损坏。

④ 电磁阀线圈烧损或阀芯卡滞。

⑤ 时间继电器损坏，造成 PLC 无正常输入信号。

处理方法：

① 若卸料门与密封板之间有异物或积料，应清理异物、积料并冲洗卸料门。

② 若气路系统压力不足、气缸内泄漏或油雾器损坏，应检查油雾器、接头、气缸等部位是否损坏。

③ 若电磁阀与继电器之间的接线脱落、虚接或继电器损坏，应检查继电器触点输出及接线，必要时更换。

④ 若电磁阀线圈烧损或阀芯卡滞，应更换电磁阀；若时间继电器损坏，则应更换。

904. 卸料门漏浆处理方法有哪些？

原因分析：

① 卸料门封闭不严密。

② 卸料门周围残存的粘结物过厚。

处理方法：

① 调整卸料底板下方的螺栓或更换损坏的卸料门门沿、盖瓦及弧形衬板，使卸料门封闭严密。

② 清除残存的粘结物料。

905. 水、外加剂供给系统故障处理方法有哪些?

(1) 泵不出水或外加剂。如果泵内液体没有装满，空气在泵腔内流动，很容易造成泵体堵塞和底阀无法打开的问题，严重时导致泵不出水或外加剂的现象。

处理方法：在泵内注满水，保证泵内没有空气，之后对底阀进行仔细检查，除去堵塞物。

(2) 泵流量减少。出现这种问题主要是因为阀门开度不够或泵内叶片轮部分缠绕物较多，造成电机转速偏低出现密封圈过度磨损的现象。

处理方法：除去管道内和叶轮片上堵塞物，适当调整阀门开关，提高泵的转速，及时更换磨损过度的密封圈。

(3) 泵漏水或漏外加剂。密封圈出现过度磨损时，泵体会出现破裂或砂孔，另外，如果在安装过程中出现问题或安装的螺丝松动都会引起这样情况。

处理方法：及时更换密封圈，在安装过程中注意细节，尤其是螺丝松动问题。

906. 搅拌站减速机漏油是什么原因造成的?

(1) 减速机的内部与外部产生的压力差导致漏油。

由于减速机是封闭的，里面的每一对齿轮相互啮合会发生摩擦产生热量，随着运转时间的加长，减速机箱内体积不变而温度升高，因此箱内压力增加导致箱体内润滑油飞溅，洒在减速机内壁，在压力差的作用下从缝隙漏出。

(2) 减速机本身的结构设计不合理或质量存在问题。

主要原因是减速机在制造的过程中，铸件没有进行过退火或时效处理，导致铸件的内应力并未消除容易变形，产生间隙，从而造成漏油现象。另外，工艺加工精度不良也是引起漏油的原因之一，若减速机箱体内配合加工精度不高，装配不符合要求则很有可能导致漏油现象。

(3) 如果加注油量过多也会出现漏油问题。在减速机运转时，润滑油在机内随着机械运转，会到处飞溅，如果之前加入的润滑油油量过多，会使大量的润滑油积聚在轴封、结合面等处，以致漏油。

(4) 此外，还有可能是安装过程不够仔细，没有达到安装精度的标准要求，时间久了减速机底座螺栓松动，加剧减速机振动，造成密封圈磨损，润滑油流出。

(5) 还有一种可能性就是所使用的油品的问题，可能用错型号或者类型。最好是根据温度、转速等因素来判断对减速机使用哪种润滑油，而不是一味追求润滑油黏度。

3　安全与职业健康

3.1　职业健康

907. 职业健康的定义

职业健康是指研究并且预防生产过程中产生的危害员工身体健康的各种因素所采取的一系列治理措施和卫生保健工作。

908. 职业病和法定职业病的概念

职业病是指企业、事业单位和个体经济组织等用人单位的劳动者在职业活动中，因接触粉尘、放射性物质和其他有毒、有害因素而引起的疾病。在法律意义上，职业病有一定的范围，即指政府主管部门列入“职业病名单”的职业病，也就是法定职业病，它是由政府主管部门所规定的特定职业病。法定职业病诊断、确诊、报告等必须按《中华人民共和国职业病防治法》的有关规定执行。只有被依法确定为法定职业病人员，才能享受工伤保险待遇。

909. 职业病危害定义及种类

职业病危害是指对从事职业活动的劳动者可能导致职业病的各种危害。职业病危害因素包括职业活动中存在的各种有害的化学、物理、生物因素以及在作业过程中产生的其他职业有害因素。

根据《职业病危害因素分类目录》，职业病危害因素分为粉尘、化学因素、物理因素、放射性因素、生物因素和其他因素 6 类。

（1）粉尘：矽尘、煤尘、石墨粉尘、炭黑粉尘、石棉粉尘等 52 种。

（2）化学因素：砷化氢、氯气、二氧化硫、氨气等 375 种。

（3）物理因素：噪声、高温、气压、振动、激光灯等 15 种。

（4）放射性因素：非封闭放射性物质、X 射线装置（含 CT 机）产生的电离辐射等 8 种，以及未提及的可导致职业病的其他放射性因素。

（5）生物因素：布鲁氏菌、森林脑炎病毒、炭疽芽孢杆菌等 5 种，以及未提及的可导致职业病的其他生物因素。

（6）其他因素：金属烟、井下不良作业条件和刮研作业 3 种。

预拌混凝土质检员从事设备维修工作时，可能遭遇的主要职业病危害因素是粉尘、噪声和高温。

910. 生产性粉尘及其危害

企业在进行原料破碎、过筛、搅拌的过程中，常常会散发出大量微小颗粒，在空气中浮悬很久而不落下来，这就是生产性粉尘。生产性粉尘进入人体后，根据其性质、沉积的部位和数量的不同，可引起不同的病变：

（1）尘肺病：13 种。

（2）粉尘沉着症。

（3）有机粉尘引起的肺部病变：如棉尘病、职业性过敏性肺炎、职业性哮喘等。

（4）其他呼吸系统疾病：如炎症、哮喘、慢阻肺、肿瘤等。容易并发肺气肿、肺心病及肺部感染等疾病。

（5）局部作用：刺激和损伤导致皮肤病变（阻塞性皮脂炎、粉刺毛囊炎、脓皮病）。

（6）中毒作用：铅、砷、锰等粉尘可引起中毒。

生产性粉尘对从事设备维修工作的预拌混凝土质检员可能造成的主要危害是局部作用。

911. 粉尘职业卫生操作规程

（1）员工上岗前要到专业的职业健康检查机构进行岗前体检，确认没有岗位职业禁忌症者方能上岗工作。

（2）工作场所内要悬挂明显的职业危害告知卡，告诉员工高毒物的危害、防护措施和应急处置的方法。

（3）操作工在操作时必须严格遵守劳动纪律，坚守岗位，服从管理，止确佩戴和使用劳动防护用品。

（4）严格执行设备操作规程和岗位作业指导书。

（5）对生产现场进行经常性检查，及时消除现场中跑、冒、滴、漏现象，降低职业危害。

（6）当物料发生泄漏时，应立即控制泄漏进行通风，并及时回收和清理。

（7）按时巡回检查所属设备的运行情况，不得随意拆卸和检修设备，发现问题及时找专业人员修理。

（8）生产现场必须保持通风良好，在有毒有害岗位不得进餐，工作完毕立即洗手或淋浴，工作服勤洗勤换。

（9）生产现场及所属设备、管道经常保持无积水，无油垢，无灰尘，不跑、冒、滴、漏，做到文明清洁生产。

（10）对下灰、水泥装卸作业时，按规程要求佩戴防尘口罩或防毒面罩。

（11）施工过程应尽量站在上风侧，减少吸入粉尘的概率。

（12）应经常在岗位进行喷水增湿，减少粉尘危害。

（13）按要求按时参加职业危害岗位的健康体检。

912. 粉尘职业卫生危害应急措施

（1）粉尘污染较为严重时应迅速撤离至通风良好的地方，用清水冲洗口、鼻。

（2）隔离泄漏污染区，限制人员出入。

（3）联系相关岗位调整运行方式，控制粉尘产生。开启通风换气设备，降低空气中的粉尘浓度。必要时采用雾化水进行降尘处理（但必须满足电气设备的防潮规定）。

（4）参与处置人员应穿戴工作服、工作帽，并根据粉尘的性质，选戴相应的防尘口罩。参与处置人员若发生头晕、胸闷等不适反应，应及时撤离到空气清新区域休息，有条件的给予吸氧。

913. 噪声职业健康安全操作规程

(1) 员工上岗前要到专业的职业健康检查机构进行岗前体检，确认没有岗位职业禁忌症者方能上岗工作。

(2) 工作场所内要悬挂明显的职业危害告知卡，告诉员工高毒物的危害、防护措施和应急处置的方法。

(3) 操作工在操作时必须严格遵守劳动纪律，坚守岗位，服从管理，正确佩戴和使用劳动防护用品。

(4) 严格执行设备操作规程和岗位作业指导书。

(5) 对生产现场进行经常性检查，及时消除现场中跑、冒、滴、漏现象，降低职业危害。

(6) 按时巡回检查所属设备的运行情况，不得随意拆卸和检修设备，发现问题及时找专业人员修理。

(7) 作业人员进入现场噪声区域时，应佩戴耳塞。

(8) 在噪声较大区域连续工作时，宜分批轮换作业。

(9) 噪声作业场所的噪声强度超过卫生标准时，应采用隔声、消声措施，或缩短每个工作班的接触噪声时间。

(10) 采取噪声控制措施后，其作业场所的噪声强度仍超过规定的卫生标准时，应采取个体防护；对职工并不经常停留的噪声作业场所，应根据不同要求建立作为控制、观察、休息的隔声室，室内必须有足够的吸声衬面，以减少混响声。

(11) 按要求按时参加职业危害岗位的健康体检。

914. 噪声危害应急措施

(1) 佩戴耳罩或耳塞防护。

(2) 发生噪声危害症状者，迅速撤离至安静的地方休息。

(3) 造成耳朵听力下降、身体不适等情况到医院接受治疗。

915. 当设备设施突然发生故障，导致噪声陡然提升，人员在猝不及防下可能导致耳朵受到伤害时应采取的应急措施

(1) 立即用手捂住双耳，远离噪声区域，进入生活区域躲避噪声伤害。

(2) 其他佩戴噪声防护装备的人员立即将故障设备停止使用。

(3) 关闭休息室或者操作室的门窗，减少噪声危害。

(4) 受到噪声影响的人员静坐休息，并尽快将自身情况告知他人，采取相关对策。

(5) 立即通知应急小组，对人员进行救护。

916. 高温作业

高温作业是指有高气温或有强烈的热辐射或伴有高气湿（相对湿度≥80%RH）相结合的异常作业条件、湿球黑球温度指数（WBGT 指数）超过规定限值的作业。包括高温天气作业和工作场所高温作业。

917. 高温作业的危害

在高温作业时，人体可出现一系列的生理功能改变，主要表现为体温调节、水盐代谢、循环系统、消化系统、神经系统、泌尿系统等方面的全身适应性变化。当这些变化超过一定限度时，则可产生不良影响，严重者可发生中暑。中暑分为三级：

（1）先兆中暑。高温作业一段时间后，出现大量出汗、口渴、头昏、耳鸣、胸闷、心悸、恶心、四肢无力、注意力不集中等症状，体温正常或略有升高。如能及时离开高温环境，经过休息后短时间内症状即可消失。

（2）轻症中暑。具有先兆中暑的症状，同时体温在38.5℃以上，并伴有面色潮红、胸闷、皮肤灼热等现象；或者皮肤湿冷、呕吐、血压下降、脉搏细而快的情况。轻症中暑在4～5h内可恢复。

（3）重症中暑。除以上症状外，发生昏厥或痉挛；或不出汗，体温在40℃以上。

高温作业对从事设备维修工作的预拌混凝土质检员可能造成的主要危害是先兆中暑。

918. 防暑降温主要措施

（1）合理设计工艺过程，改进生产设备和操作方法，减少高温部件。

（2）合理布置热源。热源尽量布置在车间外，并做好降温。

（3）隔热。利用水或导热系数小的材料进行隔热。

（4）通风降温。可采用自然通风和机械通风的通风形式进行降温。

（5）合理安排高温作业时间，避免高温作业或缩短连续高温作业时间。

（6）供给合理饮料和补充营养，提供充足的水分、盐分。

（7）对从事高温作业的人员进行定期体检。

919. 职业病隐患分类

（1）基础管理类隐患

用人单位在职业卫生管理机构设置、管理人员配备、职业卫生管理制度制定及执行、职业病危害因素检测、职业健康监护、建设项目职业病防护设施“三同时”、职业病危害项目申报、职业病危害事故应急预案及演练、职业卫生档案管理等方面存在的违反职业卫生法律、法规、规章、标准、规范和管理制度、操作规程等方面存在的缺陷，可通过查阅资料的方法发现。

（2）现场管理类隐患

用人单位在工作场所职业病危害防护设施、应急救援设施的设置、运行及维护、个人使用的职业病防护用品发放及佩戴、职业病危害警示标志设置等方面存在的缺陷，可通过对作业现场实地检查和职业病危害因素检测发现。

920. 职业病隐患分级

（1）一般职业病隐患

危害和整改难度较小，发现后能够立即整改消除的隐患。包括：

① 粉尘和化学物质作业分级为中度危害及以下作业岗位的超标原因；

② 噪声和高温作业分级为重度危害作业岗位的超标原因；

③ 放射工作人员的年受照剂量＞2mSv且≤10mSv时；

④ 职业病防治责任制、职业卫生管理机构及人员、管理制度和操作规程、管理档案、资金投入、应急救援预案及演练、告知和外委作业管理等基础管理类隐患；

⑤ 个人使用的职业病防护用品发放及佩戴不合理；

⑥ 职业病危害警示标识与告知卡（牌）设置不合理；

⑦ 风向标、报警仪、喷淋洗眼等应急救援设施设置和气防柜、急救箱等应急用品设置不合理。

（2）重大职业病隐患

危害和整改难度较大，需要全部或者局部停产停业，并经过一定时间整改治理方能消除，或者因某种原因致使用人单位自身难以消除的隐患。包括：

① 粉尘和化学物作业分级为重度危害作业岗位的超标原因；

② 噪声和高温作业分级为极度危害作业岗位的超标原因；

③ 放射工作人员的年受照剂量>10mSv 且≤20mSv 时；

④ 职业卫生教育培训、职业病危害申报、建设项目职业病防护设施“三同时”、职业健康监护和职业病危害因素定期检测等基础管理类隐患；

⑤ 总体布局和设备布局不合理；

⑥ 职业病危害防护设施不合理或者无效；

⑦ 事故通风、围堰等应急救援设施不合理或者无效。

921. 劳动防护用品分类

特种劳动防护用品有 6 大类：

（1）头部护具类：安全帽。

（2）呼吸护具类：防尘口罩、过滤式防毒面具、自给式空气呼吸器、长管面具等。

（3）眼（面）护具类：焊接眼面防护具、防冲击眼护具等。

（4）防护服类：阻燃防护服、防酸工作服、防静电工作服等。

（5）防护鞋类：保护足趾安全鞋、防静电鞋、防刺穿鞋、胶面防砸安全靴、电绝缘鞋等。

（6）防坠落护具类：安全带、安全网、密目式安全立网等。

一般劳动保护用品为：工作服、劳保手套、绝缘鞋、雨靴、雨衣、卫生洗涤用品等。

922. 劳动防护用品佩戴要求

（1）工作服要保持清洁，穿戴合体，敞开的袖口或衣襟有被机器夹卷的危险，要做到袖口、领口、下摆“三紧”才便于工作。在遇静电的作业场所，要穿防静电工作服。

（2）安全帽要戴正、系紧护绳。缓冲衬垫要与帽体相距至少 32mm 的空间，以缓冲高处坠落物的冲击力。安全帽要定期检验，发现下凹、龟裂或破损应立即更换。

（3）安全带：高处作业（2m 以上）必须佩戴安全带。使用时要检查安全带有无破损，挂钩是否完好可靠；安全带要系在腰部，挂钩应扣在身体重心以上的位置，固定靠前，安全带要防止日晒、雨淋，并定期检验。

（4）防护手套：劳动过程中对手的伤害最直接、最普遍，如磨损、灼烫、刺割等，所以要特别注意对手的防护。手套种类很多，有纱手套、帆布手套、皮手套、绝缘手套等，要根据工作的不同佩戴。大锤敲击、车床操作禁止戴手套，以避免缠卷或脱手而造成伤害。

（5）从事电、气焊作业的电、气焊工人必须戴电气焊手套，穿绝缘鞋和使用护目镜及防护面罩。

（6）凡直接从事带电作业的劳动者，必须穿绝缘鞋、戴绝缘手套，防止发生触电事故。

（7）防止职业病作业伤害应佩戴的防护用品：从事有毒、有尘、噪声等作业的需佩戴防尘、防毒口罩和防噪声耳塞，倒运酸瓶要穿防酸服、防酸靴、戴防酸手套以及玻璃面罩、口罩，金属探伤作业要穿防射线铅服、戴放射线护目镜，防腐保温作业要穿防粉尘工作服、戴防风眼镜、电焊手套，金属容器内涂刷树脂，戴送气头盔等。

总之，各工种都应配置相应的防护用品，并认真穿戴使用。

3.2 安全生产

923. 安全生产管理的目的

安全生产管理是为了贯彻执行“安全第一、预防为主、综合治理”安全生产管理方针，加强安全生产监督管理，防止和减少生产安全事故，保障员工生命和财产安全，促进公司生产经营发展和稳定。

924. 公司的安全生产保障条件

（1）具备《安全生产法》《山东省安全生产条例》和有关法律、法规与国家标准或者行业标准规定的安全生产条件；

（2）建立健全安全生产管理，安全生产规章制度和相关操作规程；

（3）必须设置安全生产管理机构，配备专职安全生产管理人员；

（4）公司中、长远规划中应有安全生产管理和技术的内容，编制安全生产年度计划，明确安全生产管理目标、计划、任务、措施，并定期进行考核检查，实行安全生产“一票否决”制度；

（5）公司每季度由主要负责人主持召开一次安全生产委员会议，对安全生产工作中存在的问题制定措施，及时整改，落实到有关部门班组和个人。公司每月择日召开安全生产例会。

（6）公司对员工进行安全生产教育和培训，在采用新工艺、新技术、新材料、使用新设备时，应当进行专门的教育和培训，按照国家有关规定对特种作业人员实行持证上岗制度。

（7）公司主要负责人和安全管理人员必须具备与所从事的生产经营活动相应的安全生产知识和管理能力，并实行任职资格制度，持证上岗。

（8）公司必须保证应当具备的安全生产条件所需要的资金投入，由公司主要负责人予以保证并承担相应责任，保证安全生产所需经费的落实。

（9）公司新建、改建、新上项目的安全设施，必须与主体工程同时设计，同时施工，同时投入生产使用。

（10）应当在有较大危险因素和职业病危害的生产经营场所和有关设施、设备上，设置明显的安全警示标志。对重大危险源应当登记建档，定期进行检测、评估、监控，并制定应急预案，及时告知员工，上报政府主管部门和有关部门备案。

（11）公司应当如实告知员工其作业场地和工作岗位存在的危险因素，职业危害，防范措施以及应急措施，对吊装和高空作业等危险作业应当安排专门人员进行现场安全管理，确保操作规程和安全措施的执行和落实。

（12）安全生产管理人员必须根据生产经营特点，对安全生产状况进行经常性的检查，发现问题立即处理，不能处理的，应当及时报告有关负责人。检查及处理的情况应当记录在案。

（13）公司必须为员工提供符合国家标准的劳动防护用品，并教育和督促其按照使用规则佩戴、使用。对从事有职业危害作业的员工定期进行健康检查，对女员工实行特殊劳动保护。

925. 公司安全生产监督管理权限

（1）对公司安全生产管理有决策权。

（2）对所属各部门安全生产管理有统一监督权。

（3）对各部门、车间、班组有集中培训、考核权。

（4）对各部门安全生产任务有下达指令权。

（5）对公司安全生产规章制度有制定权、修改权。

（6）对公司员工人身重伤以下事故有报告、统计、分析、处理权，对有关责任人有给予处分权。

（7）对限期未整改的重大事故隐患有下达停止作业、施工指令权。

（8）对各部门、车间、班组安全生产管理有检查权、考核权、奖惩权。

926. 公司安全生产责任追究的内容

实行生产安全事故责任追究制度，依据《安全生产法》的有关规定，对发生重大安全事故，因公司主要负责人未履行《安全生产法》中规定的安全管理职责，未保证安全生产所必需的资金投入，违法、违章指挥，强令冒险作业，给予撤职处分，从受处分之日起五年内不得担任原职务。

927. 安全生产分级管理公司级职责

（1）组织学习并贯彻《安全生产法》等法律法规，有国家或行业安全生产标准。

（2）健全安全管理机构，配齐工作人员，制订或修订安全工作制度和安全技术操作规程。

（3）组织开展各类人员的安全教育和培训工作，不断提高员工的安全意识和预防生产安全事故的能力。

（4）针对每个时期安全工作的特点，制订安全工作对策，并组织实施。

（5）编制年、季安全技术措施计划，对措施需要的设备、材料资金及实施日期，制订计划付诸实施。

(6) 组织安全生产大检查、专业检查和季节性检查，发现安全隐患要及时采取措施，予以处理和解决。

(7) 建立日常安全检查制度，对各单位的安全工作要经常进行巡视检查监督，宣传先进，教育后进。

(8) 对重大事故及重大未遂事故组织调查与分析。按照“四不放过”原则从生产、技术、设备、管理等方面找出事故发生的原因，查明责任、制订措施，对责任者给予处理。

928. 安全生产分级管理车间、部室级职责

(1) 认真贯彻执行公司各项安全生产规章制度、标准、操作规程。

(2) 及时传达落实公司各时期安全工作的布署与要求。

(3) 根据本单位安全工作的实际情况，制订本单位及部门安全生产措施计划，并认真进行布置、检查和督促，确保安全措施计划的实施。

(4) 组织开展本部门的安全生产检查，分析不安全因素，对检查出的事故隐患，采取措施予以消除，本部门确实无力解决的，要及时上报有关部门解决。

(5) 按公司安全教育的要求，组织开展车间（部、室）级和班组级的安全教育；组织好全员安全教育和专业人员知识学习与培训。

(6) 认真贯彻《危险作业审批制度》，及时填报危险作业申请单，对作业工程严格制订防护措施，并指定现场指挥或监护人员。

(7) 对违章作业和各种事故，按照“四不放过”的原则，进行认真检查，严肃处理。

929. 安全生产分级管理班组级职责

(1) 落实并实施公司、部门、车间有关安全生产的措施计划及要求。

(2) 组织开展班组级的安全教育，组织好各工种、岗位人员安全知识学习与培训。

(3) 组织安全生产检查，教育员工遵章守纪，严格执行操作规程，正确使用防护用品，坚决纠正班组的违章、违纪的不良倾向，宣传树立安全生产的好典范。

(4) 贯彻好班前“三讲”、班中“三查”、班后“三清”的安全生产管理办法。

班前三讲：讲违章情况，提示安全要求；讲正确使用工卡具和保护用品，讲安全监护。

班中三查：查违章作业，查防护措施执行情况，查作业环境中的不安全因素。

班后三清：清点工卡具归位，清查线路切断电源，清楚交代安全问题。

930. 安全生产负责人——总经理领导职责

(1) 总经理是公司安全生产第一责任人，对本单位的安全生产工作负全面领导责任。

(2) 认真贯彻执行国家安全生产方针、政策、法令和上级指示，把职业安全卫生工作列入企业管理日程。要亲自主持重要的职业安全卫生工作会议，批阅上级有关安全方面的文件，签发有关职业安全卫生决定。

(3) 建立、健全、落实各级安全生产责任制。督促检查各部门经理抓好安全生产工作。

（4）健全安全管理机构，充实专兼职安全技术管理人员。定期听取安全监察部门的工作汇报，及时研究有关安全生产中的重大问题。

（5）组织审定并批准公司安全规章制度、安全技术规程和重大的安全技术措施，解决安全措施费用。

（6）领导公司安全生产委员会工作，下达重要的安全生产指令。加强对各项安全活动的领导，组织领导安全生产检查，及时消除生产安全隐患，决定安全方面的重要奖惩。

（7）组织制定并实施公司的生产安全事故应急救援预案。按事故处理“四不放过”原则，组织对重大事故的调查处理。

（8）考核副总经理及各部门经理安全生产工作目标任务完成情况，按合同规定予以奖惩。

931. 安全生产负责人总经理领导权限

（1）对公司安全生产工作有决策权，对安全生产管理工作有集中领导权。

（2）对公司重要的安全生产规章制度有审批权。

（3）对公司安全生产资金投入有决定权。

（4）对公司设置安全生产管理机构有批准权。

（5）对公司副总经理和各部门经理安全生产工作绩效有考核奖惩权。

932. 安全生产负责人总经理考核标准

（1）认真学习掌握国家安全生产方针、政策和法律、法规，具备与领导职责相对应的安全生产决策能力。

（2）公司安全生产责任制度健全、完善。按领导权限认真组织落实、考核、奖惩。

（3）保证公司安全生产的资金投入，具备安全生产条件。

（4）每季度召开一次安全生产委员会，研究解决公司安全生产工作重大问题，及时作出决策。

（5）每年对公司副总经理和各部门经理安全生产工作绩效进行考核。

933. 安全生产负责人总经理责任追究

对未按照《安全生产法》的规定履行安全生产管理职责的，未保证安全生产投入，导致发生重大生产安全事故负主要领导责任。

934. 安全生产负责人生产经理领导职责

（1）生产经理是公司安全生产的直接责任人。按谁主管谁负责的原则，对主管业务范围内的生产安全负责。对安全生产工作负直接领导责任。对生产过程中的安全负责，当安全与生产发生矛盾时生产必须服从安全，停止生产作业。

（2）认真贯彻国家安全生产方针、政策和法律、法规以及行业标准，协助总经理主管公司安全生产工作，并负责领导安全系统工作。

（3）坚持贯彻“五同时”的原则，监督检查分管部门对职业安全卫生各项规章制度执行情况，及时纠正违章行为。

（4）组织制订、修订分管部门的安全规章制度、安全技术规程和编制安全技术计划，并认真组织实施。

（5）组织进行安全生产大检查、落实重大事故隐患的整改，负责审批各级动火。

（6）组织分管部门开展安全生产竞赛活动，总结推广安全工作的先进经验、奖励先进单位和个人。

（7）负责公司的安全教育与考核工作。负责公司生产过程的安全保障工作，当生产与安全产生矛盾时，坚持“安全第一”的原则，及时解决存在的问题，在安全的前提下，组织指挥生产。

（8）组织对报上级安全主管部门以上事故处理，并及时向主管部门报告。负责组织公司重伤事故、重大火灾事故、道路交通事故的调查处理工作，并提出对有关责任人进行责任追究的处分。

（9）每月召开一次生产系统安全工作会议，分析安全生产动态，及时解决安全生产中存在的问题。

（10）负责对公司安全管理部门负责人与各部门负责人安全生产管理工作绩效的考核。

935. 安全生产负责人生产经理领导权限

（1）对公司安全生产管理工作有主管领导权。

（2）对公司年度安全生产资金投入计划有编制权。

（3）对公司安全生产中、长期规划、年度目标计划，任务和措施的编制权以及月度工作任务的审批权。

（4）对公司新、改建项目中的安全设施“三同时”执行情况有检查权。

（5）对重大事故隐患进行限期整改的指令权。

（6）对公司消防安全管理、职业病防治和道路交通安全工作有领导权。

（7）对生产系统安全生产工作情况有检查考核权。

（8）对主管部门负责人和所属车间、班组负责人有奖惩权。

936. 安全生产负责人生产经理考核标准

（1）掌握国家安全生产方针、政策和法律、法规以及行业标准，具备与其主管领导工作相应的安全生产知识和领导能力。

（2）掌握国内外安全管理先进经验和技术，组织编制的中、长期规划和年度计划符合实际，且采取有效措施保证实施。

（3）掌握公司新、改建项目的内容，依法编制安全设施、职业病防治措施的计划，并采取措施保证实施。

（4）保证公司安全委员会日常工作有组织、有领导、有计划、有措施地正常进行，每月召开一次安全例会，研究存在的问题，下达每月安全生产任务指令。

（5）按照《安全生产法》的规定，保证安全投入，加强安全管理整改事故隐患，使其具备安全生产的基本条件，保证正常情况下的安全生产。

（6）做到重大事故如实及时上报，严格按照“四不放过”原则进行公开、公正的处理。

（7）依照有关法律做好公司职业病防治、防火管理和交通安全管理工作。

（8）组织考核生产系统部门、车间、班组安全生产目标的完成情况。

937. 安全生产负责人生产经理责任追究

对未履行职责而发生的重大安全事故、火灾事故和交通事故以及危害员工身体健康的严重问题负主管领导责任。

938. 安全生产负责人行政经理领导职责

（1）主管公司人力资源、办公室、后勤、基础设施、消防设施、作业环境与职业卫生设施等行政系统的安全生产管理工作。对新建、改建、扩建及大型改造建设项目安全工作负责。

（2）认真贯彻《安全生产法》关于生产经营单位新建、改建、扩建工程项目的安全措施，必须与主体工程同时设计、同时施工、同时投入生产和使用“三同时”原则，并及时开展项目的安全预评和试运行的调试、监测、验收等工作。

（3）组织审查公司新建、改建、扩建工程项目的初步设计，使其符合国家标准或行业标准，对新建、扩建、改建工程项目要组织编写《劳动卫生专篇》。

（4）在项目建设施工过程中对健康防护设备设施和装置的采购、安装、施工全过程监控。

（5）对施工企业的管理，在确定施工企业时要审查其安全资质，对不符合安全要求的协作方不能签订协作合同；要建立协作方安全资质档案。

（6）对生产中产生的“三废”要有防护和治理措施，保证有一个安全的作业环境。

（7）负责公司内治安纠纷的调解处理与综合治理工作。确保公司长治久安，和谐发展。

（8）按照“三同时”的原则，负责审批新、改建项目中安全设施职业病防治措施的费用计划，纳入工程和项目预算中。

（9）负责考核公司人力资源、办公室、后勤系统及各部门、车间班组负责人安全管理职责的履行情况。

939. 安全生产负责人行政经理领导权限

（1）对公司人力资源、办公室、后勤系统的安全生产管理有主管领导权。

（2）对公司综合治理工作、治安防范工作，新建、改建、扩建工程项目有主管领导权。

（3）对安全经济效益纳入经济责任制有考核权。

（4）对公司人力资源、办公室、后勤系统及各部门、车间班组负责人安全生产责任履行情况有考核权。

940. 安全生产负责人行政经理考核标准

（1）认真学习掌握国家安全生产方针、政策和法律、法规中的有关规定，具备与其主管领导相应的安全生产知识和领导能力。

（2）认真做好基础设施、作业环境与职业卫生设施“三同时”，并保证其设施安全可靠，起到保护员工身心健康的作用。

（3）认真做好有关劳动保护、职业危害、工伤政策等方面的信访调解工作。

（4）对行政系统安全管理工作绩效进行检查考核。

（5）把企业职业安全卫生工作列入行政工作的议事日程，定期研究企业安全工作。

941. 安全生产负责人行政经理责任追究

对未履行职责影响全面工作或发生生产安全事故负主管领导责任。

942. 安全生产管理人员管理职责

（1）认真贯彻执行国家安全生产的法律、法规和标准，在公司生产经理和安委会的直接领导下，负责公司安全生产的管理、检查考核工作。

（2）组织和协助公司有关部门制定或修订安全生产规章制度和安全技术操作规程，并监督落实。

（3）汇总和审查公司安全技术计划和隐患整改方案，及时上报公司领导，并督促有关部门切实按期执行。

（4）负责公司安全生产的宣传教育培训工作。协助公司领导做好员工的安全思想、安全技术与考核工作，负责新员工的一级安全教育，监督车间、班组（岗位）的二、三级安全教育。

（5）根据企业的生产特点，对重点部位安全生产状况进行经常性检查。并对各车间进行巡查，对检查中发现的安全问题，立即处理；不能处理的，及时报告公司有关领导。检查及处理情况记录在案。

（6）参加公司新建、改建、扩建和大修的设计计划，并对安全设施、职业病防治措施、“三同时”的设计审查、竣工验收、安全协议措施进行审批，检查执行情况。

（7）负责公司劳动防护用品的管理和发放工作，督促有关部门按规定及时分发个人防护用品，并检查合理使用情况。

（8）及时报告并参加调查和处理生产安全事故，进行伤亡事故的统计、分析。协助有关部门提出防止事故的措施，并且督促有关部门按期实施。

（9）负责公司安全设备、灭火器材、防护器材和急救器具的管理，掌握车间工作环境，提出改进意见。检查落实动火措施，确保动火安全。

（10）负责公司安全文化建设，总结和推广安全生产的先进经验，指导生产班组安全员工作。

（11）负责组织公司安全生产大检查工作和事故隐患整改、危险源监控工作。组织有关部门研究执行防止职业中毒和职业病的措施。

（12）负责总结和报告公司年度安全生产工作情况以及公司各部门、车间、班组安全生产绩效的综合评价和承包考核工作。

（13）经常地、有计划地组织员工进行安全生产教育和培训，配合有关部门做好特种作业人员的安全教育培训、考核及复审工作。

（14）认真贯彻上级安全生产的指示并督促执行。协助领导协调与政府有关安全部门的联系，在业务上接受上级安全监察部门的指导。

（15）负责公司安全生产委员会的日常工作。健全完善安全管理基础资料，做到齐全、实用、规格化。

943. 安全生产管理人员管理权限

（1）对公司各部门、车间、班组安全生产工作有管理权。

（2）对公司安全生产中、长期规划，年度工作计划，安全措施投入计划和重要的规章制度有编制修改权。

（3）对未经安全生产教育培训考核和安全生产教育培训考核不合格的人员有停止上岗作业权。

（4）对安全设施、职业病防治措施同主体工程“三同时”有审查验收权。

（5）对生产安全事故中人身重伤以下事故有处理权，并对有关责任人给予责任追究有建议权。

（6）对公司劳动防护用品有按计划、按标准发放权。对临时性抢修工作所需防护用品有审批发放权。对保健及夏季清凉饮料有按计划、标准发放权。

（7）对公司限期整改的重大事故隐患、未整改的有下达停止作业指令权。对危及人身安全的违章作业和冒险作业有停止作业权和提出紧急避险权。

（8）对公司各部门、车间、班组安全管理工作有考核权。

944. 安全生产管理人员考核标准

（1）掌握国家安全生产方针政策和法律、法规、标准，具备管理部门职责相应的任职资格和监督管理能力。

（2）围绕公司安全生产重大决策、决定和指令，充分发挥安全委员会及其办公室监督管理、检查考核、指导协调公司安全生产工作作用。

（3）保证公司安全生产中长期规划与年度工作计划具体符合实际、切实可行，公司安全生产规章制度、安全技术操作规程和安全管理工作制度建立、健全、完善，得到落实和实施。

（4）坚持“教育领先”的原则。员工安全教育培训工作有计划地进行，既注重员工安全意识的强化，又注重员工安全知识和技能的提高。单位主要负责人、安全生产管理人员任职资格率达到100%，特种作业人员持证上岗率达到100%。

（5）安全设施、职业病防治措施同新、改建项目依法做到“三同时”，并保证施工安全协议、措施的落实，施工单位具备安全资质，严格执行施工单位和人员准入制度。

（6）安全设备、设施正常运行，及时维护，使其处于完好状态，安全与职业病警示标志齐全、醒目，符合国家与行业标准。

（7）严格按国家标准及时审批发放劳动防护用品，并教育监督员工按照使用规则佩戴和使用。

（8）严格按照“四不放过”的原则，全面做好事故管理工作。做到报告及时、如实，统计分析准确，依法追究责任，处理公开公正。

（9）安全管理总体素质和水平适应安全生产需要，基础管理规范化、标准化，公司安全管理科学化、法制化。提高公司安全管理的层次和水平，进入同行业先进行列。

（10）根据公司生产特点，对安全生产状况进行经常性的检查，发现问题立即处理。

不能处理的，应当报告公司和有关部门负责人。其处理情况的结果应当记录在案。

（11）对公司重大危险源登记、建档，进行定期检测、评估、监控，并制定应急预案，告知作业人员和相关人员在紧急情况下应采取应急措施，同时依法报主管部门和有关部门备案。

（12）年度总结报告实事求是地肯定成绩，总结经验，指出存在的问题、原因，吸取教训，制定实施整改措施。

（13）开展公司安全文化建设，及时推广先进的安全管理经验。

945. 安全生产管理人员责任追究

对未履行职责、管理不到位发生的重大生产安全事故负管理部门的管理责任。

946. 生产部长安全生产管理职责

（1）认真贯彻落实“安全第一，预防为主”的安全生产方针，严格执行《安全生产法》等法律法规，结合本公司各时期生产特点，落实安全生产。

（2）在保证安全的前提下组织指挥生产，发现违反安全制度和安全操作规程的行为，应及时制止；严禁违章指挥，严禁强令工人冒险作业；当安全与生产发生矛盾时，要坚持“安全第一”原则，生产必须服从安全。

（3）做好生产前的准备工作，组织好均衡生产，严格控制加班加点，避免疲劳作业。

（4）认真贯彻执行安全生产“三同时”原则，生产调度会议必须讲安全，针对生产特点提出安全措施或注意事项，并做好记录。

（5）认真做好生产过程中的安全控制工作。在下达生产任务时，提出安全生产要求，布置重点控制措施办法，并使工人熟悉掌握后再投入生产。

（6）在生产中出现不安全因素、险情及事故，要果断正确处理，并组织抢救，防止事态扩大，并通知有关部门共同处理。

（7）参加安全生产大检查，随时掌握安全生产动态，对安全隐患整改项目明确责任部门，和生产计划一同下达，保证隐患项目的限期整改。

（8）参加安全生产检查发现安全隐患及时解决，做好检查记录。

（9）对零部件、半成品及成品传递必须有专用或通用的吊卡具，以保证安全。

947. 设备部部长安全生产管理职责

（1）贯彻国家、上级部门关于设备制造、检修、维护保养及施工方面的安全规程和规定，做好主管业务范围内的安全工作。对公司设备部安全负全面责任。

（2）建立健全特种设备管理台账；建立健全特种设备档案，其中要包括设计文件、制造单位、产品合格证、使用说明、安装文件、注册文件等。

（3）负责设备、设施、管网的安全管理，确保设备的安全装置齐全，灵敏可靠，并始终保持完好状态。

（4）保证电气设备有良好接地或接零以及防雷装置，并定期进行测试。

（5）机械设备上的传动带、外露齿轮、飞轮、转动轴、联轴器及砂轮等设备必须设防护装置。

（6）电动机械、照明和各种设备拆除后，应将电源切断；如果保留时，必须把线头绝缘，做出标记，防止触电。

（7）对电力、动力、压力容器等设备实行定机、定人，操作人员必须经过培训考核，持证操作。

（8）组织本专业安全大检查，对检查出的问题要制定整改计划，按期完成安全措施计划和安全隐患整改项目。各种设备，不准带病运转。

（9）在制定或审定有关设备更新改造方案和编制设备检修、拆迁计划时，应有相应的安全卫生措施内容，并确保实施。

（10）公司建筑物要定期进行检验，及时排除危险建筑物。

（11）负责特种设备的安全管理，按规定期限委托有检验资质的部门对特种设备进行监测；定期检查督促使用单位做好安全装置的维护保养和管理工作。

（12）对技措项目选购特种设备、危险设备及大型设备时，要对生产企业进行安全资质审查，并认真贯彻“三同时”的原则。

（13）对手持电动工具、手持风动工具建立管理台账，并定期检查，发现问题及时维修或更新。

（14）按规定期限对压力表、计量仪器进行检测，确保压力表、安全阀、计量仪器的安全性和可靠性。

948. 技术部长安全管理职责

（1）对公司技术部安全负全面责任。

（2）在采用新技术、新工艺、新材料、新设备时制定出安全技术规程，并对相关人员进行“四新”的操作方法和安全技术要求培训。

（3）对企业技术范围的不安全因素组织技术部门制定防止事故发生的措施。

（4）组织与研究科研、设计、工艺、工具、设备的安全技术措施，不断完善以适应和满足生产的需要。

（5）对公司发生的重大事故提供技术支持，参加事故的调查分析，提出技术调查分析报告。

（6）在编制和修改工艺文件时，要保证符合安全要求，对大型部件应根据体积、重量和形状不同，提出在加工、起重、搬运过程中的安全防护措施。

（7）在推广技术革新项目时，要严格审查项目的安全性，必要时组织安全评价，在确保安全的前提下，再推广应用。

（8）在设计工具、工装时要考虑使用中的安全性，保证安全生产的需要。

（9）编制、修改工艺规程和工艺标准，要保证安全要求。在采用新技术、新工艺、新材料、新设备时要贯彻安全生产“三同时”。

（10）在改变工艺路线、调整产品零部件加工路线、重新布置设备时，要符合安全要求。

（11）在编制装配工艺时，要安排确保安全试车的防护措施。

949. 质检部长安全生产管理职责

（1）对公司质检部安全负全面责任。

（2）经常教育质检人员严格遵守所在岗位的安全操作规程。

（3）在制定和贯彻质量保证体系（ISO 9001）过程中要充分考虑安全生产，在质量监督中要注意发现与质量有关的安全问题。

（4）将质量管理体系审核中发现的安全隐患等问题及时向安全科传递。

（5）在质量分析会上对违章操作导致的质量事故要进行安全分析，违章作业的责任者交安全科给予处理。

950. 采供部长安全生产管理职责

（1）对公司采供部安全负全面责任。

（2）建立特种（危险）产品供应方安全资质档案，并按期审核其资质的有效性。

（3）按计划及时供应安全措施项目所需的设备、材料。

（4）建立易燃、易爆和有毒有害物品管理制度，严格对采购、保管、发放的管理。

（5）对所管辖物资的安全状态负责管理、监督，做到定期检查，并做到账、物、卡一致。

（6）易燃区、各库房按防火规定做好防火工作。

（7）各种材料、物品的堆放、装卸和搬运不得超过规定的高度和重量，不得占用交通通道。

（8）对全公司各类库房的安全负责，定期组织对库房进行安全检查，发现隐患，及时采取措施解决。

（9）对因采购商品的质量不合格造成事故负有直接责任。

（10）管辖的库房电气线路必须符合安全规定。

（11）危险化学品库要有安全措施，要通风、防毒、防火，账、卡、物一致。

951. 财务部长安全管理职责

（1）对公司财务部安全负全面责任。

（2）认真贯彻执行《安全生产法》关于安全生产资金投入的规定，保证安全生产资金投入，并监督安全生产资金的合理使用。

（3）做好安全生产资金的使用和管理，按规定提取安措费、安全教育费、劳动保护用品费，并不得挪用。

（4）对公司内技改、技措项目在设备选型招标前，必须办理安全“三同时”手续，经安全、工会等部门审查签字后，才可以审批资金。

（5）对公司签订和各种形式的工程项目不办理安全合同不予支付费用，没经有关部门验收签字的承包项目不予结算。

（6）注重安全工作和经济工作的关系、工伤事故损失与经济效益的关系，把安全工作纳入财务经济责任制进行考核。

952. 办公室主任安全管理职责

（1）在行政副总经理的领导下，对公司人事、后勤、用车管理的安全工作负全面责任。

（2）招收的新员工必须符合企业职业安全健康的条件，对招收不符合条件员工造成的安全事故负责。

（3）按照《安全生产法》的要求，对从业人员进行安全生产教育和培训，保证从业人员具备必要的安全生产知识，熟悉有关的安全生产规章制度和安全操作规程，掌握本岗位的安全操作技能。

（4）对特种作业人员必须按照国家有关规定进行专门的安全作业培训，取得特种作业操作资格证书。按特种作业人员规定条件，做好人、机匹配。

（5）监督编制新员工三级教育大纲（厂级、车间、班级），复工，变换工种教育大纲；职业健康教育大纲、中层以下干部教育大纲、班组长教育大纲，全员教育大纲、并按各类教育大纲制定培训计划并组织实施。

（6）根据国家的劳动政策，严格控制加班加点，做到劳逸结合，与员工（含临时工）签订劳动合同要有安全条款，明确双方的安全责任。

（7）经常检查生活福利卫生设施，严格执行《食品卫生法》和卫生“五四制”，做到每周检查一次，确保职工身体健康。

（8）对食品采购、加工、出售和保管工作要严加管理，炊具要符合安全卫生要求，搞好职工食堂卫生，防止食物中毒，保证人身安全和健康。

（9）认真贯彻国家安全生产方针、政策、法律法规，对上级下达的安全文件及时报公司有关领导批示并迅速传递。对不认真执行文件的部门与个人应及时向总经理报告，请求处理。

（10）经常深入基层了解公司有关安全生产方面的问题，责成有关部门处理。

（11）贯彻总工会有关安全生产的方针、政策，并监督认真执行，对忽视安全生产和违反劳动保护的现象及时提出批评和建议，督促和配合有关部门及时改进。

（12）支持总经理对安全生产做出突出贡献的单位和个人给予表彰和奖励，对违反安全生产规定的单位和个人给予批评和惩罚。

（13）监督劳动保护费用的使用情况，对有碍安全生产、危害员工安全健康和违反安全操作规程的行为有权抵制、纠正和控告。

（14）关心员工劳动条件的改善，保护员工在劳动中的安全与健康，组织从事职业危害作业人员进行预防性健康检查和疗养。

（15）参加伤亡事故的调查处理工作，协助有关部门提出预防伤亡事故和职业病的措施，并督促措施的认真执行。

（16）总结交流安全生产工作的经验，把安全工作纳入劳动竞赛的评比条件中，实行安全生产一票否决制。

（17）发动和依靠广大员工群众有效地搞好安全生产，参加安全生产检查。

（18）根据国家安全生产方针、政策和法律、法规，做好工伤员工医疗终结处理工作。

953. 绩效考核负责人安全管理职责

（1）对本部门人员的安全负全责。

（2）负责公司各项安全设施的监督考核，督促有关部门限期整改。

（3）对公司安全生产负监督责任。

954. 计划统计部部长安全管理职责

（1）对本部门人员的安全负全责。

（2）监督本部门人员遵守公司安全操作规章制度，对本部门人员“三违”行为进行考核。

（3）及时准确地为生产一线领料提供服务，对因延误造成的安全事故负责。

（4）负责本部门的用电设施安全使用，对违章行为造成的安全事故负责。

955. 车间主任安全管理职责

（1）全面负责车间安全工作，严格按照各项安全生产法规、制度和标准组织生产，严禁违章指挥、违章作业。

（2）根据本车间生产实际，制定车间安全防范措施方案，并组织实施。

（3）组织开展安全生产竞赛活动，总结交流班组安全生产经验。

（4）组织落实车间级（二级）安全教育，并督促检查班组（三级）安全教育。

（5）利用班前会每日进行安全思想和安全技术教育，及时纠正违章行为。

（6）组织车间定期、不定期的安全检查，确保设备、安全装置、防护措施处于完好状态。发现隐患及时组织整改，车间无条件整改的要采取临时安全措施，并及时向生产部门、安全部门、分管安全副总提出书面报告。

（7）针对车间重点部位，要经常进行检查，监督。如下料班的气瓶使用，放置，如现场有多余或无用的物品。

（8）针对车间重点部位，要经常进行检查、监督。

956. 班组长安全生产管理职责

（1）贯彻执行公司和安全生产的规定和要求，全面负责本班组的安全生产工作。

（2）组织员工学习并贯彻执行企业、各项安全生产规章制度和安全操作规程，熟练掌握设备性能和工艺流程中的危险点，指导工人安全生产。

（3）坚持班前讲安全、班中查安全、班后总结安全。定期组织好本班组安全生产活动，做好各种安全活动记录。负责落实安全生产责任，对分组作业必须明确安全负责人，特别是独立作业组的安全负责人要落实。

（4）负责对新工人（包括实习、代培人员）进行岗位安全教育（即三级教育的班线级教育）。

（5）负责班组安全检查，对各种不安全隐患要及时采取措施加以解决，如本班组解决不了，要及时向分公司和有关部门上报，并做好临时性保护措施，做好检查记录。

（6）发生事故立即报告，并组织抢救，保护好现场，积极协助安全部门分析原因，做好事故教育、措施制定工作，防止重复事故和新的伤害发生。

（7）搞好生产设备、安全装置、消防设施、防护器材、急救器具的检查工作，使其经常保持完好和正常运行，督促和教育员工正确使用劳动保护用品、用具，正确使用灭火器材

（8）对班组内成品、半成品及零部件、工具要严格执行定置管理，不得乱堆乱放，不得占用交通通道，做到文明生产。

（9）教育员工遵纪守法，制止违章行为，不违章指挥也拒绝他人违章指挥，不强令工人冒险蛮干，发现违章现象要及时纠正，不听劝告者按情节予以处罚。

957. 员工安全生产职责

（1）认真学习和严格遵守各项安全规章制度，不违反劳动纪律，不违章作业，对本岗位的安全教育和培训负责。有责任劝阻、纠正他人的违章作业、冒险蛮干行为。

（2）接受安全生产教育和培训，掌握本岗位工作所需的安全生产知识，提高安全生产技能，增强事故预防和应急处理能力。

（3）精心操作，严格执行工艺纪律，自觉地遵守本岗位安全技术规程，交接班必须交接安全情况，并做好记录。

（4）正确分析、判断和处理各种事故隐患，把事故消灭在萌芽中；对不能处理的事故隐患或者其他不安全因素，应当立即向现场安全生产管理人员及领导报告。

（5）对本岗位使用的设备、设施按时进行认真的检查，发现异常及时处理和报告。

（6）正确操作和精心维护设备，保持良好的作业环境，文明生产。

（7）上岗必须按规定着装，正确佩戴和使用劳动保护用品，妥善保管和正确使用各种灭火器材。

958. 生产制造部安全生产管理职责

（1）认真贯彻落实"安全第一，预防为主"的安全生产方针，严格执行《安全生产法》等法律法规，结合本公司各时期生产特点，落实安全生产。

（2）在保证安全的前提下组织指挥生产，发现违反安全制度和安全操作规程的行为，应及时制止；严禁违章指挥、强令工人冒险作业，当安全与生产发生矛盾时，要坚持"安全第一"原则，生产必须服从安全。

（3）做好生产前的准备工作，组织好均衡生产，严格控制加班加点，避免疲劳作业。

（4）认真贯彻执行安全生产"五同时"原则，生产调度会议必须讲安全，针对生产特点提出安全措施或注意事项，并做好记录。

（5）认真做好生产过程中的安全控制工作。在下达生产任务时，提出安全生产要求，布置重点控制措施办法，并使工人熟悉掌握后再投入生产。

（6）在生产中出现不安全因素、险情及事故，要果断正确处理，并组织抢救，防止事态扩大，并通知有关部门共同处理。

（7）参加安全生产大检查，随时掌握安全生产动态，对安全隐患整改项目明确责任部门，和生产计划一同下达，保证隐患项目的限期整改。

（8）参加安全生产检查发现安全隐患及时解决，做好检查记录。

（9）对零部件、半成品及成品传递必须有专用或通用的吊卡具，以保证安全。

959. 生产制造部安全办安全生产管理职责

（1）认真贯彻国家安全生产方针、法律法规、政策、批示，在总经理和生产副总经理领导下，负责公司安全生产工作的监督检查和日常管理工作。

（2）同人力资源组织开展全公司的安全教育工作；组织特种作业人员的安全技术培训和考核；对新入职员工、变动工种（岗位）人员、实习、代培人员进行公司级安全教育，并指导车间级、班组级的安全教育工作。

（3）组织制定、修订企业安全生产管理制度和安全操作规程，并检查执行情况。

（4）编制安全生产资金使用计划，提出专项措施方案，并督促检查执行情况。

（5）参加新建、改建、扩建及大修项目的设计审查、竣工验收、试车投入使用等工作，使其符合技术要求。

（6）负责组织安全生产检查，深入现场解决安全问题，纠正违章指挥、违章作业，遇到有危及安全生产的紧急情况，有权令其停止作业，并立即报告有关部门和领导进行处理。对检查出的事故隐患，督促有关部门及时进行整改。

（7）负责危险源管理，组织开展危险辨识，制定控制措施，对重大危险源要建立应急救援预案。

（8）负责对外来施工单位进行安全资格审查，签订安全合同，并组织施工期间的安全检查。

（9）按照国家规定，结合实际情况，制订防护用品发放标准与管理办法，按规定供应，合理使用。

（10）负责各类伤亡事故的汇总统计、上报工作，建立健全事故档案，按规定参加事故调查处理工作。

（11）负责对有毒有害防护设备设施进行管理，建立定期维护制度，对出现的故障及时解决。

（12）负责职业病防治工作，掌握尘、毒作业场所，定期进行测定，提供改善劳动条件和发放保健津贴的依据。

（13）对有毒有害作业岗位的员工定期进行身体检查，做好防止职业病和职业中毒、中暑的宣传教育工作。

（14）负责对企业内部安全考核评比工作，会同工会认真开展安全生产竞赛活动，总结交流安全生产先进经验，积极推广安全生产科研成果、先进技术及现代化安全管理方法。

（15）建立健全安全生产管理网，指导基层安全生产工作。

（16）按规定期限监督，对压力表、计量仪器进行检测，确保压力表、安全阀、计量仪器的安全性和可靠性。

（17）认真贯彻执行《消防法》和上级有关消防工作的要求，贯彻“预防为主，防消结合”的消防方针，不断加强消防安全管理。

（18）监督消防器材的购、供、管工作。保持消防器材齐全、良好有效。

（19）做好公司内消防安全宣传工作，在危险区、点悬挂醒目的消防警示标志。

（20）负责日常消防检查工作，对公司内的消防通道要经常进行检查和管理。

（21）公司内主要交通道路、人行道严禁堆放物资，确保行人、车辆交通安全。

960. 设备部安全生产管理职责

（1）贯彻国家、上级部门关于设备制造、检修、维护保养及施工方面的安全规程和规定，做好主管业务范围内的安全工作。

（2）建立健全特种设备管理台账，建立健全特种设备档案，其中要包括设计文件、制造单位、产品合格证、使用说明、安装文件、注册文件等。

(3) 负责设备、设施、管网的安全管理，确保设备的安全装置齐全，灵敏可靠，并经常保持完好。

(4) 保证电气设备安全且有良好接地或接零以及防雷装置，并定期进行测试。

(5) 机械设备上的传动带、外露齿轮、飞轮、转动轴、联轴器及砂轮等设备必须设防护装置。

(6) 电动机械、照明和各种设备拆除后，应将电源切断；如果保留时，必须把线头绝缘，做出标记，防止触电。

(7) 对电力、动力、压力容器等设备实行定机、定人，操作人员必须经过培训考核，持证操作。

(8) 组织本专业安全大检查，对检查出的问题要制定整改计划，按期完成安全措施计划和安全隐患整改项目。各种设备不准带病运转。

(9) 在制定或审定有关设备更新改造方案和编制设备检修、拆迁计划时，应有相应的安全卫生措施内容，并确保实施。

(10) 公司建筑物要定期进行检验，及时排除危险建筑物。

(11) 负责特种设备的安全管理，按规定期限委托有检验资质的部门对特种设备进行监测；定期检查督促使用单位搞好安全装置的维护保养和管理工作。

(12) 对技术改造项目选购特种设备、危险设备及大型设备时，要对生产企业进行安全资质审查，并认真贯彻“三同时”的原则。

(13) 对手持电动工具、手持风动工具建立管理台账，并定期检查，发现问题及时维修或更新。

961. 质检部安全生产职责

(1) 经常检查检测设备安全防护装置的可靠性，作业时必须有明显的“禁止通行”标志和监护人员。

(2) 经常教育检验人员严格遵守所在科室的安全操作规程。

(3) 在制定和贯彻质量保证体系（ISO 9001）过程中要充分考虑安全生产，在质量监督中要注意发现与质量有关的安全问题。

(4) 将质量管理体系审核中发现的安全隐患等问题及时向安全部门传递。

(5) 在质量分析会上对违章操作导致的质量事故要进行安全分析，违章作业的责任者交安全科给予处理。

962. 采供部安全生产管理职责

(1) 建立特种（危险）产品供应方安全资质档案，并按期审核其资质的有效性。

(2) 按计划及时供应安全措施项目所需的设备、材料。

(3) 建立易燃、易爆和有毒有害物品管理制度，严格对采购、保管、发放的管理。

(4) 对所管辖物资的安全状态负责管理、监督，做到定期检查，并做到账、物、卡一致。

(5) 易燃区、各库房按防火规定做好防火工作。

（6）各种材料、物品的堆放、装卸和搬运不得超过规定的高度和重量，不得占用交通通道。

（7）对全公司各类库房的安全负责，定期组织对库房进行安全检查，发现隐患及时采取措施解决。

（8）对因采购商品的质量不合格造成事故负有直接责任。

（9）对管辖的库房电气线路、必须符合安全规定负责。

（10）危险化学品库要有安全措施，要通风、防毒、防火，账、卡、物一致。

963. 技术部安全生产管理职责

（1）在编制和修改工艺文件时，要保证符合安全要求，对大型部件应根据体积、重量和形状不同，提出在加工、起重、搬运过程中的安全防护措施。

（2）在推广技术革新项目时，要严格审查项目的安全性，必要时组织安全评价，在确保安全的前提下，再推广应用。

（3）在设计工具、工装时要考虑使用中的安全性，保证安全生产的需要。

（4）编制、修改工艺规程和工艺标准，要保证安全要求。在采用新技术、新工艺、新材料、新设备时要贯彻安全生产“三同时”。

（5）在改变工艺路线、调整产品零部件加工路线、重新布置设备时，要符合安全要求。

（6）在编制装配工艺时，要安排确保安全试车的防护措施。

（7）在产品开发过程，必须研究如何降低产品在生产使用中的危险、危害因素，采取安全技术措施，提高产品的本质安全。

（8）教育员工提高设计工作中的安全意识，在技术文件中要如实填写使用的材质、重量及产品包装重量、吊装位置等有关数据。

964. 营销部安全生产管理职责

（1）加强产品安全信息的适宜性，在与用户洽谈产品订货时，注意用户对产品安全条款的要求，确保产品在用户方正常使用。

（2）做好为用户服务工作，对用户提出的意见要及时妥善处理。

（3）对员工进行安全生产教育，确保产品在保管、运输过程中安全，不发生人身、设备事故。

（4）将用户使用产品过程中发现的产品安全问题及时反映给设计、工艺部门，并督促改进。

965. 财务部安全生产管理职责

（1）将劳动保护安全技术措施费用纳入公司财务计划予以保证。

（2）根据国家有关规定，监督安全技术、劳动保护资金的合理使用。

（3）根据已批准的安全技术措施计划项目监督专款专用，已完成的安全技术措施项目及时办理财务结算手续。

（4）对公司签订的各种形式的工程项目，不办理合同不予支付费用，没经有关部门验收签字的承包项目不予结算。

（5）按上级规定，对企业的安全技术措施费用使用进行审计。

（6）对公司内外立项承包合同进行审计时，注意掌握安全技术措施费用的合理比例，凡不符合国家规定的应予纠正。

966. 火灾事故控制要求

（1）易燃物品储存和使用场所、变配电室等严禁烟火。

（2）加强易燃物储存管理，易燃易爆物品要设立专门仓库或存放点，并严格按照消防规范进行建设和管理。

（3）火灾危险较大的区域，应尽量避免明火及焊割作业。当必须在原地动火作业时，办理动火证，制定安全措施并严格执行。

（4）建立完善的电气巡检制度，及时消除电气隐患。

（5）严格按照工艺标准进行操作，防止设备出现异常高温。

（6）做好防雷设施维护，保障防雷设施的有效性，及时做好防雷检测。

（7）维修焊接作业过程严格落实安全操作规程，该区域内严禁放置易燃易爆物品。

（8）定期检查消防设备设施，建立台账并做好记录，保证发生火灾时能正常使用。

（9）对员工进行应急培训，学会灭火器材的使用和逃生方法，掌握火灾处置措施。

967. 机械伤害事故控制要求

（1）机械设备的传动皮带、齿轮及联轴器等旋转及往复运动部位要装设防护罩，并要保证防护罩强度和实际有效。

（2）根据不同岗位、工种或操作的机械设备建立相应的安全操作规程，加强培训和监督管理工作，尽可能地消除员工错误操作带来伤害的可能。

（3）机械设备要装设急停装置和安全保险装置，在设备异常时或发生事故时能够及时停机，消除或减小伤害。

（4）合理布局、及时清除现场多余物品、做好定置摆放等综合治理工作，提供符合人机工程学的作业空间和作业环境。

（5）在人员容易进入的机械部件运动区域和其他危险区域设置防护栏、门、报警装置等，防止人员误入危险区域。

（6）机械设备检修时开具“安全检修单”，制定安全措施，并监督作业人员严格执行。安全措施应重点包括停电挂牌、专人监护、安全防护装备的使用等。

968. 触电事故控制要求

（1）建立完善的电气巡检制度，及时消除电气隐患。

（2）定期检查用电安全保护装置，保证用电系统的接零、接地、安全距离防护栅栏、地面电线套管等安全保护装置的完好。

（3）使用、维护、检修电气设备，严格遵守有关安全规程和操作规程。

（4）手持电动工具或经常移动的电气工具，应安装符合规格的漏电保护器，在意外漏电时能保证自动断电。

（5）电气作业人员必须具有相应电工作业的特种作业操作证，并持证上岗。严禁非电工人员进行接线、拆装电气设备等电气作业。

（6）在必须使用安全电压的工作场所要按规定使用相应的安全电压。

（7）变配电室应配备绝缘鞋、绝缘手套、绝缘钳等安全保护装备，并按规定定期校验，电气操作时应穿戴齐全。

969. 车辆伤害事故控制要求

（1）制定交通运输安全管理制度，进行宣传教育，行人和车辆严格遵守交通规则。

（2）车辆驾驶人员必须经有资格的培训单位培训并考试合格后方可持证上岗。

（3）生产厂区内根据实际情况，制定限速、限高标准，并制作安全警示标志进行警示。

（4）利用凸面广角镜、行驶路牌路标等辅助措施对厂区内道路行驶环境进行改善。

（5）厂区内车辆由专人管理，定期进行维护保养，保证车辆性能和安全设备的正常运行。

970. 中毒和窒息（有限空间作业）事故控制要求

（1）作业人员佩戴防毒面罩等劳动防护用品。

（2）加强通风，作业区域采取强制通风。

（3）加强检测、监测，做到先通风，再检测，后作业，若有毒有害气体超标，停止作业。

（4）严格落实有限空间作业审批办理手续，入罐作业落实佩戴安全带、系安全绳等各项安全措施。

（5）作业人员定期开展职业健康查体。

（6）加强有限空间作业教育培训，建立有限空间台账，制定方案措施，设置有限空间警示标志。

971. 高处坠落事故控制要求

（1）作业人员佩戴劳动防护用品，采取安全防护措施等。

（2）六级以上大风及其他恶劣天气严禁高处作业。

（3）高处作业人员须经安全培训合格后上岗。

（4）高处作业需办理票证审批手续，分析高处作业危害，制定安全防范措施。

（5）定期对高处作业用具进行检查，确保完好。

（6）高处作业人员的身体条件要符合安全要求。如，不准患有原发性高血压病、心脏病、贫血、癫痫病等不适合高处作业的人员从事高处作业，对疲劳过度、精神不振和思想波动情绪低落人员要停止高处作业，严禁酒后从事高处作业。

972. 应急准备与响应策划

（1）应急小组成员、联系方式及其职责；

（2）与外部服务机构、政府主管部门、周围居民和公众等的联络与沟通安排；

（3）应急程序，包括应急对象、负责人、方法与步骤、路线与地点、工具和设备等；

（4）有关人员在应急期间应采取的措施要求等；

（5）应急准备和响应物资与设施的需求与提供。

973. 应急准备与响应培训与实施

(1) 应急预案制定后进行发放学习；必要时，主管部门组织演练，做好演练记录，并评价演练效果。

(2) 发生事故或紧急情况时，在场有关人员应按照应急预案的要求采取有效的处理措施。

(3) 在事故发生后，主管部门应组织进行原因分析，填写事故/事件调查表，并对其应急准备和响应程序及预案进行评审。